“十二五”职业教育国家规划教材
经全国职业教育教材审定委员会审定

ORACLE SHUJUKU XITONG GUANLI SHILI JIAOCHENG

Oracle 数据库系统管理实例教程

（第 2 版）

沈翠新 高继民 周光明 主编

高等教育出版社·北京

内容简介

本书是“十二五”职业教育国家规划教材。

本书系统地介绍Oracle数据库从创建、配置到日常管理维护的知识，并介绍了 Oracle 服务器的体系结构和工作原理。通过对本书的学习，可以掌握 Oracle 服务器的安装，数据库的创建与实例的管理，网络配置，控制文件、日志文件、数据文件3类物理文件的管理，表空间的管理，用户、角色和权限管理，以及闪回数据库方面的知识。本书基于 Linux 操作系统和 Oracle 11g 数据库平台，设计了大量的演示操作实例，每章后附有综合训练项目和练习题，既能巩固学习 Oracle 数据库管理的理论知识，同时又能熟练 Oracle 数据库的操作技能。为体现职业教育的特点，本书强调技能的培养，理论知识以够用为度，通过实例和训练环节使理论知识更容易理解和接受。

本书可作为应用型、技能型人才培养的各类计算机相关专业的教学用书，也可供各类培训、计算机从业人员和爱好者参考使用。

图书在版编目（CIP）数据

Oracle数据库系统管理实例教程 / 沈翠新，高继民，周光明主编. -- 2版. -- 北京：高等教育出版社，2016.3

ISBN 978-7-04-044666-1

Ⅰ. ①O… Ⅱ. ①沈… ②高… ③周… Ⅲ. ①关系数据库系统－高等学校－教材 Ⅳ. ①TP311.138

中国版本图书馆CIP数据核字（2016）第014064号

策划编辑 张值胜　责任编辑 张值胜　封面设计 赵 阳　版式设计 于 婕

插图绘制 尹文军　责任校对 高 歌　责任印制 刘思涵

出版发行	高等教育出版社	网　址	http://www.hep.edu.cn
社　址	北京市西城区德外大街4号		http://www.hep.com.cn
邮政编码	100120	网上订购	http://www.hepmall.com.cn
印　刷	北京丰源印刷厂		http://www.hepmall.com
开　本	787mm×1092mm 1/16		http://www.hepmall.cn
印　张	13.25	版　次	2007年6月第1版
字　数	330千字		2016年3月第2版
购书热线	010－58581118	印　次	2016年3月第1次印刷
咨询电话	400－810－0598	定　价	22.20元

本书如有缺页、倒页、脱页等质量问题，请到所购图书销售部门联系调换

物 料 号 44666-00

出版说明

教材是教学过程的重要载体，加强教材建设是深化职业教育教学改革的有效途径，推进人才培养模式改革的重要条件，也是推动中高职协调发展的基础性工程，对促进现代职业教育体系建设，切实提高职业教育人才培养质量具有十分重要的作用。

为了认真贯彻《教育部关于“十二五”职业教育教材建设的若干意见》（教职成〔2012〕9号），2012年12月，教育部职业教育与成人教育司启动了“十二五”职业教育国家规划教材（高等职业教育部分）的选题立项工作。作为全国最大的职业教育教材出版基地，我社按照“统筹规划，优化结构，锤炼精品，鼓励创新”的原则，完成了立项选题的论证遴选与申报工作。在教育部职业教育与成人教育司随后组织的选题评审中，由我社申报的1 338种选题被确定为“十二五”职业教育国家规划教材立项选题。现在，这批选题相继完成了编写工作，并由全国职业教育教材审定委员会审定通过后，陆续出版。

这批规划教材中，部分为修订版，其前身多为普通高等教育“十一五”国家级规划教材（高职高专）或普通高等教育“十五”国家级规划教材（高职高专），在高等职业教育教学改革进程中不断吐故纳新，在长期的教学实践中接受检验并修改完善，是“锤炼精品”的基础与传承创新的硕果；部分为新编教材，反映了近年来高职院校教学内容与课程体系改革的成果，并对接新的职业标准和新的产业需求，反映新知识、新技术、新工艺和新方法，具有鲜明的时代特色和职教特色。无论是修订版，还是新编版，我社都将发挥自身在数字化教学资源建设方面的优势，为规划教材开发配备数字化教学资源，实现教材的一体化服务。

这批规划教材立项之时，也是国家职业教育专业教学资源库建设项目及国家精品资源共享课建设项目深入开展之际，而专业、课程、教材之间的紧密联系，无疑为融通教改项目、整合优质资源、打造精品力作奠定了基础。我社作为国家专业教学资源库平台建设和资源运营机构及国家精品开放课程项目组织实施单位，将建设成果以系列教材的形式成功申报立项，并在审定通过后陆续推出。这两个系列的规划教材，具有作者队伍强大、教改基础深厚、示范效应显著、配套资源丰富、纸质教材与在线资源一体化设计的鲜明特点，将是职业教育信息化条件下，扩展教学手段和范围，推动教学方式方法变革的重要媒介与典型代表。

教学改革无止境，精品教材永追求。我社将在今后一到两年内，集中优势力量，全力以赴，出版好、推广好这批规划教材，力促优质教材进校园、精品资源进课堂，从而更好地服务于高等职业教育教学改革，更好地服务于现代职教体系建设，更好地服务于青年成才。

高等教育出版社

2015年7月

第 2 版前言

甲骨文公司（Oracle）是世界领先的信息管理软件供应商和世界第二大独立软件公司。它向遍及 140 多个国家的用户提供数据库、工具和应用软件以及相关的咨询、培训和支持服务。世界上的所有行业几乎都在应用 Oracle 技术，Oracle 数据库是当前应用最广泛的关系数据库，其市场占有率约为 50%，远远领先于其他关系数据库产品。从工业领域到商业领域，从大型机到微型机，从 UNIX 操作系统到 Windows 操作系统，从几个人的软件企业到世界 500 强的跨国公司，到处都可以看到 Oracle 数据库的应用。

近几年，数据库技术不断发展与变革，从分布计算到网格计算，再到云计算，甲骨文公司在不断地引领市场的技术进步，从数据库产品来说，Oracle 数据库管理软件的版本也从 8i、升级到 11g，Oracle Database 11g 已经成为市场的主流，Oracle Database 12c 正在迅速普及。同时，针对 Oracle 技术的人才需求也越来越广泛，在各行各业，均能看到 Oracle 数据库管理员的身影，许多高职院校在开设 Oracle 数据库系统管理的课程。本书主要面向高职及本科院校计算机专业的学生。

本书有以下几个特色。

① 本书充分考虑了高职学生的特点，主要介绍 Oracle 数据库的实用管理和维护技术，适当地介绍理论内容，达到理论与实践有机结合。

② 书中通过两个循环体现每个知识点与技能点：每个章节都精心设计教学实例，以教学实例带动知识点和技能点的学习，实现技能与知识的第一个循环；每章末尾通过综合训练项目和习题强化操作技能，巩固所学知识，力争使理论和实践内容相互渗透，实现技能与知识的第 2 个循环。

③ 本书选用 Oracle Linux 6.5 操作系统作为安装环境，并选用当下最为流行和应用最广泛的 Oracle 11g 作为数据库管理软件。这两种软件的组合为当今企业常见的组合，也是兼容性较好、较稳定的组合。

④ 书中的实例均在 SQL*Plus 下使用命令行方式实现数据库管理操作。以命令行方式进行数据库的管理和维护是一种灵活的方式，对深入理解数据库的工作原理很有帮助。书中同时附带介绍使用 EM 进行数据库管理的一些操作。

本书的主要内容包括 Oracle 数据库体系结构和工作原理；安装数据库服务器；网络配置；Oracle 数据库的创建和配置；Oracle 数据库实例管理；控制文件（control files）、联机重做日志（online redo log files）、数据文件（data files），表空间（tablespaces）的管理；用户与权限（privileges）管理，角色（role）管理；闪回数据库。

本书是集体智慧的成果，实用性强。全书共分 12 章，第 1 ~ 5 章由高继民编写，第 6 ~ 9 章和第 12 章由沈翠新编写、第 10 章和第 11 章由周光明编写。

在本书的编写过程中得到了很多读者的建议，在此向他们表示感谢。

由于作者水平有限，书中难免出现疏漏和有待商榷之处，恳请广大读者批评指正。在使用本书的过程中，如有技术问题、意见或建议，请发邮件至 shencuixin@szpt.edu.cn。

编　者

2015 年 12 月

第 1 版前言

甲骨文（Oracle）公司是世界领先的信息管理软件供应商和世界第二大独立软件公司。它向遍及 140 多个国家的用户提供数据库、工具和应用软件以及相关的咨询、培训和支持服务。世界上的所有行业几乎都在应用 Oracle 技术,《财富》100 强中的 98 家公司都采用 Oracle 技术。Oracle 是第一个整个产品线（数据库、业务应用软件和应用软件开发与决策支持工具）的开发和部署都 100%基于互联网的企业软件公司。

Oracle 公司于 1989 年正式进入中国市场，是第一家进入中国的世界软件巨头。1991 年 7 月在北京建立了独资公司，目前在国内设有北京、上海、广州和成都 4 个办事处，同众多的中国用户建立了紧密的合作关系，在金融保险业、电信、制造业、科技教育、能源交通、政府、航空航天和军队等行业和部门拥有广泛的客户群。Oracle 先进的技术和服务得到了中国用户的广泛认可和信任。现在，Oracle 正致力于帮助中国企业全面有效地向电子商务运作模式转型。

Oracle 认证一直被认为是最高等级的 IT 认证之一，备受 IT 业界人士的青睐。可以预见，由于 Oracle 数据库的流行和普及，对 Oracle 数据库管理人才和开发人才的需求也会逐渐升温。在这种趋势下，学习 Oracle 数据库管理技术备显重要。

然而目前已有的 Oracle 数据库系统管理方面的教材大都偏重介绍理论知识，缺乏系统的实践训练环节，不太适合高职教育模式。本书的编写适应了高职教育的需要，充分考虑了高职教育的特点，以掌握 Oracle 数据库管理和维护能力为核心，适当地介绍理论内容。每一章都设计了大量的教学实例，通过综合训练项目强化操作技能并巩固所学知识，力争使理论和实践内容相互渗透，以达到更好的教学效果。参与编写的教师都具有一定的 Oracle 数据库课程的讲授经验，都参加过 Oracle 大学的技术培训，本书的例子和训练项目也是在总结教学经验的基础上精心设计的，并在 Oracle 9i 环境下进行了实际的上机调试。

虽然 Oracle 数据库通常工作在 UNIX、Linux 等操作系统环境下，但为了方便数据库的安装和学习，我们选择 Microsoft Windows 2000 Server 操作系统作为安装环境，并在 SQL*Plus 下使用命令行方式实现数据库管理操作。以命令行方式进行数据库的管理和维护是一种灵活的方式，对深入理解数据库的工作原理很有帮助。书中也附带介绍使用 Oracle 企业管理器控制台（OEM）进行数据库管理的部分操作。

“Oracle 数据库系统管理”课程应该在学习 Oracle 数据库 SQL 和 PL / SQL 语言的基础上学习，后续课程包括“Oracle 数据库备份与恢复技术”、“Oracle 数据库性能调整和优化”等。

本书内容对应 Oracle 公司在全球推出的数据库管理认证系列的 OCA 认证中的第二门课程“Oracle 9i Database Administration Fundamentals I”，可作为参加该认证的参考资料，这有利于高职教育“双证书”制度的实施。

本书第 1～3 章介绍 Oracle 服务器的安装、Oracle 数据库的创建以及 Oracle 数据库常用管理工具的使用和网络的基本配置方法，这部分内容为讲授后续知识和操作建立了实验环境。第

4 章从整体上介绍 Oracle 数据库的体系结构和工作原理，这些理论知识是每个 Oracle 数据库管理员必须掌握的。第 5 章介绍 Oracle 数据库的启动、关闭和参数文件等与实例管理有关的操作知识，对实例的管理是 Oracle 数据库最常见和基本的操作。第 6 章～第 8 章介绍 Oracle 数据库的三类文件（控制文件、日志文件和数据文件）的管理知识，这部分内容专业性较强，是本书的核心部分。本书第 8 章～第 12 章分别讲解对撤销空间、存储空间、表和索引空间以及数据完整性的管理，这部分内容是对 Oracle 数据库管理的进一步深化，对提高数据库的工作效率保证数据良好状态有十分重要的作用。第 13 章～第 16 章主要介绍 Oracle 数据库的安全机制，用户、角色、权限实现了数据库的安全访问的控制，概要文件对用户的资源使用进行限制，数据库审计实现了对数据库操作的监视和记录。

各章学时分配如下表所示。

学时分配表（总学时 64）

章　节	授课内容	学时分配	
		讲　课	实　践
1	安装和运行 Oracle 数据库	1	2
2	管理工具和网络配置	1	2
3	创建 Oracle 数据库	1	2
4	Oracle 服务器结构和组成	2	1
5	数据库实例管理	1	2
6	控制文件管理	2	2
7	重做日志和归档日志	2	3
8	表空间和数据文件	2	3
9	撤销管理	2	2
10	对象空间管理	2	2
11	表和索引	2	2
12	数据完整性维护	2	3
13	数据库用户管理	2	2
14	系统权限和对象权限	2	3
15	角色管理	2	2
16	概要文件和数据库审计	2	3
合计		28	36

本书共分 16 章，第 1～5 章由高继民编写，第 6～11 章由沈翠新编写，第 12～16 章由周光明编写，最后由高继民统稿。感谢徐人凤老师对全书进行了认真的审阅，并提出了宝贵意见。恳切希望获得读者的宝贵建议，以便改进教学质量并提高我们的编写水平。

编　者

2007 年 3 月

目录

第 1 章　安装和运行 Oracle 数据库 …… 1
1.1　安装 Oracle 数据库前的准备 …… 1
1.1.1　安装环境要求 …… 1
1.1.2　操作系统及 Oracle11g 软件下载 …… 2
1.1.3　安装准备 …… 2
1.2　安装 Oracle 服务器软件 …… 3
1.2.1　安装 Oracle 数据库服务器 …… 4
1.2.2　安装结果 …… 12
1.3　综合训练项目 …… 13
1.4　练习 …… 13
第 2 章　管理工具与网络配置 …… 14
2.1　DBA 的管理工具 …… 14
2.1.1　Oracle 企业管理器 …… 15
2.1.2　SQL*Plus 管理工具 …… 16
2.2　Oracle 网络配置 …… 17
2.2.1　配置监听器 …… 18
2.2.2　配置客户端网络服务名 …… 22
2.3　综合训练项目 …… 25
2.4　练习 …… 26
第 3 章　创建 Oracle 数据库 …… 27
3.1　使用工具创建 Oracle 数据库 …… 27
3.1.1　规划和组织数据库 …… 27
3.1.2　创建 Oracle 数据库 …… 28
3.2　删除 Oracle 数据库 …… 39
3.3　实例的服务和口令文件 …… 40
3.3.1　数据库管理员认证方式 …… 40
3.3.2　管理口令文件 …… 41
*3.4　手工创建数据库 …… 43
3.4.1　手工创建数据库 …… 43
3.4.2　安装数据字典视图 …… 46
3.5　综合训练项目 …… 47
3.6　练习 …… 47
第 4 章　Oracle 数据库结构和组成 …… 48
4.1　Oracle 服务器的构成 …… 48
4.1.1　Oracle 服务器总体结构 …… 48
4.1.2　Oracle 实例 …… 49
4.1.3　Oracle 数据库 …… 50
4.2　Oracle 内存结构 …… 50
4.2.1　系统全局区 SGA …… 51
4.2.2　程序全局区 PGA …… 54
4.2.3　内存管理 …… 55
4.3　Oracle 进程结构 …… 56
4.3.1　用户进程与服务器进程 …… 56
4.3.2　后台进程结构 …… 57
4.4　数据库物理结构 …… 61
4.4.1　数据文件 …… 62

* 选做内容。

4.4.2 重做日志文件 …… 62
4.4.3 控制文件 …… 63
4.4.4 归档日志 …… 63
4.4.5 初始化参数文件 …… 64
4.4.6 其他文件 …… 64
4.5 数据库逻辑结构 …… 64
4.5.1 表空间 …… 65
4.5.2 段 …… 65
4.5.3 区 …… 65
4.5.4 数据块 …… 66
4.6 SQL 语句的处理 …… 66
4.6.1 连接和建立会话 …… 66
4.6.2 处理查询语句 …… 67
4.6.3 处理 DML 语句 …… 67
4.6.4 处理 COMMIT 语句 …… 68
4.7 数据字典 …… 68
4.7.1 数据字典的概念 …… 68
4.7.2 数据字典的分类 …… 69
4.7.3 静态数据字典 …… 69
4.7.4 动态数据字典 …… 70
4.8 练习 …… 71
第 5 章 Oracle 数据库实例管理 …… 73
5.1 实例的启动和关闭 …… 73
5.1.1 启动数据库 …… 73
5.1.2 启动数据库操作 …… 75
5.1.3 关闭数据库 …… 77
5.2 Oracle 数据库初始化参数文件 …… 80
5.2.1 初始化参数文件概述 …… 81
5.2.2 静态初始化参数文件 PFILE …… 83
5.2.3 服务器端初始化参数文件 SPFILE …… 84
5.2.4 参数文件的互建方法及使用顺序 …… 85
5.2.5 显示实例和数据库信息 …… 88
5.3 使用诊断文件监视实例 …… 90
5.4 综合训练项目 …… 91
5.5 练习 …… 92
第 6 章 控制文件管理 …… 93
6.1 Oracle 数据库控制文件 …… 93
6.1.1 控制文件概述 …… 93
6.1.2 控制文件的内容 …… 94
6.2 控制文件操作 …… 95
6.2.1 复用控制文件 …… 95
6.2.2 查询控制文件 …… 98
6.3 备份与重建控制文件 …… 100
6.3.1 控制文件重建的意义 …… 100
6.3.2 控制文件的备份 …… 101
*6.3.3 重建控制文件 …… 101
6.4 综合训练项目 …… 103
6.5 练习 …… 103
第 7 章 重做日志与归档日志 …… 104
7.1 重做日志工作原理 …… 104
7.1.1 重做日志结构 …… 104
7.1.2 日志序列号和日志切换 …… 105
7.1.3 检查点 …… 106
7.1.4 日志管理策略 …… 107
7.2 日志操作 …… 108
7.2.1 增加日志组 …… 108
7.2.2 增加成员 …… 109
7.2.3 删除日志 …… 109
7.2.4 清除日志 …… 111
7.2.5 使用控制台管理重做日志 …… 111
7.2.6 查询日志信息 …… 113
7.3 重做日志的归档 …… 114
7.3.1 归档日志的作用 …… 114

7.3.2 设置日志归档 ······115

7.4 综合训练项目 ······116

7.5 练习 ······117

第 8 章 表空间的管理 ······119

8.1 表空间和数据文件 ······119

8.1.1 表空间的类型和常用表空间 ······119

8.1.2 表空间和数据文件的关系 ······120

8.1.3 表空间的管理方式 ······121

8.2 创建表空间 ······121

8.2.1 创建表空间要考虑的因素 ······121

8.2.2 创建本地管理表空间 ······122

8.2.3 创建大文件表空间 ······125

8.3 其他表空间操作 ······126

8.3.1 调整表空间大小 ······126

8.3.2 修改表空间读写属性 ······132

8.3.3 修改表空间的 ONLINE/OFFLINE 属性 ······134

8.3.4 数据文件的脱机与联机 ······135

8.3.5 数据文件的移动 ······136

8.3.6 重命名表空间 ······138

8.4 删除表空间 ······138

8.5 获取表空间的相关信息 ······139

8.6 综合训练项目 ······140

8.7 练习 ······141

第 9 章 临时表空间与 UNDO 表空间管理 ······142

9.1 临时表空间管理 ······142

9.1.1 临时表空间 ······142

9.1.2 创建本地管理的临时表空间 ······143

9.1.3 默认临时表空间 ······143

9.1.4 创建临时表空间组 ······144

9.2 UNDO 段的作用 ······147

9.3 自动 UNDO 空间管理 ······148

9.3.1 UNDO 空间管理参数 ······148

9.3.2 创建 UNDO 表空间 ······150

9.3.3 切换 UNDO 表空间 ······151

9.3.4 修改 UNDO 表空间 ······151

9.3.5 删除 UNDO 表空间 ······152

9.4 综合训练项目 ······153

9.5 练习 ······153

第 10 章 数据库用户与权限管理 ······155

10.1 用户与安全 ······155

10.1.1 数据的安全访问 ······155

10.1.2 数据库模式对象 ······156

10.1.3 创建用户操作 ······157

10.1.4 其他用户操作 ······159

10.1.5 利用控制台管理用户 ······160

10.2 Oracle 权限概述 ······162

10.2.1 权限的作用 ······162

10.2.2 权限的分类 ······163

10.2.3 系统权限管理 ······163

10.2.4 对象权限划分 ······168

10.3 综合训练项目 ······173

10.4 练习 ······174

第 11 章 角色管理 ······176

11.1 角色概述 ······176

11.1.1 角色的作用 ······176

11.1.2 系统预定义角色 ······177

11.2 创建和使用角色 ······178

11.2.1 创建角色 ······178

11.2.2 给角色授权 ······178

11.2.3 分配角色 ······179

11.2.4 用控制台创建并分配角色 ······180

11.2.5 默认角色 ······182

11.3 其他操作 ··· 183

11.3.1 回收角色 ··· 183

11.3.2 删除角色 ··· 184

11.3.3 查询角色信息 ··· 184

11.4 综合训练项目 ··· 187

11.5 练习 ··· 187

第 12 章 闪回技术 ··· 189

12.1 各种不同的闪回技术 ··· 189

12.1.1 闪回数据库 ··· 189

12.1.2 配置闪回模式 ··· 190

12.1.3 闪回数据库的使用 ··· 191

12.1.4 闪回删除 ··· 192

12.1.5 闪回版本查询、事务和表 ··· 194

12.2 综合训练项目 ··· 197

12.3 练习 ··· 198

参考文献 ··· 199

第1章

安装和运行Oracle数据库

【本章内容】

从本章开始，将循序渐进地学习 Oracle 数据库管理的有关知识。一个实验环境的建立，将是学习和实践的基础。一个好的 DBA（Database Administrator）是从实践中锻炼出来的，也要回到生产的实践中去检验自己的水平。本章将介绍 Oracle 数据库服务器的安装知识，同时介绍一些常用管理工具的用法，本章内容为本课程的学习建立了操作和实验环境。

【本章要点】

安装 Oracle 数据库服务器软件。

【关键术语】

Database Administrator(DBA)　数据库管理员

Oracle Enterprise Manager　Oracle 企业管理器

Oracle Universal Installer(OUI)　Oracle 通用安装程序

1.1 安装 Oracle 数据库前的准备

作为一个 Oracle 数据库管理员，必须熟练地完成以下任务。

- 安装 Oracle 软件。
- 创建 Oracle 数据库。
- 执行软件及数据库的升级。
- 关闭和打开数据库实例。
- 管理数据库的存储结构。
- 管理用户、权限及安全。
- 管理数据库对象，如表、索引、视图等。
- 备份数据库，当需要时对数据库执行恢复操作。
- 监控数据库的状态，必要时采取一些相关措施。
- 监控数据库并对数据库进行调整和优化。
- 诊段和报告错误。

在运行 OUI 之前，必须确保计算机具有足够的硬件和操作系统资源，以便做出在何处安装软件的决策，并考虑设置一些环境变量。

1.1.1 安装环境要求

在安装 Oracle 系统之前，需选择操作系统。Oracle 通常支持所有主流平台，包括 Intel 和 AMD 的 Linux、Intel 和 AMD 的 Microsoft Windows、SPARC 上的 Solaris、POWER 上的 AIX、PA-RISC 上的 HPUX 等常见的平台，除此之外还有其他很多平台。一些操作系统同时提供

32 位和 64 位版本来支持不同的机器体系结构，Oracle 可以将数据库迁移到这两种版本之上。在选择操作系统时，要考虑多种因素，包括成本、易用性、硬件选择、现有的技术能力、可扩展性、容错性和性能等因素。

Oracle 公司将 Linux 用作很多产品的开发平台，Enterprise Linux 是 Oracle 公司真正打包产品，受到 Oracle 公司的全面支持。

在安装数据库软件前，OUI 会自动执行计算机基本的硬件和软件检查，如果用户计算机不满足要求，那么会显示一个错误信息。这些要求跟计算机的硬件配置和操作系统有关，但是以下要求是必须满足的。

- 内存必须 1 GB 以上。
- 1 GHz 以上的 CPU。
- 1.5 GB 以上充足的交换空间。
- 400 MB 的 TEMP 位置。
- 1.5～3 GB 的 Oracle 主目录空间。
- 操作系统必须安装的系统补丁。
- 正确的文件系统格式。
- 32 位或 64 位操作系统。

另外，需要 2 GB 以上的闪回恢复区，该区是可选空间，即使定义了该空间，也不检查此空间是否真的可用。

1.1.2 操作系统及 Oracle 11g 软件下载

Oracle 服务器软件采用 Oracle 11g 版本，Linux 采用是的 Oracle Linux Enterprise 6.5（简称 OLE6.5）的版本。Oracle 的官方网站上提供了各个操作系统平台相应的 Oracle 产品，包括数据库(Database)、开发工具（Developer Tools）、中间件（Middleware）、应用服务器（Application Server）等，从官方网站上下载的软件只能用于个人学习，不能用于商业用途。

Oracle 11g 的下载网址为 http://www.oracle.com/technetwork/database/enterprise-edition/downloads/index.html。

OLE6.5 的下载网址为 https://edelivery.oracle.com/linux。

1.1.3 安装准备

1. 确定数据库服务器的版本

数据库服务器的安装分为企业版、标准版和个人版。

“企业版”是针对高端的数据库应用环境，具有较高的安全性和性能。

“标准版”适用于普通部门级别的应用，提供了核心的数据库功能和特性。

“个人版”只提供了基本的数据库管理服务，适用单用户开发环境，对系统的配置要求较低。

2. 运行安装包

Oracle Linux 6.3 以后版本的发布对于数据库的管理员来说是个非常好的消息，因为再也不用研究如何精简不必要的包来优化 Linux 系统。所有安装 Oracle 数据库必需的包都已装好，所有安装 Oracle 数据库必需的内核参数都已设好，可以直接安装。

```
#yum install oracle-rdbms-server-11gR2-preinstall
```

3. 创建相应的路径

在安装 Oracle 软件之前，需要事先创建相应的目录，一个用于安装 Oracle 软件，一个用于存放 Oracle 数据库的数据文件，并且把新建目录的权限授予 Oracle 用户。创建步骤如下：

```
mkdir – p /opt/oracle/product/11.2.0/db_1
mkdir –p /opt/oracle/oradata
mkdir –p /opt/oraInventory
chown –R oracle.oinstall /opt
chmod –R 775 /opt
```

4. 设置环境变量

如果在 Windows 系统中安装 Oracle 数据库软件，不需要特别对环境变量进行设置，一般情况下，Oracle 数据库在 Windows 操作系统中安装时会自动设置环境变量。但是如果在 Linux 操作系统中安装了 Oracle 数据库软件，必须设置好 Oracle 数据库的环境变量，否则在终端命令窗口中使用 Oracle 数据库的登录命令，可能会提示不成功。同样，如果没有设置环境变量，使用 Oracle 的一些小工具时也会提示不成功。设置 Oracle 数据库的环境变量，是为了能够在操作系统中可以使用 Oracle 数据库的各种命令。

设置和读取环境变量的语法因 shell 程序而异，下面是 bash 的 shell 程序，这可能是使用最广的 Linux shell 程序。Linux 环境变量始终是会话专用的，必须为每个会话设置它们。按以下步骤设置环境变量：

```
[oracle@ORACLE root]$ vim /home/oracle/.bash_profile
export TMP=/tmp
export TMPDIR=$TMP
export ORACLE_HOSTNAME=oracle.szpt
export ORACLE_UNQNAME=oracle
export ORACLE_BASE=/opt/oracle
export ORACLE_HOME=$ORACLE_BASE/product/11.2.0/db_1
export ORACLE_SID=db01
export PATH=$ORACLE_HOME/bin:$PATH
```

1.2 安装 Oracle 服务器软件

Oracle 软件的安装分为服务器端和客户端。

Oracle 数据库服务器可安装在 Windows Server、UNIX、Linux 等多种操作系统平台下。

建议在全新安装的 Linux 上安装 Oracle 服务器。Oracle 服务器软件也包含实用工具和管理工具。通过服务器端管理工具可以进行数据库创建、删除等必须在服务器端完成的工作。

安装服务器软件自动包含客户机软件。作为个人实验的需求，Oracle 服务器也可以安装在 Windows Server 和 Windows 7 上。

客户端安装内容包括客户端管理工具、实用程序、开发工具和基本的客户机软件。通过客户端管理工具可以对数据库实行大部分的管理和维护工作，如数据库的启动、关闭等。

1.2.1 安装 Oracle 数据库服务器

Oracle 数据库服务器的安装，使用一个通用的安装工具，称为 Oracle Universal Installer，简称 OUI，该工具是基于 Java 技术的图形界面安装工具，可以运行在多种操作系统环境下。

首次启用 OUI 时，要以操作系统用户的身份登录服务器计算机，此用户要有权读取安装媒介，有权写入 ORACLE_BASE 对应的目录。

【实例】在 Linux 环境下安装 Oracle 服务器。

（1）启动 OUI 通用安装工具

```
[oracle@oracle database]$ ./runInstaller
```

（2）配置安全升级选项

在 Email 输入框中，输入要接收邮件的合法 Email 地址，单击 Next 按钮，如图 1-1 所示。

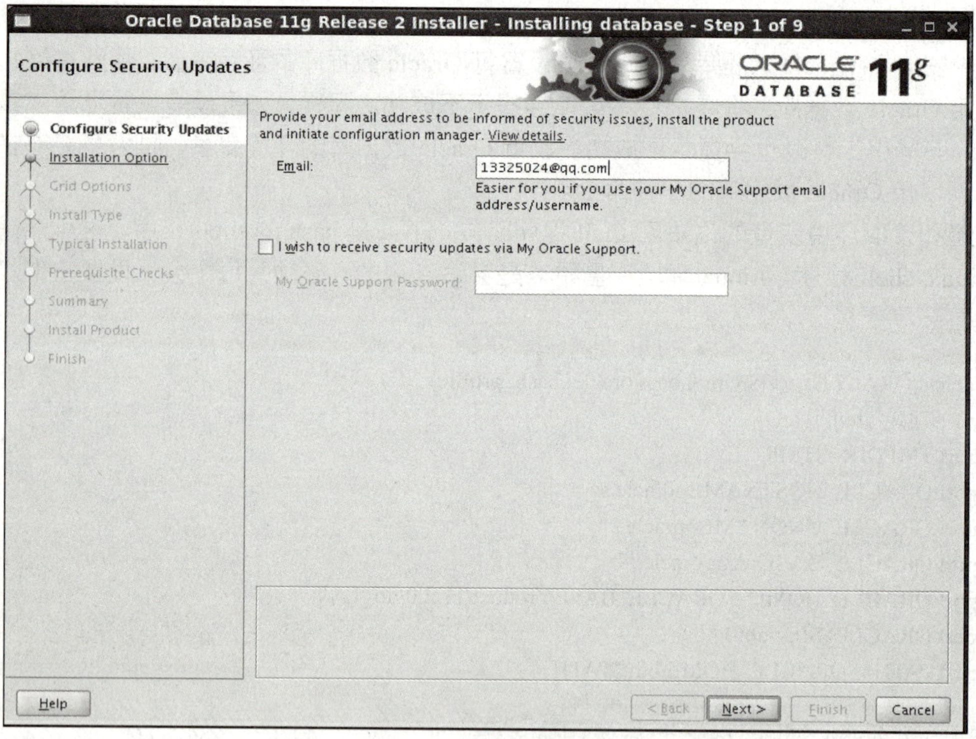

图 1-1 启动 Oracle Universal Installer 安装程序

（3）选择安装选项

安装选项分为以下 3 种。

① Create and configure a database，即安装 Oracle 数据库服务器的同时安装并配置数据库。

② Install database software only，即只安装 Oracle 数据库服务器软件，在安装完成后启用 DBCA 工具创建一个新的数据库。

③ Upgrade an existing database，即升级现有的数据库。

在这里，选择第①个选项，既安装 Oracle 服务器又配置一个数据库，供学习使用，如图 1-2 所示。

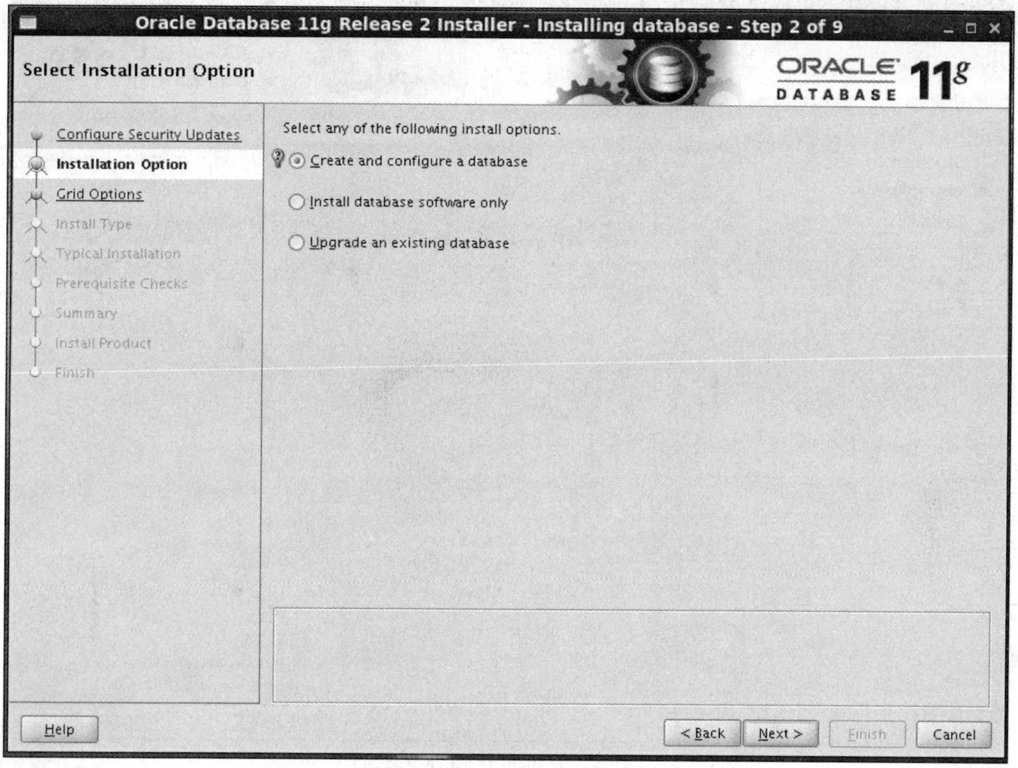

图 1-2　选择安装选项

（4）配置系统的安装类型

安装类型分为 Desktop Class（桌面级）和 Server Class（服务器级）两大类。桌面级安装方式适用于便携式计算机。

服务器级安装方式适用于服务器，如创建一个数据中心，或者是创建企业级的应用，选择这种安装方式，可能需要更高级的配置选项。

选择桌面级的安装方式，安装过程中只有基本的选项。选择服务器级安装方式，既可以选择典型安装，也可以选择高级安装。在典型安装和桌面级的安装方式中，Oracle Database 会自动安装几个用户示例。

这里选择服务器级的安装，然后单击 Next 按钮，如图 1-3 所示。

（5）节点选择

选择数据库要安装的节点类型，可以是 Single instance database installation（单实例数据库安装），也可以是 Real Application Clusters database installation（RAC 类型的数据库安装）。根据企业的需求来决定节点的类型。这里选择单实例数据库，单击 Next 按钮，如图 1-4 所示。

（6）选择安装类型

安装类型可以选择 Typical install（典型安装），也可以选择 Advanced install（高级安装）。高级安装允许用户自由地选择安装的组件，安装和配置满足特定需要的数据库服务器环境。这里使用典型安装，并单击 Next 按钮，如图 1-5 所示。

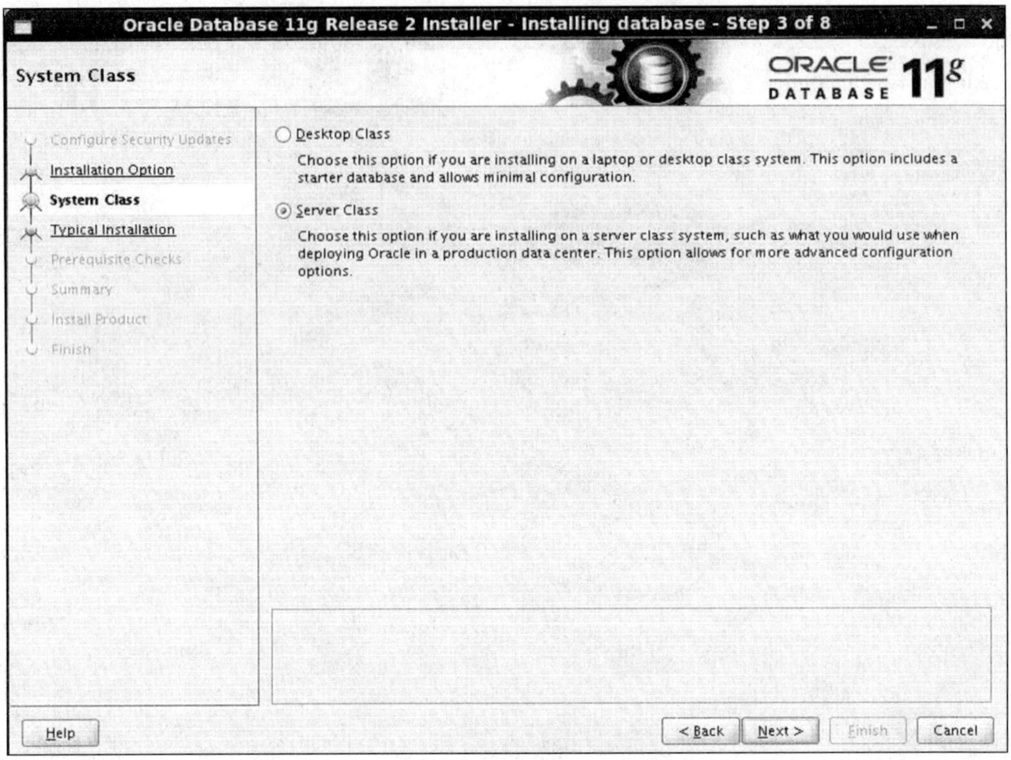

图 1-3　配置系统的安装类型

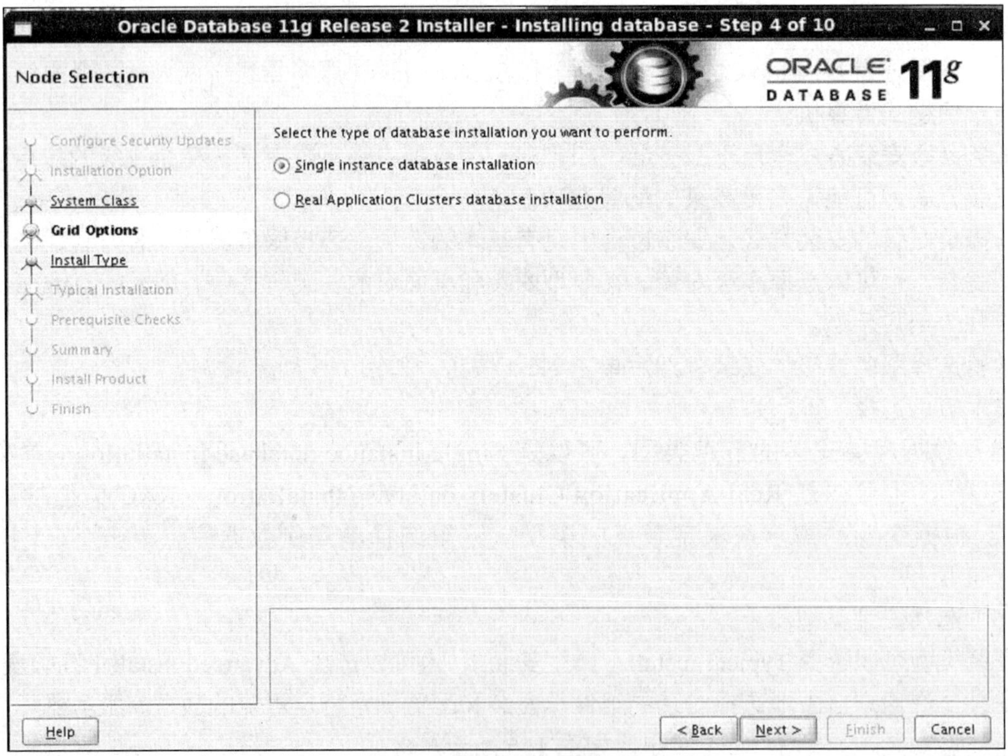

图 1-4　节点选择

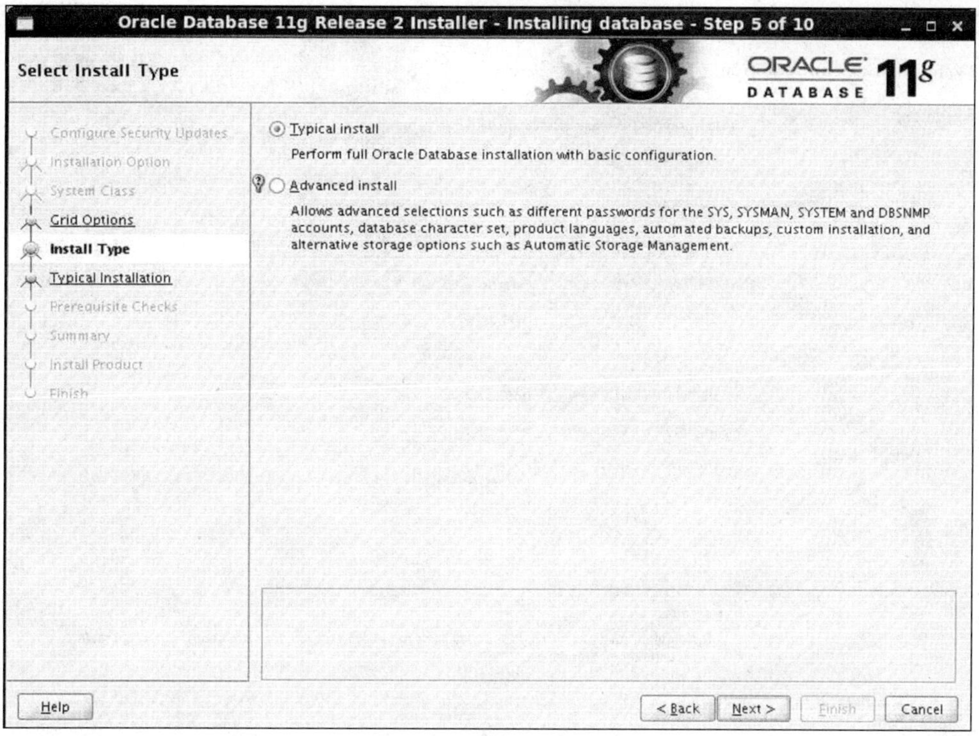

图 1-5　安装类型选择

（7）安装路径及 SID（系统标识符）的配置

接下来需要设置 Oracle 主目录和安装路径。主目录也称为安装路径，该路径存储在系统环境变量 ORACLE_BASE 中,后续描述中，经常用$ORACLE_BASE 代表。本安装的主目录是/opt/oracle。

接下来选择服务器软件位置和数据库文件位置，默认是安装在 ORACLE_BASE 下的不同子目录下。

在本实例中，服务器软件安装在/opt/oracle/product/11.2.0/db_1 下，本目录用$ORACLE_HOME 环境变量来表示，则数据库文件可以安装在/opt/oracle/oradata 子目录下。

在后续步骤中，通过进行必要的路径调整，可将数据库文件分布到不同的物理磁盘，以提高数据库性能。

在全局数据库名（Global Database Name）中，输入全局数据库名 db01.szpt,如果数据库服务器是通过 Internet 可以访问到的，为了定位数据库服务器，全局数据库名称需要添加域后缀。

在管理员密码处输入 oracle，这是安装完数据库后，登录数据库时，超级管理员（一般为 SYS 用户）的密码，然后单击 Next 按钮，如图 1-6 所示。

（8）创建清单路径

在安装过程中，必须指定 Inventory Directory（清单的存放）路径，本例中输入/opt/oraInventory，然后单击 Next 按钮，如图 1-7 所示。

（9）执行系统检查

在安装 Oracle 数据库服务器前，对 Linux 系统进行检查，查看 Linux 是否安装了相应的包，如果包安装不成功，则无法在 Linux 上安装 Oracle 服务器软件。如果包安装完成，如图 1-8 所示，选中 Ignore All（忽略全部）复选框，单击 Next 按钮。

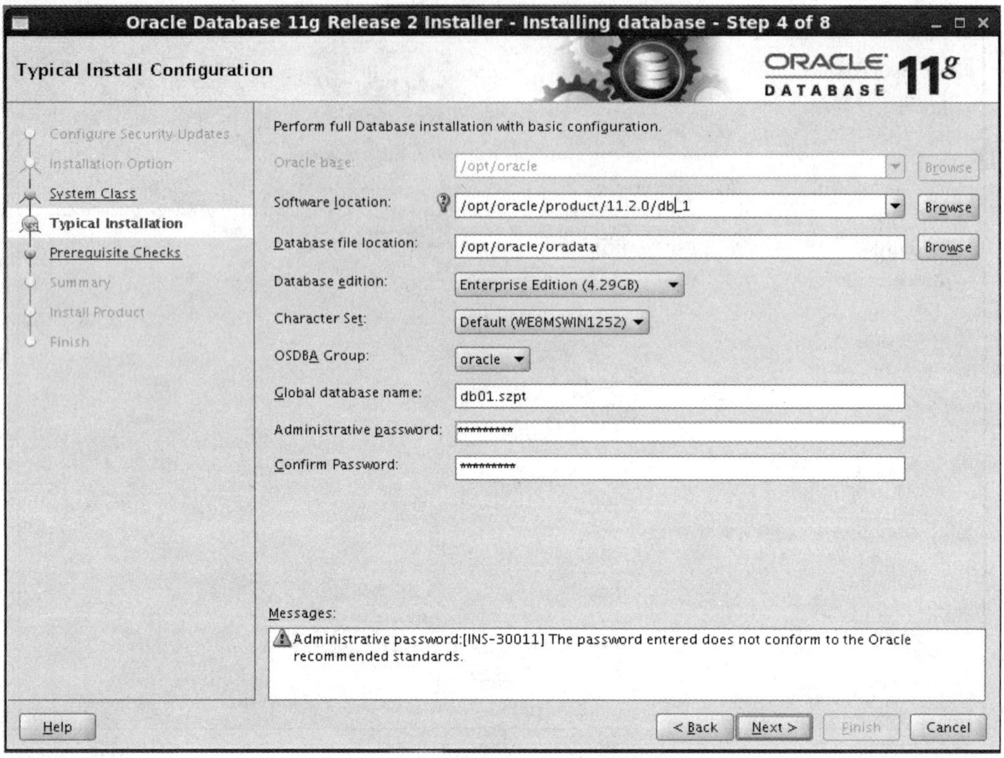

图 1-6　安装路径及 SID 配置

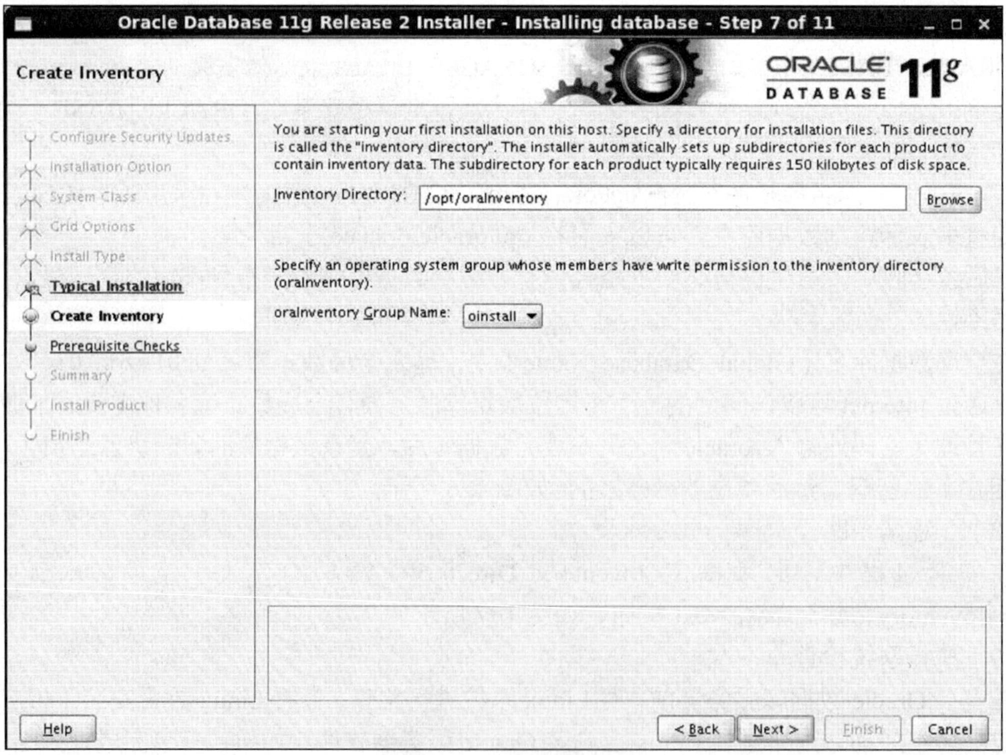

图 1-7　创建清单路径

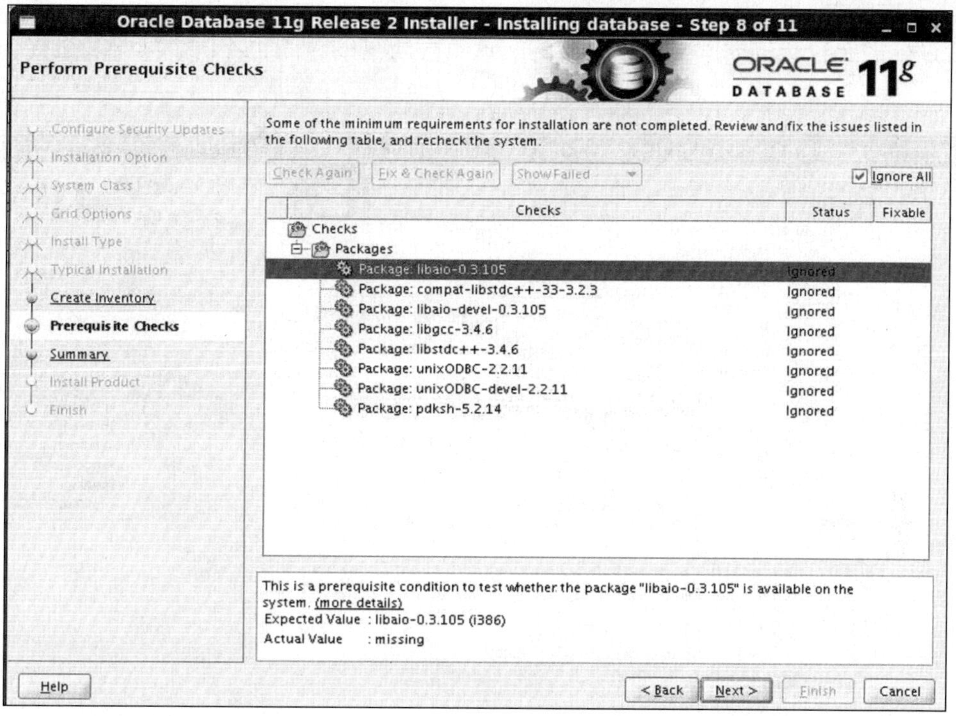

图 1-8　执行系统检查

（10）显示概要页面

如图 1-9 所示，单击 Finish 按钮，开始安装。

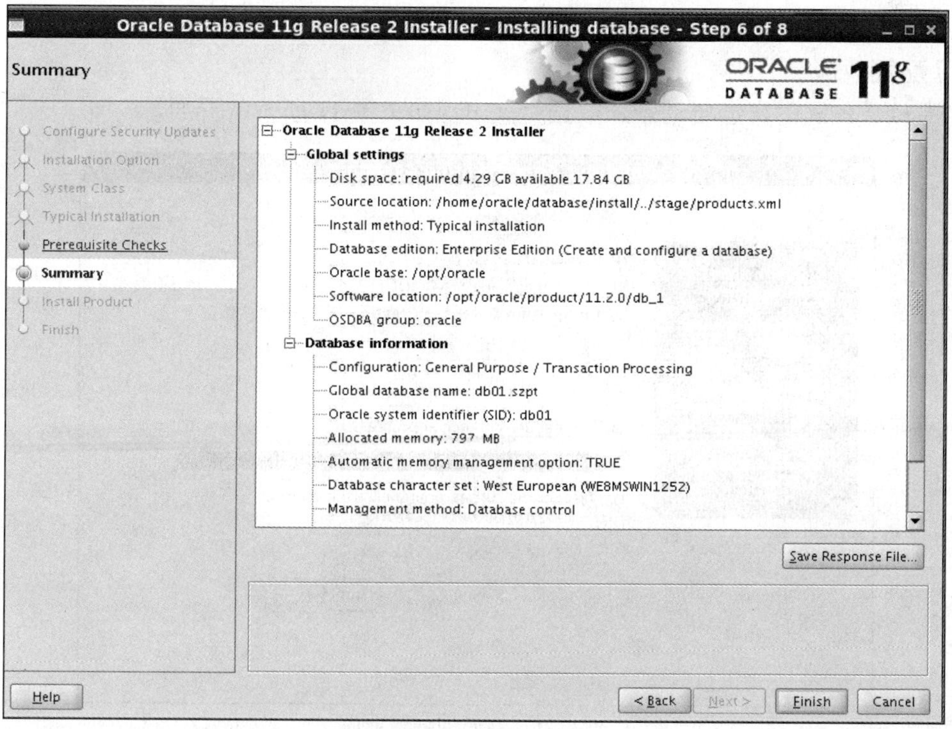

图 1-9　概要页面

（11）开始安装

安装过程需要较长的时间，根据机器的配置不同所需的时间也不同，其安装过程如图 1-10 所示。

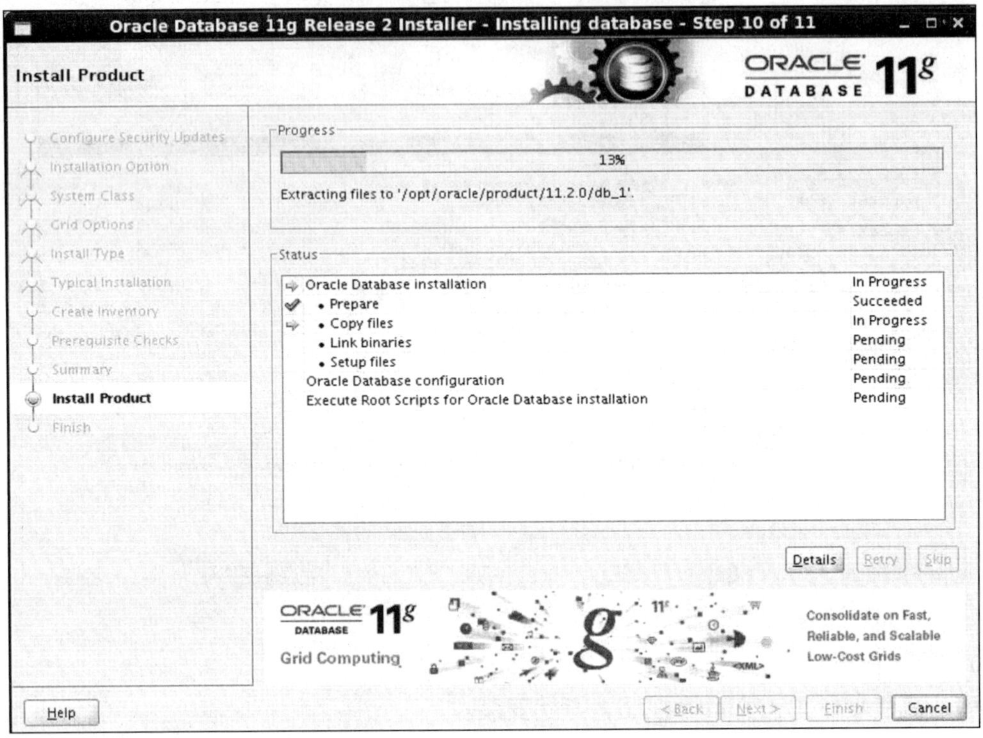

图 1-10　开始安装

（12）配置数据库

在安装软件的同时，会自动创建数据库。出现如图 1-11 所示的界面。

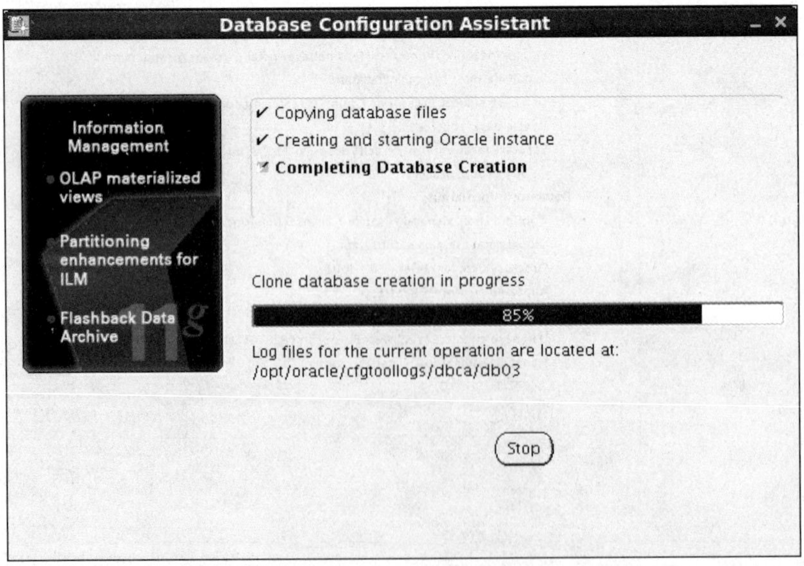

图 1-11　开始创建数据库

数据库创建完成后会显示如图 1-12 所示的界面。该图中有访问 EM（Enterprise Manager）的网址，记录该地址方便后面使用 EM 管理数据库。在图 1-12 中有提示：数据库中的除 SYS、SYSTEM、DBSNMP 和 SYSMAN 之外的所有的示例用户均处于锁定的状态，如果想使用这些用户，需先解锁。查看完信息后，单击 OK 按钮退出该界面。

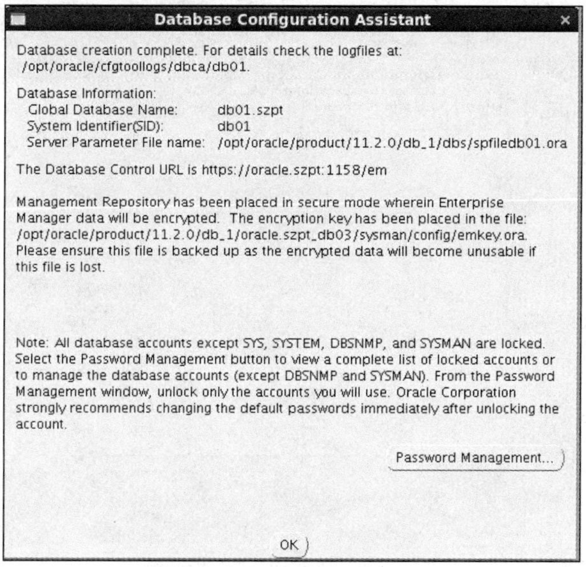

图 1-12　数据库安装完成界面

（13）运行脚本

数据库配置完成后，弹出如图 1-13 所示的界面。根据图中提示需要运行两个脚本，且必须以 root 用户运行。操作步骤如下：

打开一个终端，以 root 用户登录，然后运行以下两个脚本：

```
[oracle@oracle ~]$ su - root
Password:
[root@oracle ~]#/opt/oraInventory/orainstRoot.sh
[root@oracle ~]#/opt/oracle/product/11.2.0/db_1/root.sh
```

脚本运行完成后，单击 OK 按钮。

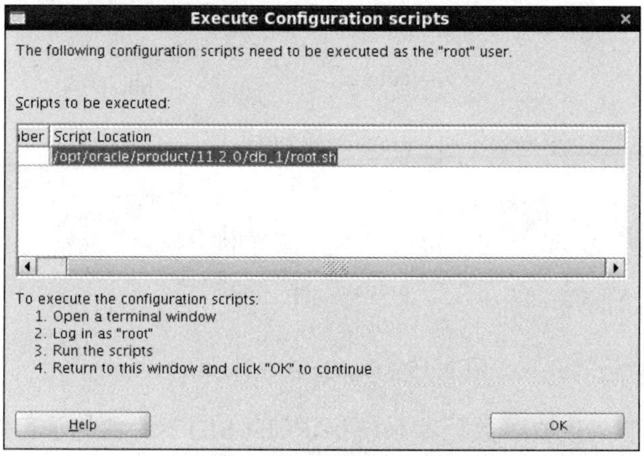

图 1-13　运行脚本界面

（14）安装完成

至此，Oracle 数据库服务器安装成功。单击图 1-14 所示中的 Close 按钮结束安装过程。

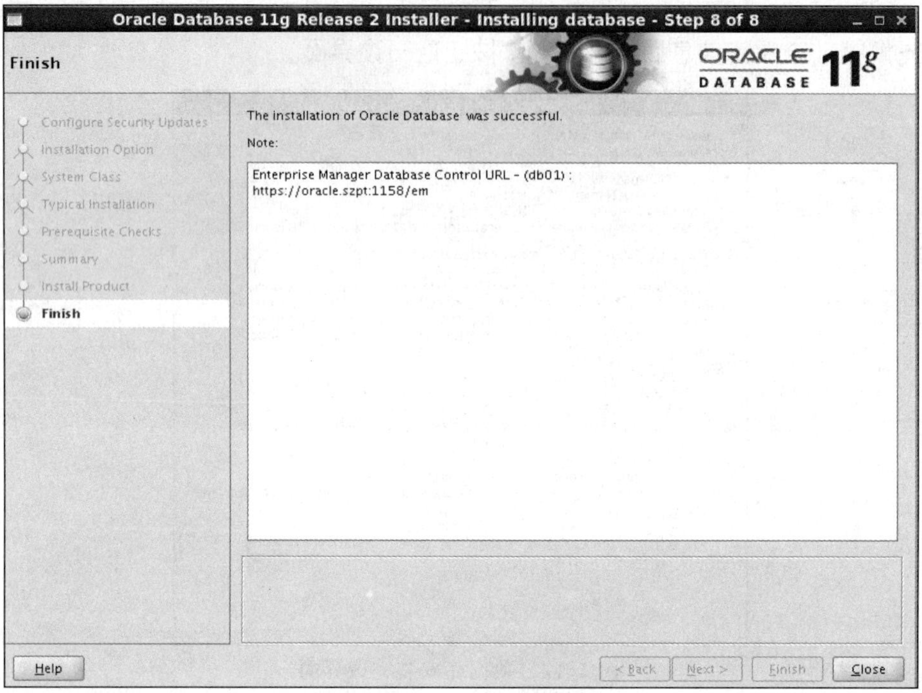

图 1-14　安装完成界面

安装完成后，Oracle Enterprise Manager（https://oracle.szpt:1158/em）就可以打开，数据库已可以使用。重启服务器后，需手动启动 Oracle Enterprise Manager 服务：emctl start dbconsole。

1.2.2　安装结果

以上安装以采用默认配置为主，从逻辑上来看，实际上包括 3 个部分，分别是一个数据库服务器、一个管理客户机和一个数据库（数据库名为 db01）。

在上述安装实例中，Oracle 软件安装的基目录是/opt/oracle。数据库服务器安装的主目录为/opt/oracle/product/11.2.0/db_1，数据库的安装目录是/opt/oracle/oradata、安装之后的数据库服务器的文件结构如图 1-15 所示。

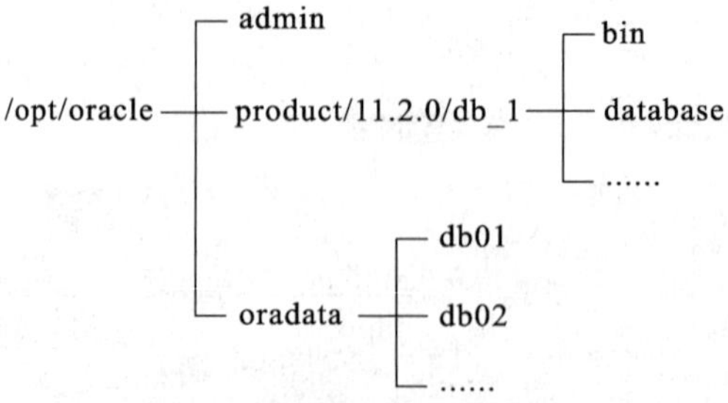

图 1-15　Oracle 软件目录结构

- 在 admin 目录下，存放以数据库系统标识符（SID）命名的子目录，在每个子目录下存放该数据库的管理信息和日志文件，是数据库管理员分析数据库、查找历史记录的地方。

- product 目录下存放整个 Oracle 数据库服务器的程序文件。
- oradata 目录下存放以数据库系统标识符（SID）命名的子目录，在每个子目录下存放该数据库的数据文件、控制文件和日志文件等，对数据库的系统备份和恢复有重要意义。

在以上的安装过程中，创建两个管理员账户 SYS 和 SYSTEM，并授予了 DBA 角色。SYS 账户是数据字典的所有者，SYSTEM 账户是一些 Oracle 工具使用的内部表和视图的所有者。DBA 角色具有所有的数据库权限。当以 SYS 账户登录时，必须使用 SYSDBA 或 SYSOPER 身份。

在 Oracle 数据库创建过程中，会创建一些数据库应用账户，账户 SCOTT 是一个用于测试目的的账户，可以通过账户 SCOTT 来登录数据库，SCOTT 账户的默认口令是 TIGER。

在安装过程中，还启动了如下的配置工具和操作系统服务：

① 启动 Oracle Net Configuration Assistant,进行网络配置，包括监听器和命名服务配置，同时创建了侦听器服务和一个与数据库 SID 同名的网络连接服务名 db01，用于连接数据库。

② 启动 Oracle Database Configuration Assistant，该工具用来创建前面配置好的数据库 db01，并启动数据库 db01 实例的操作系统服务。

③ 启动 Oracle Intellegent Agent 创建 Agent 的服务，用于自动识别在网络上运行的数据库节点。

1.3 综合训练项目

【目标】在教师指导下完成 Oracle 服务器软件的安装。

【准备】Linux 操作系统环境，Oracle 服务器安装软件。

【时间】60 分钟

【步骤】参照【实例】。

1.4 练习

1. 安装 Oracle 服务器软件，不会采用的工具是（　　）。

A. Oracle Universal Installer

B. Oracle Database Configuration Assistant

C. Oracle Enterprise Management Consol

D. Oracle Net Configuration Assistant

2. Oracle 数据库文件默认的安装位置是（　　）。

A. admin 目录下　　B. oradata 目录下

C. bin 目录下　　D. database 目录下

3. 在数据库服务器的安装过程中，不属于默认创建的账户的是（　　）。

A. SYS　　B. DBA

C. SYSTEM　　D. SCOTT

第 2 章

管理工具与网络配置

【学习目标】

通过本章的学习，认识 Oracle 数据库常用的管理工具并掌握它们的用法，同时完成必要的 Oracle 网络配置。管理工具使用户可以执行 SQL 语句并完成数据库的管理工作。网络配置可以实现通过网络对数据库进行访问和管理。

【本章要点】

- 了解和使用常用管理工具。
- 监听器配置。
- 网络服务名配置。

【关键术语】

Listener　监听器

Oracle Enterprise Manager Oracle　企业管理器

Database Configuration Assistant（DBCA）　数据库配置助理

SQL（Structured Query Language）　结构化查询语言

Net Manager　网络管理器

2.1 DBA 的管理工具

在服务器和客户机上需要安装一系列管理工具。在 Oracle 数据库服务器或客户端软件的安装过程中会自动安装这些工具。

表 2-1 列出了常用工具及其说明，这些工具可以通过“开始”菜单去访问。

表 2-1　管理工具概述

工具名称	功能说明
Oracle Universal Installer（OUI） （Oracle 通用安装工具）	基于 JAVA 的图形界面工具，用于 Oracle 软件的安装、升级和卸载
SQL*Plus （SQL*Plus 工具）	命令行方式的管理和查询工具，可以执行标准 SQL 命令和一些管理命令。iSQL*Plus，为 SQL*Plus 的浏览器版本
Enterprise Manager Console（OEM 控制台）	图形界面的 Oracle 数据库集成管理工具，通常简称 OEM 控制台
Administration Assistant for Windows NT （Windows NT 管理助理）	该工具用于在 Windows NT 上创建数据库管理员、操作员、用户和角色，以及管理 Oracle 数据库服务、编辑信息等
Database Configuration Assistant（DBCA） （数据库配置助理）	用于创建、删除和配置数据库，也可以管理数据库模板
Enterprise Manager Configuration Assistant(EMCA) （企业管理配置助理）	用于创建 Oracle 管理服务器 OMS

续表

工 具 名 称	功 能 说 明
Net Configuration Assistant（Oracle Net 配置助理）	以向导的方式，引导用户完成网络连接服务名、监听器等的创建
Net Manager（Oracle Net 管理器）	用于网络连接服务名、监听器等的创建、删除和设置

服务器软件和数据库软件是分开安装的，可以在安装服务器的过程中，选择创建一个数据库或者只安装数据库软件而不创建数据库。在安装完毕后，使用创建数据库的工具 DBCA 可以创建另外的数据库，或删除、修改数据库的配置，第 3 章将介绍有关数据库的创建知识。在这里介绍 DBCA 之外的一些常用工具。

2.1.1 Oracle 企业管理器

用户可以使用 Oracle 企业管理器 OEM（Oracle Enterprise Manager）来对 Oracle 数据库进行管理。OEM 是基于 Java 的图形界面集成客户端管理架构，属客户端管理工具。

此外，OEM 还包括集成的应用程序，使用这些应用程序，可执行例行程序和高级管理任务。这些应用程序包括可选程序包，如诊断包（Diagnostics Pack）、优化包（Tuning Pack）和更改管理包（Change Management Pack），以及 Oracle Net Manager、空间索引审查程序（Spatial Index Advisor）和文本管理器（Text Manager）等应用程序。

使用 OEM 登录数据库首先要正确地配置网络服务名和监听器。

打开浏览器，在地址栏中输入 https://oracle.szpt:1158/em，按 Enter 键后，打开如图 2-1 所示界面。在 username 中输入 sys，表示以 sys 账户登录数据库，在 password 中输入 sys 账户的口令 oracle，在 Connect As 中选择 SYSDBA 选项，如果是其他用户则选择 normal 选项，然后单击 Login 按钮。

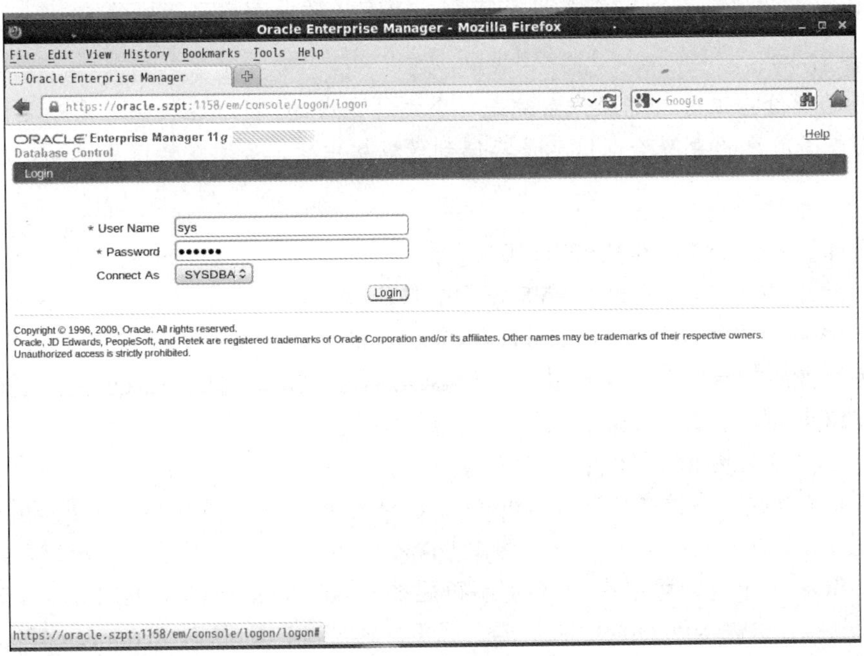

图 2-1　EM 登录界面

用户登录后，打开如图 2-2 所示界面，通过此界面可以对数据库进行日常管理。

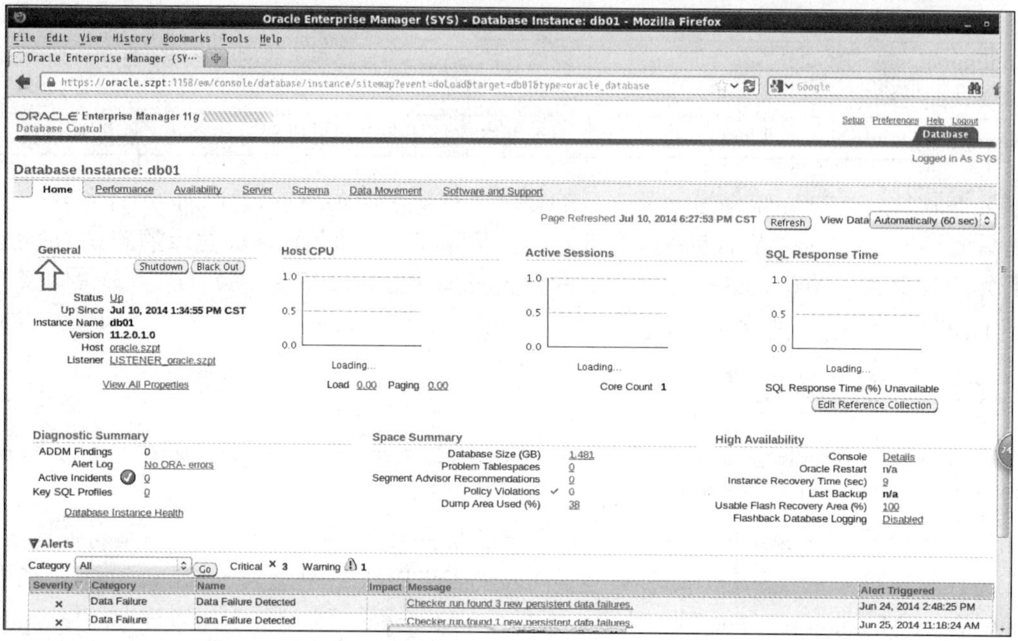

图 2-2　EM 管理界面

2.1.2　SQL*Plus 管理工具

SQL*Plus 是 Oracle 数据库的一个重要工具，提供了对标准 SQL(Structured Query Language) 和 PL/SQL 语言的支持，同时也是操作和控制数据库的有效工具。

在使用 SQL*Plus 同时，一般要以数据库用户的身份连接到某个数据库实例。但管理员账户例外，可以在数据库打开之前连接到空实例，以完成数据库启动等操作。

注意

管理员的身份验证是通过操作系统或口令文件完成的，所以在数据库启动之前管理员可以登录；而普通用户的身份验证信息是存储到数据库中的，必须在数据库启动之后才能进行身份验证。

【实例 2-1】使用命令行 SQL*Plus 工具。

方法 1：启动 SQL*Plus 同时以 SYS 账户的身份登录。

启动一个终端，在终端中输入 sqlplus sys/oracle as sysdba 命令，以 SYS 账户的身份直接打开 SQL*Plus 工具。如果能够连接成功，出现 SQL 提示符，则可以在 SQL 提示符后输入 SQL 语句或者 PL/SQL 程序，如图 2-3 所示。

方法 2：启动 SQL*Plus，然后以 SYS 用户的身份登录。

① 启动一个终端，在终端中输入 sqlplus /nolog 命令，不连接到 Oracle 数据库服务器，仅打开 sqlplus 这个工具。

② 出现 SQL 提示符，可以在 SQL 提示符后输入 conn sys/oracle@db01 as sysdba 命令，表示以 SYS 账户的身份连接到 Oracle 服务器。如果连接成功，则显示“connected”；如果失败，则显示失败的错误提示，如图 2-4 所示。

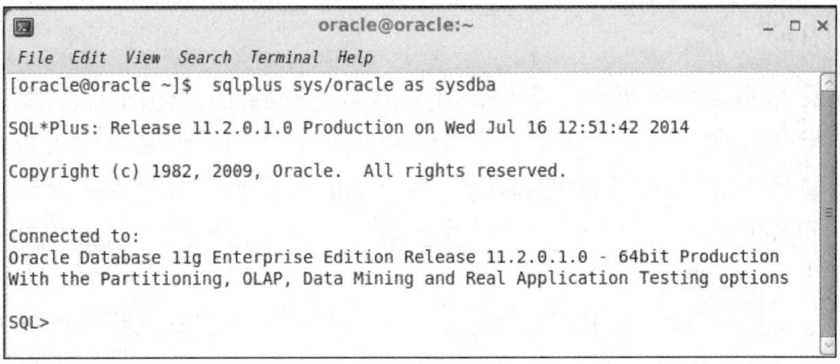

图 2-3 启动 SQL*Plus 1

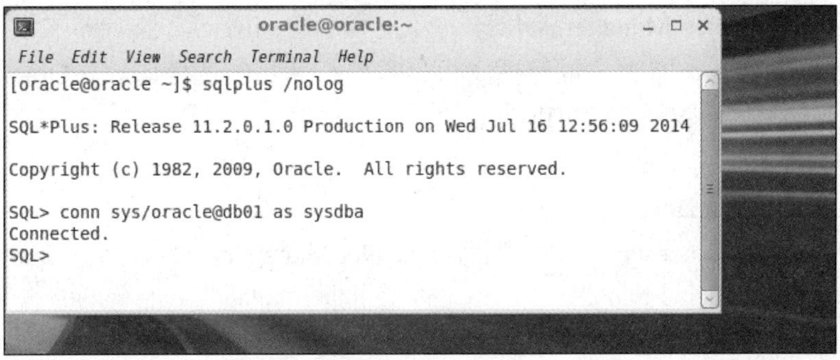

图 2-4 启动 SQL*Plus 2

conn 是连接命令 CONNECT 的缩略用法。用法为：

conn 用户名/口令@网络服务名 连接身份

“@”后面出现网络服务名，用于选择登录不同的数据库，db01 为安装过程创建的网络服务名，代表本地的 db01 数据库。出现 SQL 提示符之后，就可以输入 SQL 语句或者编写 PL/SQL 程序了。

2.2 Oracle 网络配置

要对 Oracle 数据库进行管理，可以在服务器或客户端进行，在服务器上进行的管理称为本地管理；在客户端上进行管理，需要进行网络连接，称为网络客户端管理。在客户端上只需要安装客户端管理软件即可。客户端应用为了连接特定的服务器和数据库，需要对网络进行配置，通过配置可以连接到不同的 Oracle 数据库服务器。

首先需要在数据库服务器端配置监听程序，然后在客户端配置网络服务名，如图 2-5 所示。只有合理地配置了监听程序和网络服务名之后，客户端的应用程序才能通过网络访问数据库。另外，为了方便管理同一台机器上的多个 Oracle 数据库实例，也应该进行网络配置。

网络配置可以使用网络配置管理器 Net Manager 来完成。Net Manager 用于网络连接服务名、监听器等的创建和设置。

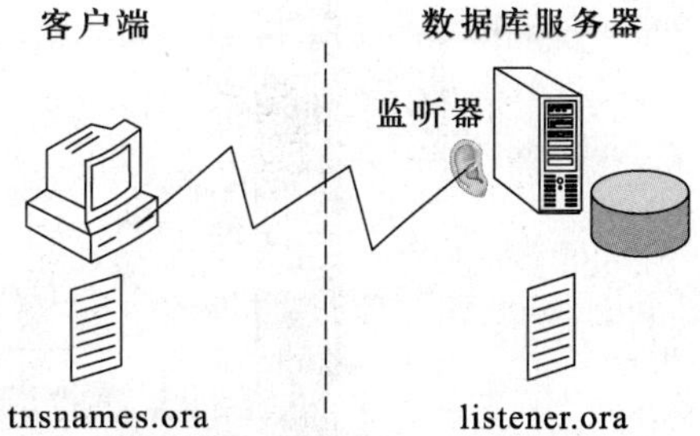

图 2-5 网络配置示意图

2.2.1 配置监听器

当安装 Oracle 数据库服务器时，会自动建立默认监听器（Listener）。在服务器上至少要配置一个监听器，用来监听来自客户端的数据库连接请求。在同一台服务器上可以配置多个监听器，但监听的端口号不能相同。不同的监听器可以监听对同一个数据库的请求，同一个监听器也可以监听对不同数据库的请求。这样当一个监听器忙时，另外的监听器仍然可以为客户端请求提供服务，减少用户连接的等待时间。

监听器的配置信息存入对应的配置文件 listener.ora，该文件的默认路径为$ORACLE_HOME/network/admin，其中$ORACLE_HOME 代表服务器软件的安装目录。另外通过设置环境变量 TNS_ADMIN 可以改变监听器配置文件的位置。

可以通过启动工具 Net Manager 来修改、添加和删除监听器。监听器的设置主要包括监听位置和对应的数据库服务，监听位置包括主机、端口和使用的通信协议，Oracle 默认的标准端口是 1521，通常采用的协议是 TCP/IP。

【实例 2-2】增加新的监听器。

步骤 1：启动 Net Manager。

启动一个终端，输入 netmgr 命令，即可打开 Net Manager 工具，如图 2-6 所示。

```
[oracle@oracle ~]$ netmgr
```

在 Net Manager 窗口左侧，选择【Local】（本地）→【Listeners】（监听程序）→【LISTENER】节点，右侧面板显示当前监听程序的配置信息，如图 2-6 所示。通过面板左侧的“+”、“×”按钮，可以增加和删除监听程序。

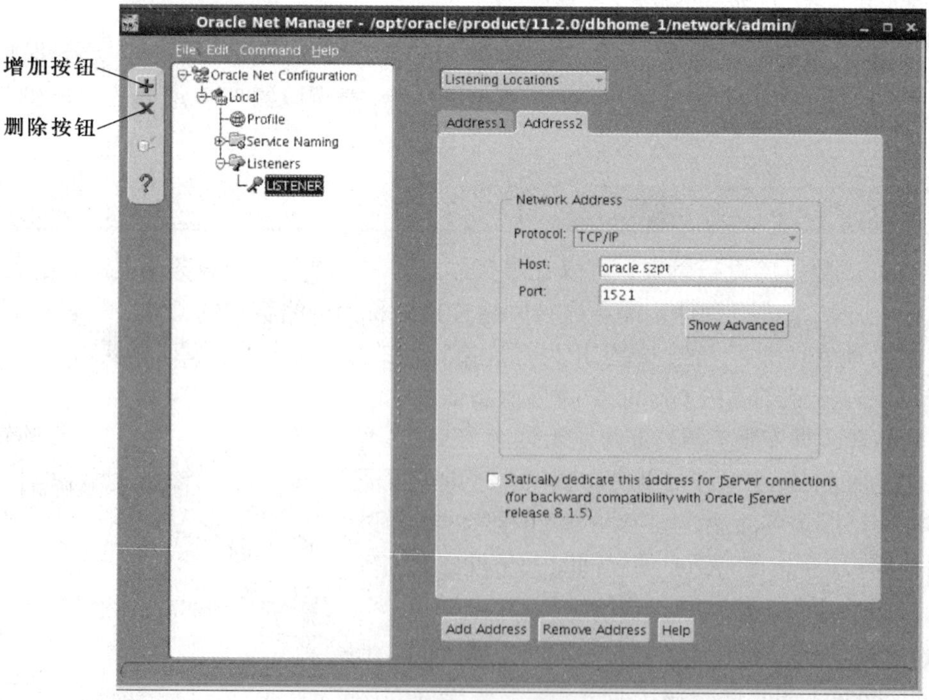

图 2-6 Net Manager 监听器管理

步骤 2：增加新的监听程序 LISTENER1。

单击面板左侧的“+”按钮，开始添加新的监听程序。在左侧面板的 Listener 节点下新增加一个节点，在其中输入监听程序名称 LISTENER1 并确定。为了使得客户端可以访问用户的 Oracle 数据库，需要配置“监听位置”和“数据库服务”。

步骤 3：设置监听位置。

在右侧面板下拉列表中选择“Listening Locations（监听位置）”，单击 Add Address 按钮（添加地址），增加新的监听位置。监听位置包括监听的协议（Protocol）、主机（Host）和默认的端口号（Port），修改端口号为 1522，其他参数均可选用默认值，如图 2-7 所示。同一个监听器可以添加多个监听地址。其参数的含义如下。

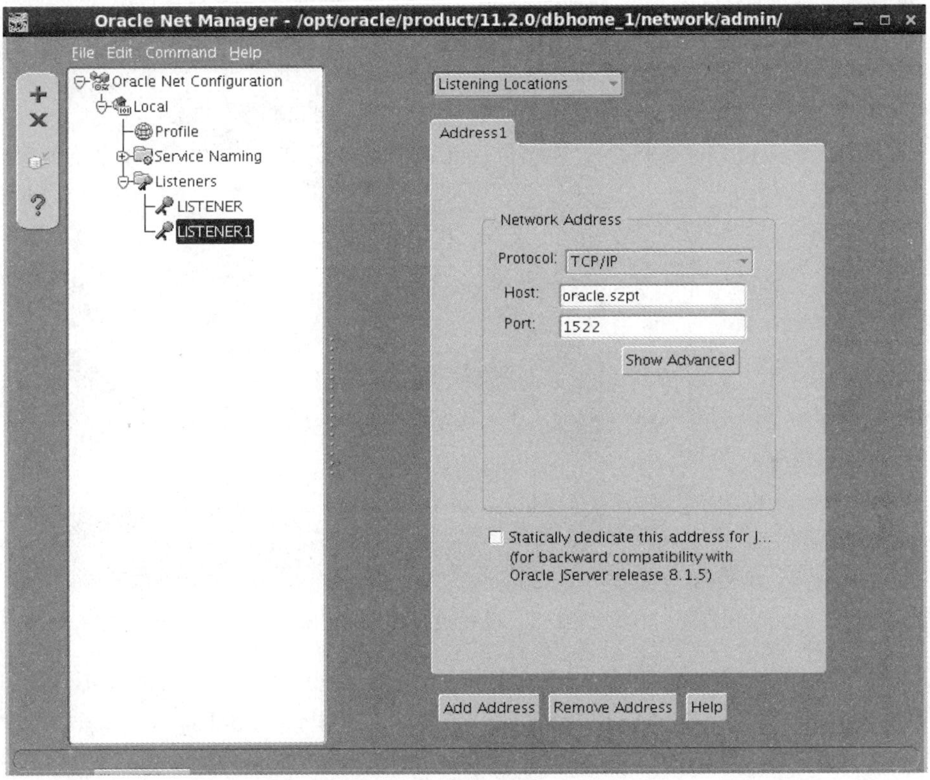

图 2-7 设置监听位置

- Protocol（协议）：用于指定监听程序要使用的网络协议，监听程序可以使用多种网络协议，但最常用的是“TCP / IP”协议。
- Host（主机）：用于指定 Oracle 服务器所在机器的主机名或 IP 地址。因为监听器和 Oracle 服务器位于同一台机器，所以主机名在这里也可以输入 LOCALHOST。
- Port（端口号）：用于指定监听程序所要使用的 TCP / IP 端口号，默认监听端口号为 1521。如果要指定其他端口号，则必须是操作系统未占用的端口。为了区别于 LISTENER 将 LISTENER1 端口号改为 1522。注意：如果网络客户端想要通过 LISTENER1 连接数据库，其用于连接数据库的网络服务名配置，也要使用同样的端口号。

步骤 4：添加数据库服务。

在右侧面板下拉列表中选择 Service Naming（数据库服务）选项，单击 Add Database 按钮（添加数据库），增加新的数据库服务。这时需要指定“Global Database Name（全局数据库名）”、“Oracle Home Directory（Oracle 主目录）”和“SID”，如图 2-8 所示。同一个监听程序可以添加多个数据库服务。

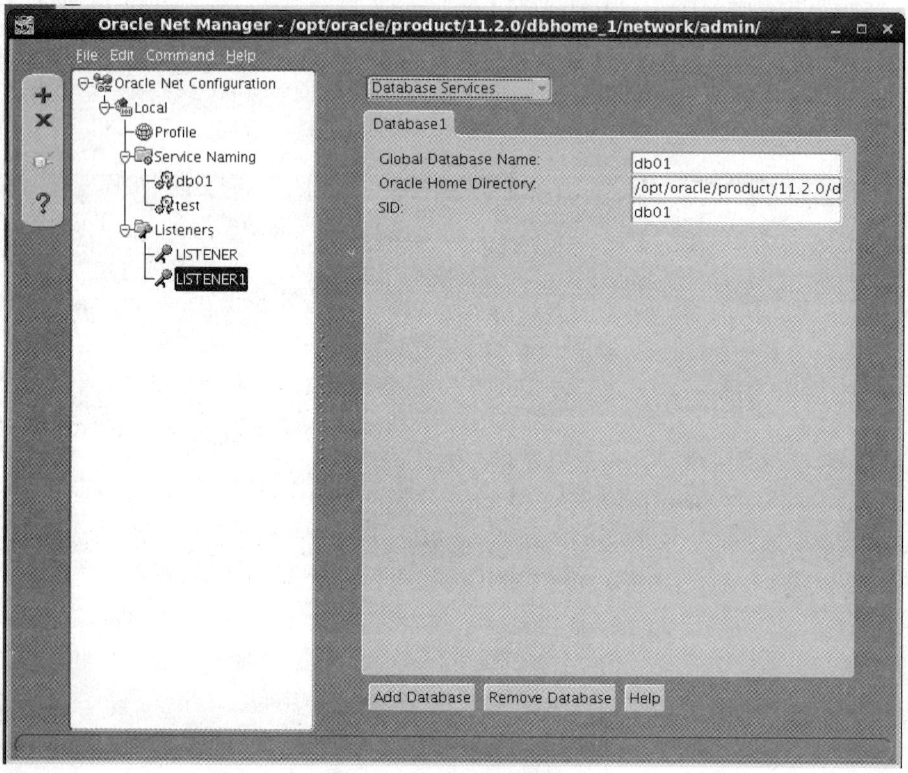

图 2-8　设置数据库服务

- Global Database Name（全局数据库名）：一般设置为 DB_NAME.DB_DOMAIN（DB_NAME 和 DB_DOMAIN 为初始化参数），这里设为 db01。
- Oracle Home Directory（Oracle 主目录）：应该设置为 Oracle 软件的安装路径，这里设为 /opt/oracle/product/11.2.0/db_1。
- SID：设置为数据库的 SID，这里设置为 db01。

步骤 5：保存配置、启动监听程序。

在进行了以上配置之后，选择“File（文件）”→“Save Network Configuration（保存网络配置）”菜单命令来保存新的监听器配置。另外，为了使得配置生效，还必须通过命令行方式重新启动监听器。

打开一个终端，在命令行窗口中输入 lsnrctl，出现 LSNRCTL 提示符。在该提示符下，可以通过 Help 命令查看帮助信息。

在 LSNRCTL 提示符下输入 start listener1 命令启动新的监听器，如图 2-9 所示。若提示“The command completed successfully”则说明监听程序启动成功，否则，监听程序有问题，需重新检查。

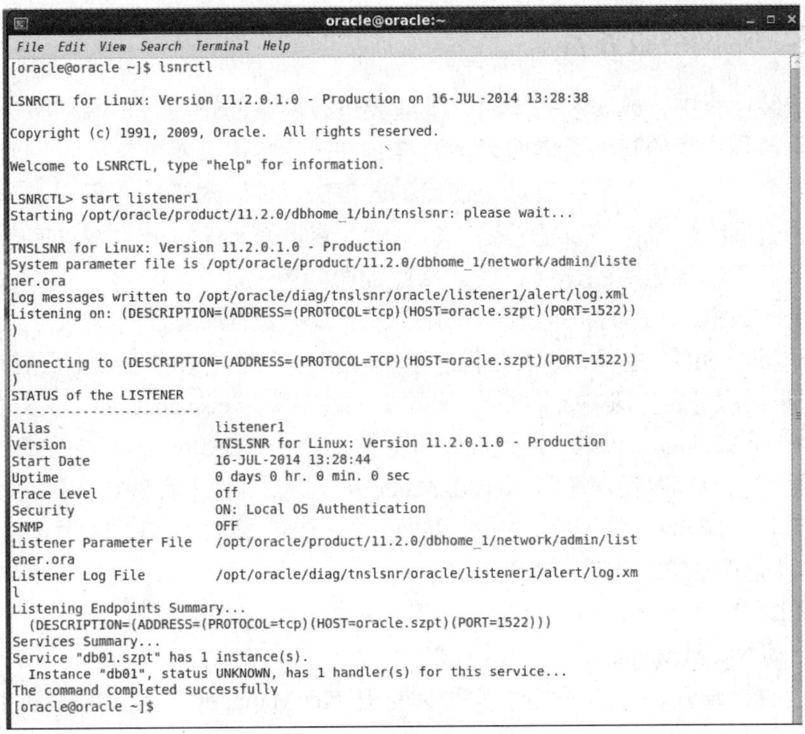

```
oracle@oracle:~
File Edit View Search Terminal Help
[oracle@oracle ~]$ lsnrctl

LSNRCTL for Linux: Version 11.2.0.1.0 - Production on 16-JUL-2014 13:28:38

Copyright (c) 1991, 2009, Oracle.  All rights reserved.

Welcome to LSNRCTL, type "help" for information.

LSNRCTL> start listener1
Starting /opt/oracle/product/11.2.0/dbhome_1/bin/tnslsnr: please wait...

TNSLSNR for Linux: Version 11.2.0.1.0 - Production
System parameter file is /opt/oracle/product/11.2.0/dbhome_1/network/admin/liste
ner.ora
Log messages written to /opt/oracle/diag/tnslsnr/oracle/listener1/alert/log.xml
Listening on: (DESCRIPTION=(ADDRESS=(PROTOCOL=tcp)(HOST=oracle.szpt)(PORT=1522))
)

Connecting to (DESCRIPTION=(ADDRESS=(PROTOCOL=TCP)(HOST=oracle.szpt)(PORT=1522))
)
STATUS of the LISTENER
------------------------
Alias                     listener1
Version                   TNSLSNR for Linux: Version 11.2.0.1.0 - Production
Start Date                16-JUL-2014 13:28:44
Uptime                    0 days 0 hr. 0 min. 0 sec
Trace Level               off
Security                  ON: Local OS Authentication
SNMP                      OFF
Listener Parameter File   /opt/oracle/product/11.2.0/dbhome_1/network/admin/list
ener.ora
Listener Log File         /opt/oracle/diag/tnslsnr/oracle/listener1/alert/log.xm
l
Listening Endpoints Summary...
  (DESCRIPTION=(ADDRESS=(PROTOCOL=tcp)(HOST=oracle.szpt)(PORT=1522)))
Services Summary...
Service "db01.szpt" has 1 instance(s).
  Instance "db01", status UNKNOWN, has 1 handler(s) for this service...
The command completed successfully
[oracle@oracle ~]$
```

图 2-9　启动监听器

步骤 6：查看监听器服务。

方法 1：在 LSNRCTL 提示符下输入 status listener1 命令可以查看监听器 LISTENER1 的状态。

方法 2：打开一个终端，在命令行窗口中输入 lsnrctl status listener1 可以查看监听器 LISTENER1 的状态。

```
[oracle@oracle ~]$ lsnrctl status listener1
```

如图 2-10 所示，LISTENER1 监听程序已成功启动，LISTENER1 监听程序监听的位置是 oracle.szpt，监听的端口号是 1522，监听的数据库实例为 db01。

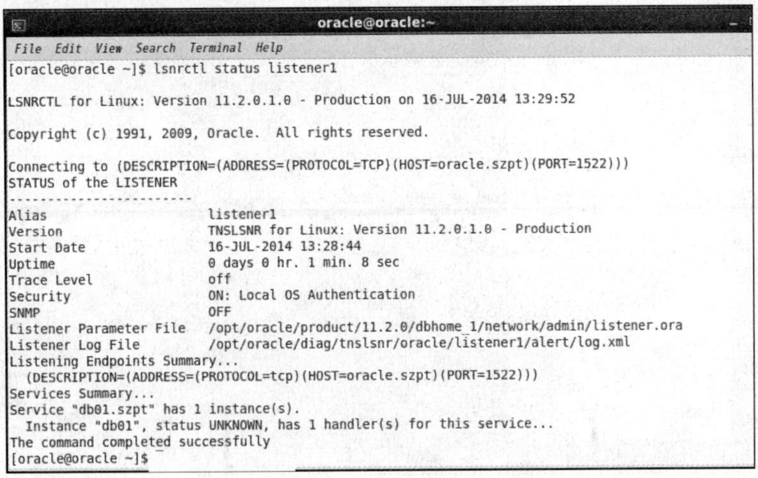

```
oracle@oracle:~
File Edit View Search Terminal Help
[oracle@oracle ~]$ lsnrctl status listener1

LSNRCTL for Linux: Version 11.2.0.1.0 - Production on 16-JUL-2014 13:29:52

Copyright (c) 1991, 2009, Oracle.  All rights reserved.

Connecting to (DESCRIPTION=(ADDRESS=(PROTOCOL=TCP)(HOST=oracle.szpt)(PORT=1522)))
STATUS of the LISTENER
------------------------
Alias                     listener1
Version                   TNSLSNR for Linux: Version 11.2.0.1.0 - Production
Start Date                16-JUL-2014 13:28:44
Uptime                    0 days 0 hr. 1 min. 8 sec
Trace Level               off
Security                  ON: Local OS Authentication
SNMP                      OFF
Listener Parameter File   /opt/oracle/product/11.2.0/dbhome_1/network/admin/listener.ora
Listener Log File         /opt/oracle/diag/tnslsnr/oracle/listener1/alert/log.xml
Listening Endpoints Summary...
  (DESCRIPTION=(ADDRESS=(PROTOCOL=tcp)(HOST=oracle.szpt)(PORT=1522)))
Services Summary...
Service "db01.szpt" has 1 instance(s).
  Instance "db01", status UNKNOWN, has 1 handler(s) for this service...
The command completed successfully
[oracle@oracle ~]$
```

图 2-10　查看监听器的状态

2.2.2 配置客户端网络服务名

在客户端安装过程中，或安装完毕后，一般要进行网络配置。客户端和服务器可能使用不同的操作系统平台和不同的网络通信协议，这样客户端连接服务器就需要提供必要的参数，包括要连接的服务器名称、连接的端口号、使用的通信协议等。对于普通用户，这些参数不便于理解和记忆。通过网络配置，可以把网络服务名同配置联系起来，一旦配置完成，以后就可以使用该网络服务名进行数据库的连接，使连接过程得到简化。

当安装 Oracle 数据库产品时，系统会自动在服务器端为数据库配置相应的网络服务名，默认网络服务名与实例标识（SID）相同。为了便于访问同一台服务器上的多个 Oracle 数据库，应该为新数据库配置相应的网络服务名。网络服务名对应的配置文件名称为 tnsnames.ora，该文件的默认路径为 $Oracle_Home/network/admin。同样，通过设置环境变量 TNS_ADMIN 可以改变该配置文件的位置。

配置网络服务名也可以使用工具 Net Manager 来完成。通过【实例 2-3】创建一个新的网络连接服务名，用其连接 db01 数据库。在配置过程中，使用 1522 端口，通过前面创建的的监听器 LISTENER1（监听 1522 端口）进行连接。

【实例 2-3】创建本地客户端网络连接服务名。

步骤 1：启动 Net Manager。

启动一个终端，输入 netmgr 命令，即可以打开 Net Manager 工具，如图 2-11 所示。

```
[oracle@oracle ~]$ netmgr
```

在 Net Manager 窗口左侧，选择【local】（本地）→【Service Naming】（服务命名）节点，可以看到已经创建好的网络连接服务名，如图 2-11 所示。通过面板左侧的“+”、“×”按钮，可以增加和删除网络连接服务名。

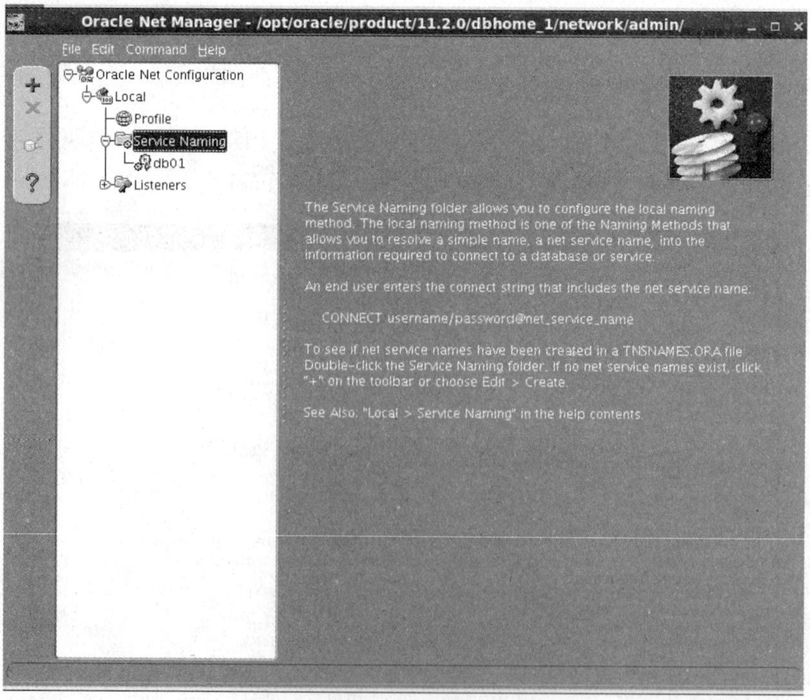

图 2-11　Net Manager 界面

步骤 2：创建新的网络服务名。

选中“Service Naming（服务命名）”节点，单击窗口左侧工具栏的“+”按钮，打开如图 2-12 所示的对话框，其中“Net Service Name（网络服务名）”可以任意指定，但一般应该设置为数据库名或实例名。本实例中输入 test，然后单击 Next 按钮。

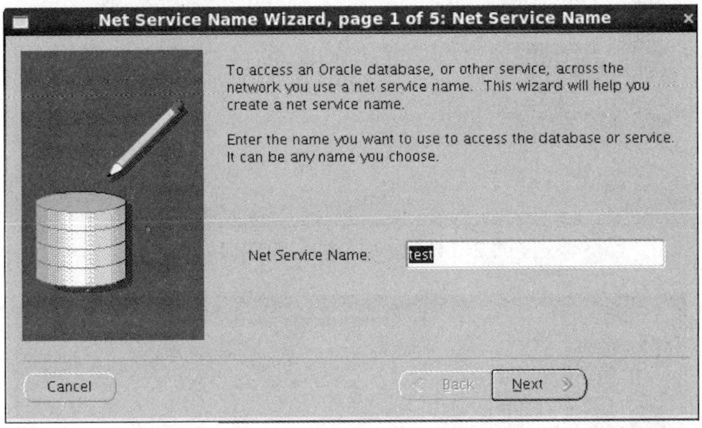

图 2-12　创建网络服务名

步骤 3：选择通信协议。

选择通信协议 TCP/IP（应与监听器的配置一致），如图 2-13 所示，单击 Next 按钮。

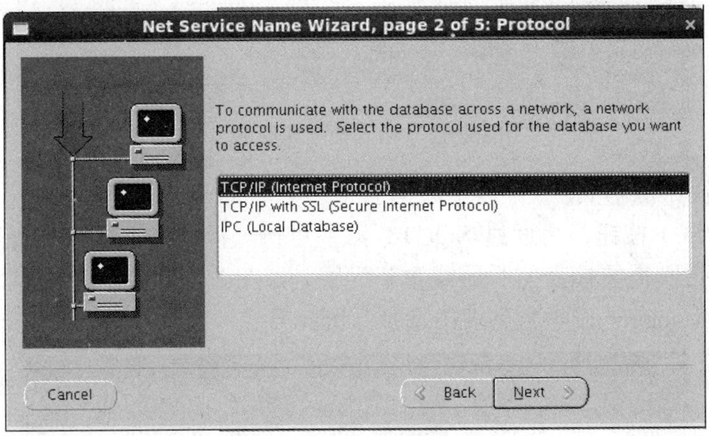

图 2-13　选择通信协议

步骤 4：输入主机名（Host Name）和端口号（Port Number）。

主机名（Host Name）即 Oracle 数据库所在的服务器的机器名，对于本实例，因为客户端和服务器使用同一台机器，可输入主机名 oracle.szpt，也可以输入 localhost。本实例中端口号（Port Number）设置为 1522（和监听器 LISTENER1 的配置一致），如图 2-14 所示，单击 Next 按钮。

步骤 5：输入数据库服务名（Service Name）。

“Service Name（服务名）”应该设置为监听程序中所配置的全局数据库名，“SID”应该设置为监听程序中所配置的 SID，另外二者只需要使用其中之一就可以了。本实例中输入 db01，连接类型（Connection Type）根据实际情况来决定，这里选择默认类型，如图 2-15 所示，单击 Next 按钮。

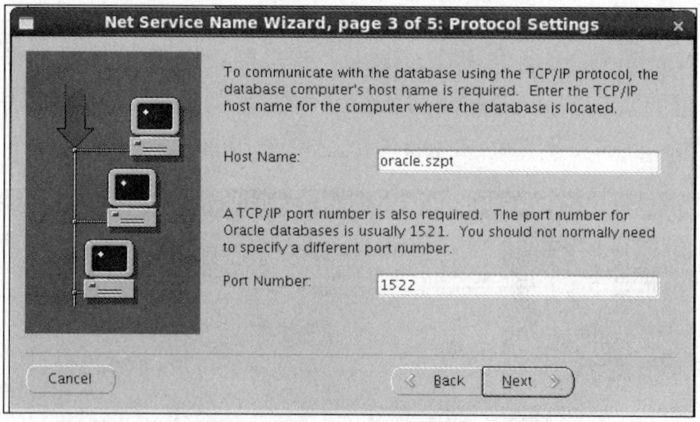

图 2-14　输入主机名和端口号

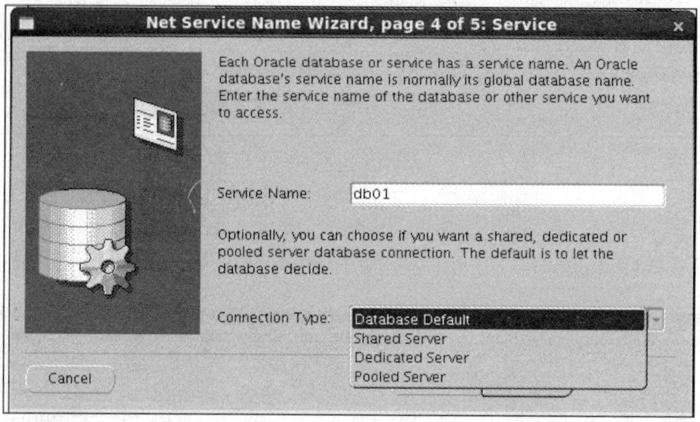

图 2-15　输入数据库服务名

步骤 6：测试网络服务名。

单击 Test（测试）按钮，将通过 SOCTT 账户进行连接测试，如果出现连接成功信息，说明配置是正确的，否则需要检查监听器或重新配置，如图 2-16 所示。单击 Close 按钮返回主窗口。可以看到 Net Manager 服务名列表中增加了 test 节点。

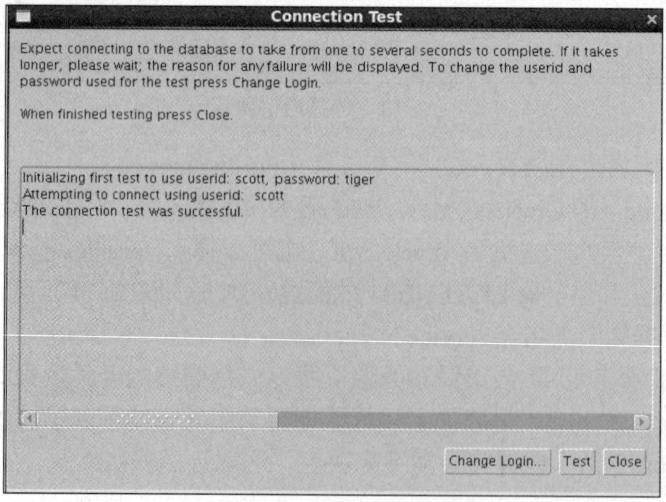

图 2-16　测试配置

步骤 7：保存配置并退出。

在主窗口中选择“File（文件）”→“Save Network Configuration（保存网络配置）”菜单命令，然后关闭主窗口。

步骤 8：使用新的网络服务名进行连接。

打开一个终端，输入如下的命令并执行，如图 2-17 所示。

```
sqlplus    scott/tiger@test
```

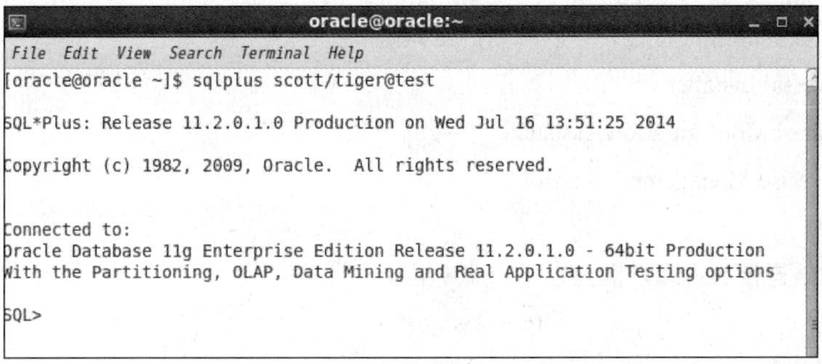

图 2-17　使用网络服务名

在窗口中，如果出现“SQL>”系统提示符，说明连接成功。在以后的连接中，就可以使用 test 服务名进行连接 db01 数据库了。

> **注意**
>
> 以上连接是通过 LISTENER1 监听器完成的。如果系统中开启了防火墙，需事先关闭防火墙，否则可能会出现连接不成功的现象。

【练习 2-1】使用 Net Manager 删除网络服务名 TEST。

2.3　综合训练项目

【目标】在教师指导下完成网络服务名和监听器配置。

【准备】教师提供教师机的主机名、数据库 SID 和监听器端口号，并修改教师机数据库 SCOTT 账户 SCOTT 的工资为 8 000 元，学生机保持不变。教师提供必要的查询语句。事先关闭教师机和学生机的防火墙。

【时间】30 分钟

【步骤】

1. 创建一个指向本机上本地数据库的网络连接服务名 studb，并保证测试通过。使用服务名 studb 登录本地 SCOTT 账户，执行查询查看 SCOTT 的工资。

2. 创建一个指向教师机数据库的网络连接服务名 teadb，并保证测试通过。使用服务名 teadb 登录教师机 SCOTT 账户，执行查询查看 SCOTT 的工资。

3. 按照以下步骤修改学生机监听器配置。

① 停止监听器 LISTENER（lsnrctl stop）。

② 修改监听器端口为 1523，保存网络配置。

③ 启动监听器 LISTENER（lsnrctl start）。

④ 使用 conn scott/tiger@studb 登录本地数据库服务器，能否成功，说明现象和原因。
⑤ 恢复原来的端口号，重新启动监听程序，重新连接登录，直到成功为止。

2.4 练习

1. 命令行方式的管理工具是（ ）。

A. SQL*Plus B. OEM 控制台

C. iSQL*Plus D. SQL*Plus WorkSheet

2. 要对 Oracle 数据库进行管理，可以采用的工具是（ ）。

A. Oracle Universal Installer

B. Oracle Database Configuration Assistant

C. Oracle Enterprise Management Consol

D. Net Manager

3. 为了通过网络连接数据库，需要在客户端建立（ ）。

A. 监听器进程 B. 实例服务

C. 网络连接服务名 D. HTTP 服务

4. 监听器的配置信息保存的位置和名称是（ ）。

A. 客户端，listener.ora B. 客户端，tnsnames.ora

C. 服务器端，listener.ora D. 服务器端，tnsnames.ora

第 3 章

创建 Oracle 数据库

【本章内容】

在一个 Oracle 服务器上，可同时运行多个 Oracle 数据库实例，第 2 个数据库只有在服务器安装以后才能创建出来。通过学习本章的内容，可以完成数据库的创建、删除和修改配置等任务，这是 DBA 的基本任务之一。

【本章要点】

- 使用 DBCA 创建、删除和配置 Oracle 数据库。
- 使用命令创建和删除 Oracle 数据库。
- Oracle 数据库管理员身份验证方式。
- 口令文件管理。

【关键术语】

Password file　口令文件

Authentication　验证

Manually　手工

SID　系统标识符

DBCA　数据库配置助理

Operating system authentication　操作系统验证

Initialization parameter file　初始化参数文件

3.1　使用工具创建 Oracle 数据库

如果在安装 Oracle 服务器的过程中没有创建数据库，就需要在之后创建新的数据库。创建新的数据库可以使用数据库创建工具 DBCA（Oracle Database Configuration Assistant）和手工两种方式。本节介绍使用数据库创建工具 DBCA 创建数据库。

3.1.1　规划和组织数据库

在创建 Oracle 数据库之前，需要先对数据库进行规划。

首先，要根据具体的用途，确定数据库的类型。Oracle 有 3 种典型的数据库应用类型，如数据仓库、联机事务处理和一般用途。如果是一个熟练的 DBA，对数据库的初始化参数有比较深入的了解，那么在创建数据库时，就可以自己规划内存（SGA）的分配和使用，并对数据库的工作方式进行手工配置。

其次，需要规划数据库的存储结构，根据数据类别和用途来组织文件在磁盘的分布和存储位置。控制文件、数据文件和日志文件是 3 类需要进行重点考虑的文件。通过把文件分布到不同的磁盘，可以减少系统 I/O 竞争，改进数据库性能；通过把镜像分布到不同的目录或物理磁盘，可以保证单点磁盘故障不会影响到其他镜像，这对数据库在发生介质故障时进行数据恢复是至关重要的。以控制文件为例，在创建数据库时，用户需要考虑控制文件需要几个镜像，是否需要分布到不同的物理磁盘。

最后要决定新数据库的全局数据库名称，全局数据库名称是数据库在网络中的唯一标识。在确定全局数据库名称的同时，也要确定数据库的系统标识符（SID）。如果数据库只有一个实例，那么通常和数据库名一致。

3.1.2 创建 Oracle 数据库

创建新的数据库，需要以 SYSDBA 账号连接，并在服务器端完成；还要考虑是否有足够的磁盘空间可以存放数据库文件，以及是否有足够的内存来运行实例。

在安装数据库服务器的过程中，已经创建了一个数据库 db01。根据需要，用户可以在同一个服务器上创建新的 Oracle 数据库，也可以删除或重新配置已经存在的数据库。以上操作可以使用管理工具 Oracle 数据库配置助手 DBCA（Database Configuration Assistant）来完成。DBCA 是一个基于 Java 和图形用户界面的工具，具有跨平台的特性。DBCA 的主要功能有创建数据库、配置数据库选项、删除数据库和管理模板。

注意

在安装创建 Oracle 服务器的过程中，Universal Installer 也是通过启动 DBCA 来完成第 1 个数据库的创建的。

【**实例 3-1**】使用 DBCA 创建新的 Oracle 数据库。

步骤 1：启动 DBCA。

启动一个终端，输入 dbca 命令，即可以打开 DBCA 工具，如图 3-1 所示。

```
[oracle@oracle ~]$ dbca
```

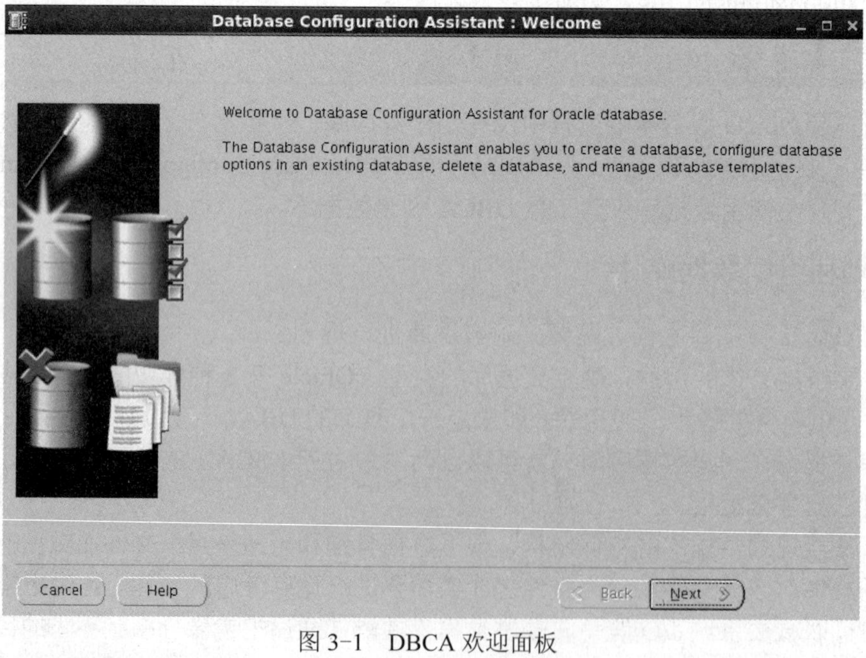

图 3-1　DBCA 欢迎面板

步骤 2：选择操作。

单击 Next 按钮，打开如图 3-2 所示窗口，其中包含 4 种操作选项。

- Create a Database（创建数据库）：创建新的数据库。
- Configure Database Options（在数据库中配置数据库选项）：修改数据库配置参数。
- Delete a Database（删除数据库）：删除已经存在的数据库实例。
- Manage Templates（管理模板）：管理、创建或删除数据库的模板，以后可以用该模板直接创建新的数据库。

本实例中选择 Create a Database 选项（创建数据库），然后单击 Next 按钮。

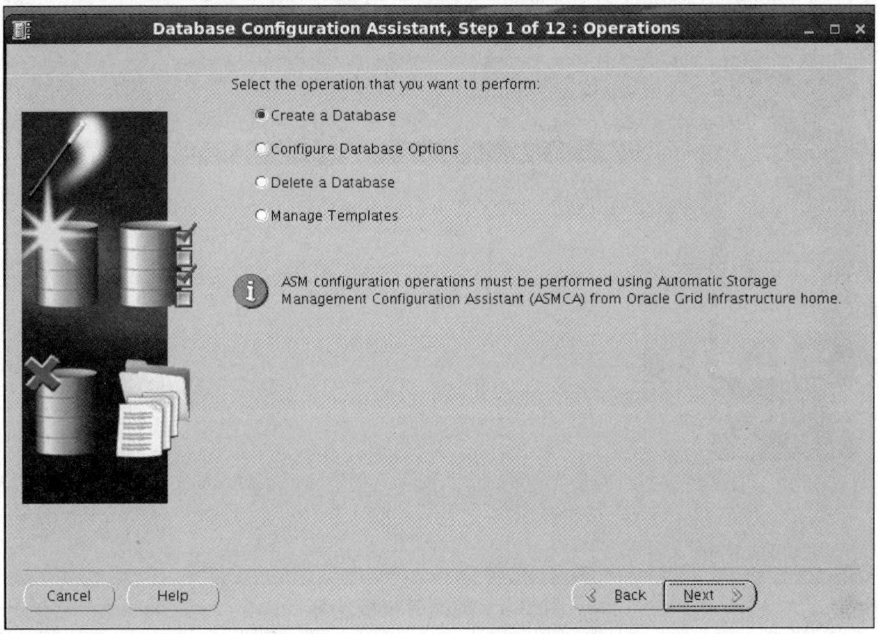

图 3-2　操作选择

步骤 3：选择数据库模板。

在打开的如图 3-3 所示窗口有 3 个选项，这 3 个选项分别表示不同的数据库模板。

- General Purpose or Transaction Processing：应用于联机事务处理（OLTP）环境，或者创建一般目的数据库，同时具有 DSS 和 OLTP 特性。
- Custom database：自定义数据库，根据要求自定义数据库中的各类参数。
- Data Warehouse：应用于创建数据仓库的环境，及决策支持系统（DSS）。

本例中选择 General Purpose or Transaction Processing 选项，然后单击 Next 按钮。

步骤 4：指定数据库名称和标识。

在打开的如图 3-4 所示的窗口中输入 Global Database Name（全局数据库名称）和数据库 SID，两者可以使用同一个名称，在本练习中输入 db01 作为名称。SID 是数据库系统标识符，区别于该计算机上的其他任何实例。单击 Next 按钮继续。

步骤 5：配置 EM。

选择配置 EM 选项（即选中 Configure Enterprise Manager 复选框），可以使用 EM 控制台管理该数据库，如果没有选中 EM，将来可以使用 EMCA 进行重新配置。其他均采用默认值，如图 3-5 所示。单击 Next 按钮继续。

步骤 6：设置用户的密码。

在打开的如图 3-6 所示窗口中对系统预定义的用户设置相应的口令。选中 “Use Different Administrative Passwords” 单选按钮可以对 SYS、SYSTEM、DBSNMP、SYSMAN 4 个用户分别设置不同的密码，也可以选中 “Use the Same Administrative Passwords for All Accounts” 单选按钮对 4 个用户设置相同的密码。本实例中，对 4 个用户设置相同的密码，输入 oracle。单击 Next 按钮继续。

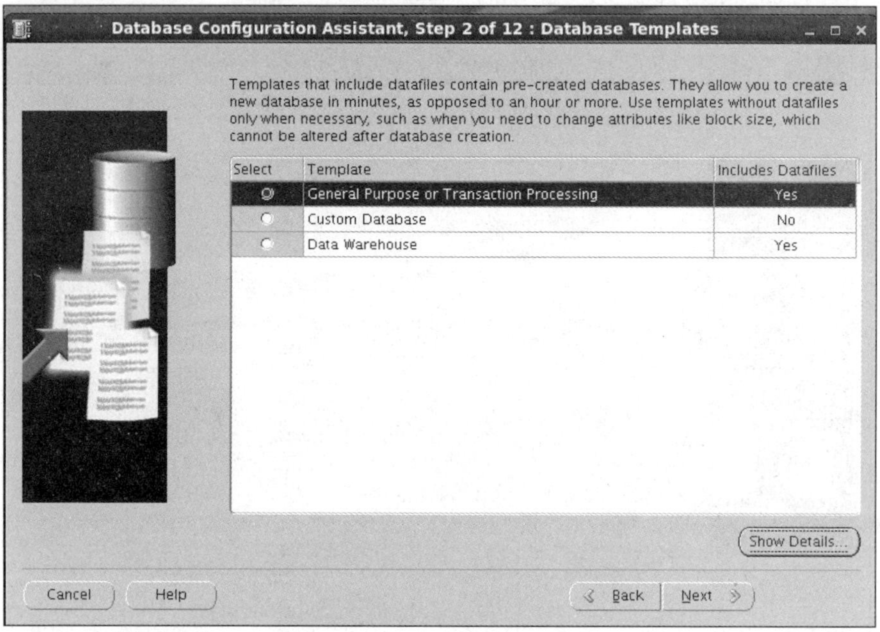

图 3-3　数据库模板选择

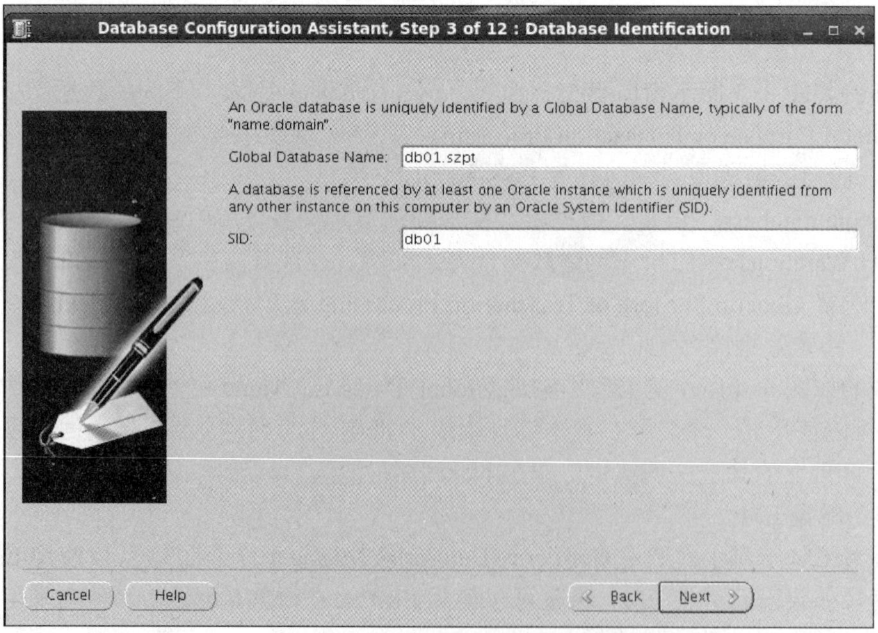

图 3-4　指定数据库名称和标识

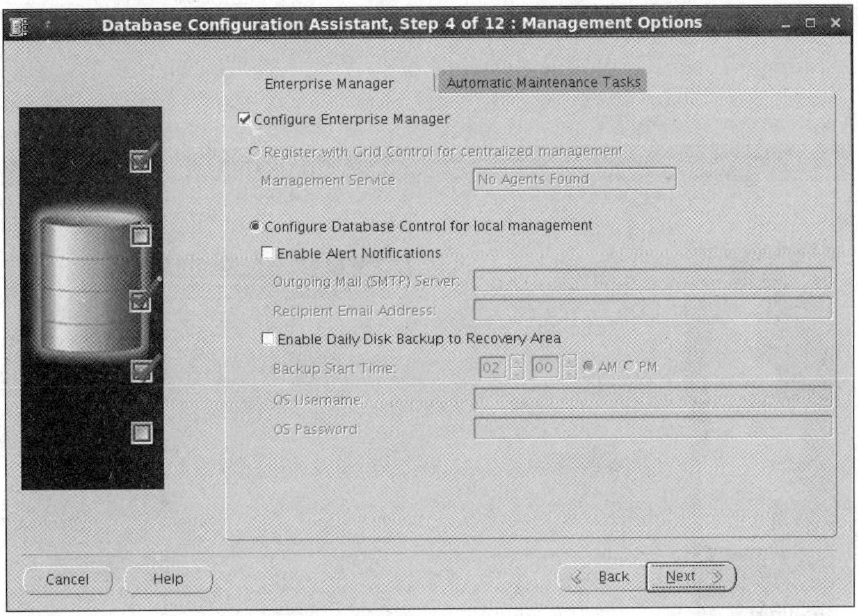

图 3-5　配置 EM

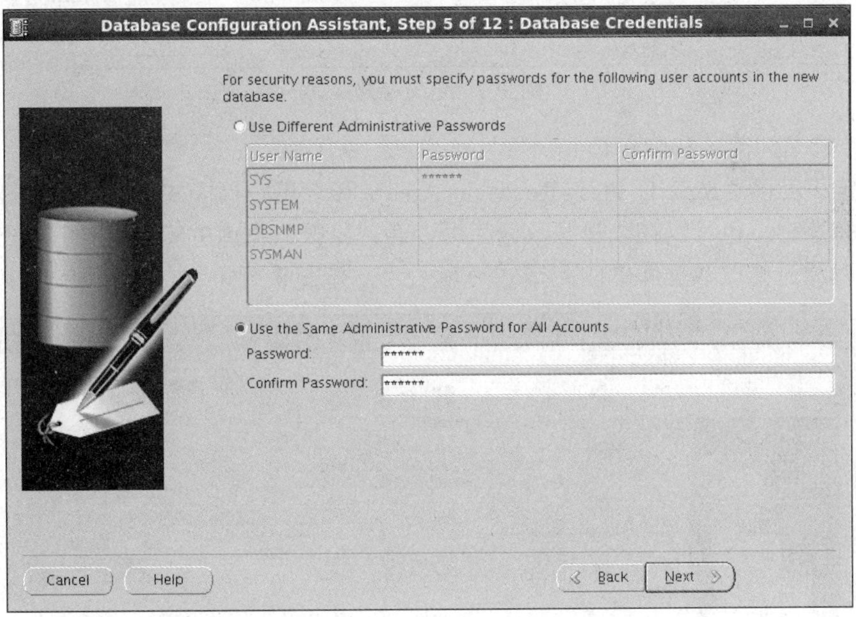

图 3-6　设置常用的 4 个用户的密码

步骤 7：定义存储格式。

存储格式有文件系统（File System）和 ASM（Automatic Storage Management，自动存储管理系统）两类。

ASM 提供了与平台无关的文件系统、逻辑卷管理以及软 RAID 服务。ASM 可以支持条带化和磁盘镜像，从而实现了在数据库被加载的情况下添加或移除磁盘以及自动平衡 I/O 以删除“热点”。

ASM 可以作为单独的 Oracle 实例实施和部署，并且它只需要有参数文件，不需要其他的任何物理文件就可以启动 ASM 实例，只有它在运行的时候，才能被其他数据库访问。

文件系统即使用操作系统的文件存储数据库的数据。

在本实例 Storage Type 中选择 File System（文件系统）选项，如图 3-7 所示。单击 Next 按钮继续。

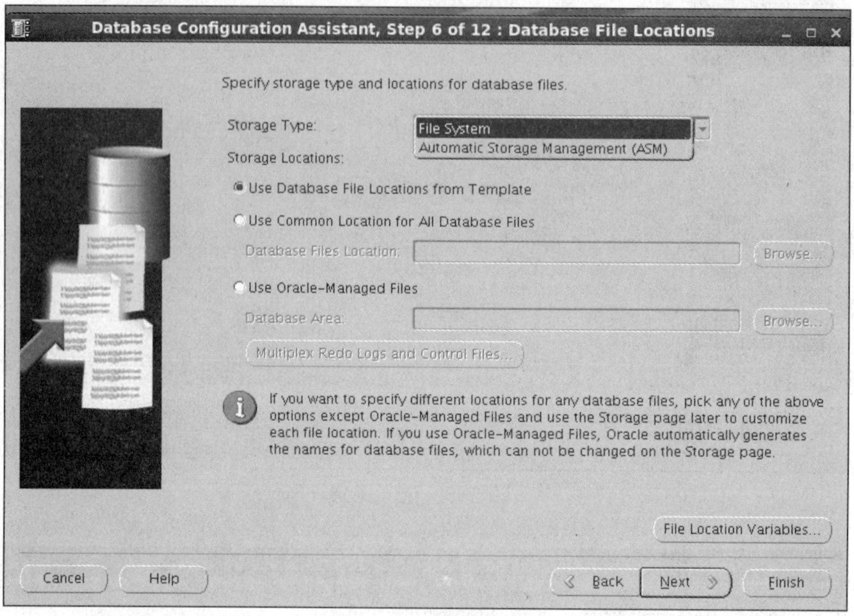

图 3-7　定义存储格式

步骤 8：定义闪回区和归档模式。

选择指定闪回区（Specify Flash Recovery Area）和启用归档模式（Enable Archiving）的选项。如果没有选中，也可以在创建好数据库后，通过修改数据库的归档模式开启数据库归档；同样，也可以通过修改数据库的闪回模式开启闪回，如图 3-8 所示。单击 Next 按钮继续。

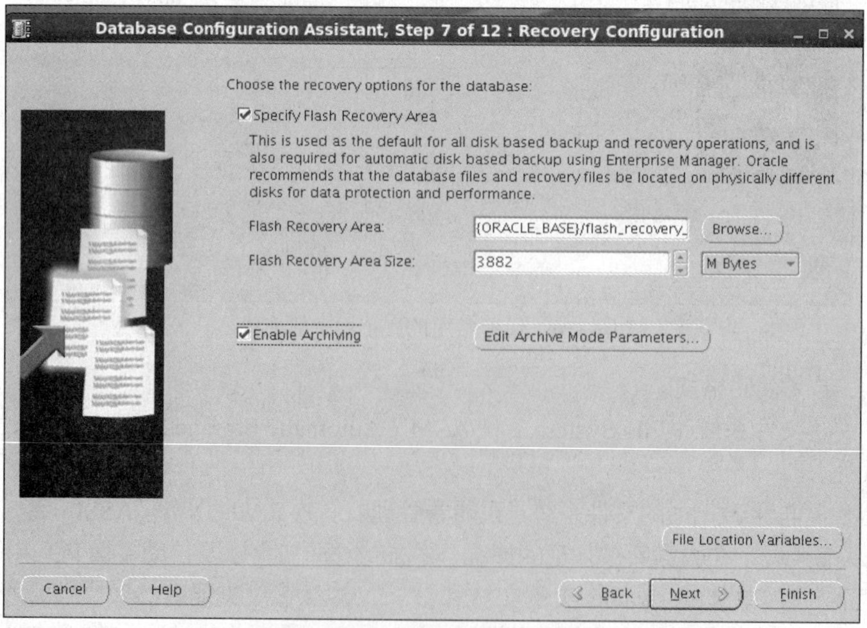

图 3-8　定义闪回区和归档模式

步骤 9：选择示例模式。

如果用户希望安装的数据库中有示例用户（如 scott、hr 等）及示例表（emp、dept 等），那么选择安装示例模式时选中 Sample Schemas 复选框，如图 3-9 所示。单击 Next 按钮继续。

步骤 10：内存配置。

内存默认为物理内存的 1/3～1/2，可以直接使用默认值，如图 3-10 所示。

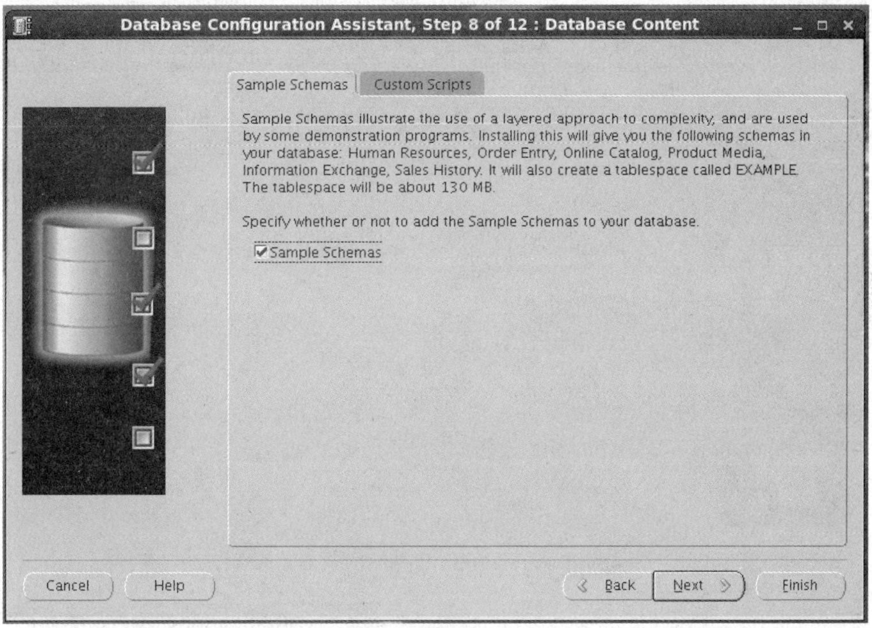

图 3-9 选择示例模式

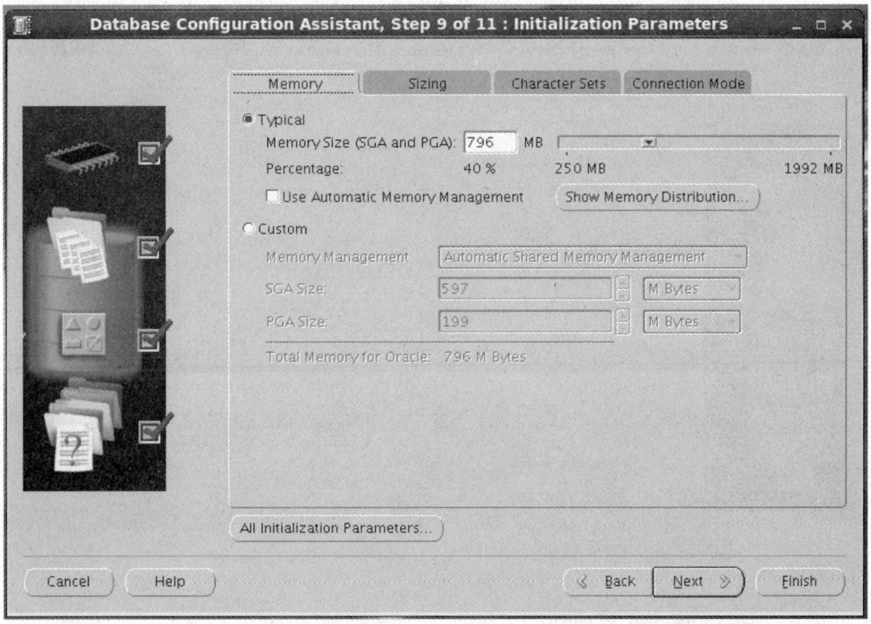

图 3-10 定义内存大小

步骤 11：块大小和进程数配置。

选择 Sizing 选项卡，可以对数据库中标准块的大小进行设置，同时，可以设置系统中能够启用的用户进程数是 150，如图 3-11 所示。

步骤 12：定义字符集。

选择 Character Sets 选项卡，可以设置数据库使用的字符集，如图 3-12 所示。如果要对数据库进行导入和导出操作，或者进行表空间的传输操作，要特别注意数据库的字符集与要导入或者传输的数据库的字符集一致，如果不一致，则会出现乱码现象。

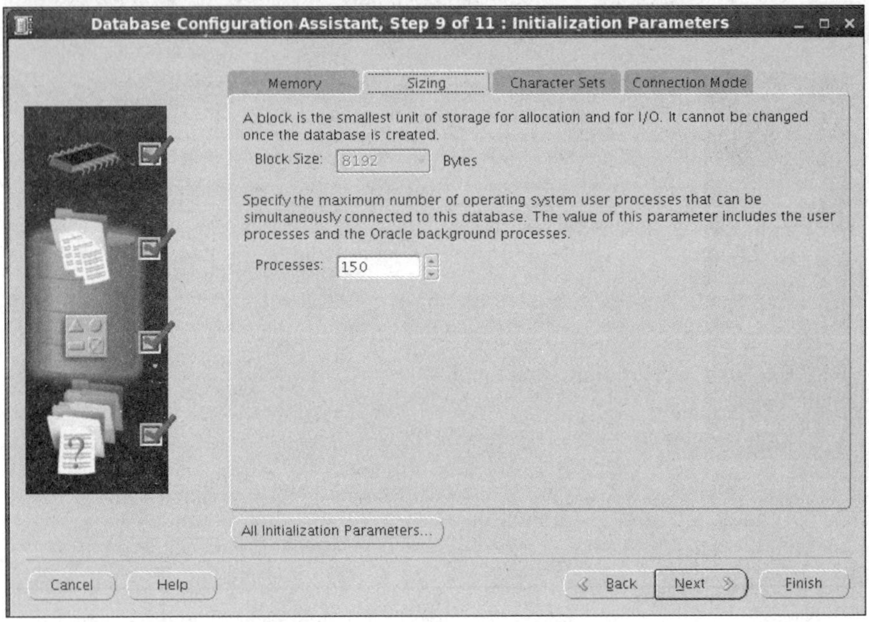

图 3-11　定义块尺寸和进程数

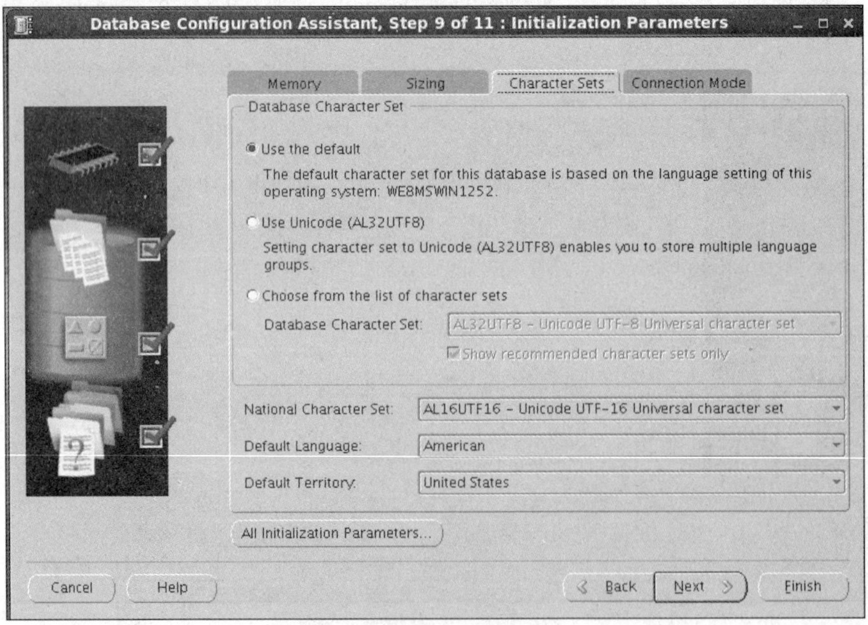

图 3-12　定义字符集

步骤 13：设置连接模式。

Oracle 提供两种数据库的连接模式。

- 专用服务器模式（Dedicated Server Mode），为每个连接客户分配专用资源，当连接用户较少，请求连续时间较长，可以选择此模式。
- 共享服务器模式（Shared Server Mode），多个客户共享数据库资源，当并行用户较多，连接时间较短，可以采用此模式。此模式启动 Oracle 数据库的多线程特性。

在本实例中选中 Dedicated Server Mode（专用服务器模式），单击 Next 按钮继续，如图 3-13 所示。

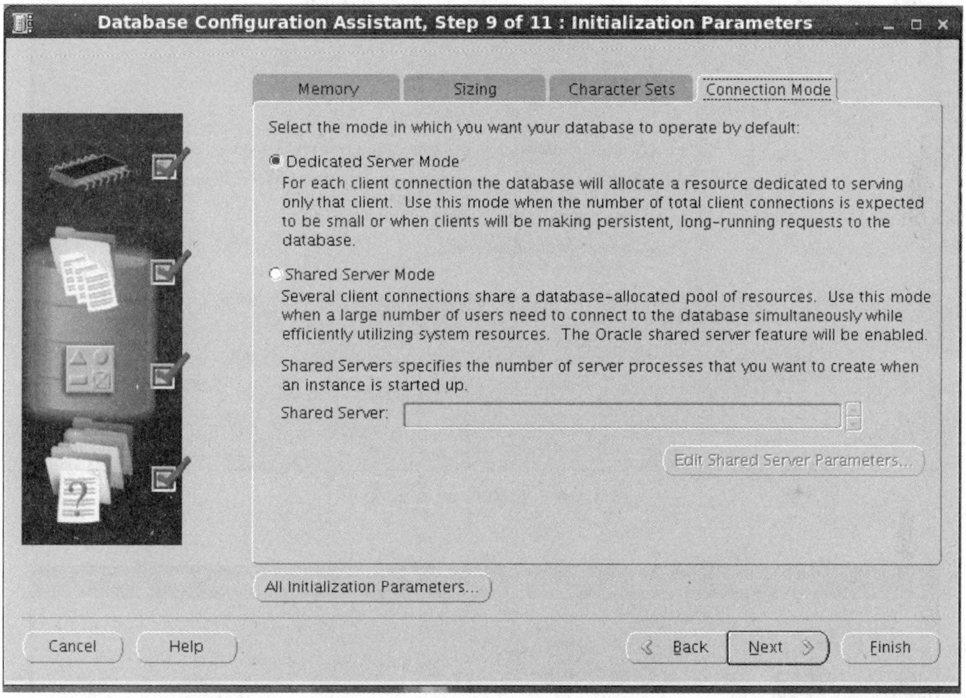

图 3-13 数据库的连接模式设置

步骤 14：数据库配置概要页。

在概要页中，可以查看前面对数据库的配置，如图 3-14 所示。

步骤 15：准备创建数据库。

单击 Finish 按钮开始数据库的创建。最好在开始创建之前关闭其他的数据库例程，这样可以加快数据库的创建。创建过程分成复制数据库文件、初始化数据库和创建数据库 3 个步骤。

在如图 3-15 所示窗口中单击 Finish 按钮后打开如图 3-16 所示界面，开始创建数据库。此过程因机器配置不同，可能需要的时间不同，一般约为 5 ~ 15 分钟。

步骤 16：完成创建。

数据库创建成功后，弹出一个总结对话框，如图 3-17 所示。

- Global Database Name（全局数据库名称）：db02.szpt。
- System Identifier (SID)（系统标识符）：db02。

- Server Parameter File Name（服务器端参数文件）：/opt/oracle/product/11.2.0/dbhome_1/db01/spfiledb02.ora。

可以在此步骤修改新数据库的 SYS 和 SYSTEM 管理员账户口令，这里为了便于记忆，均输入 oracle。单击 Exit 按钮结束创建。

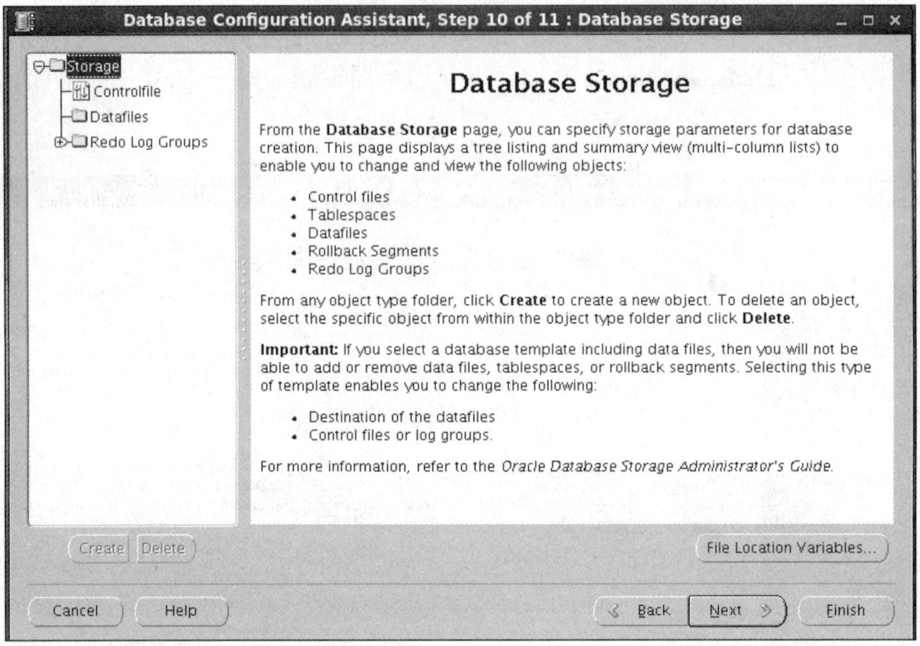

图 3-14　数据库配置概要页

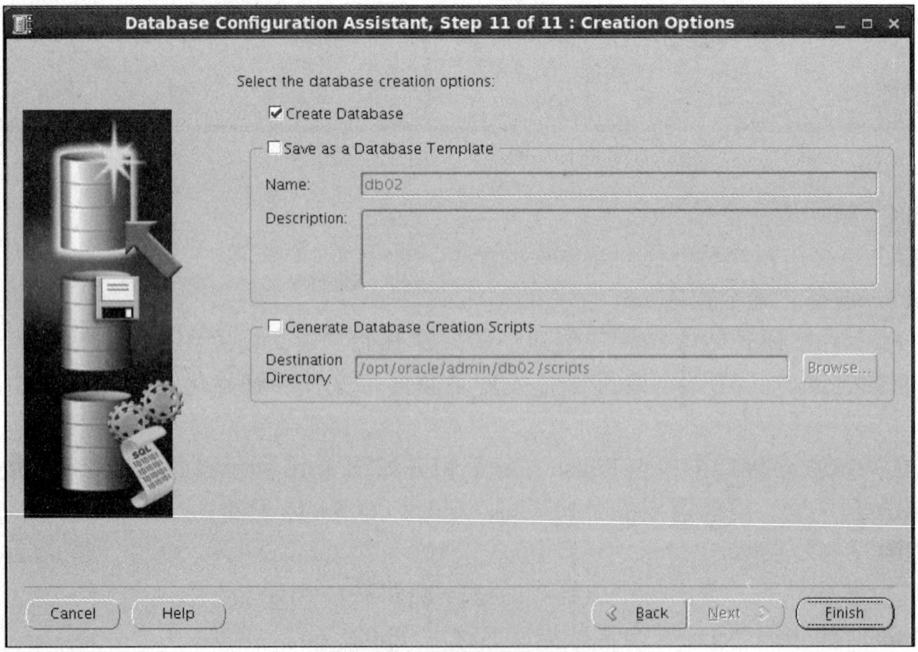

图 3-15　准备创建数据库

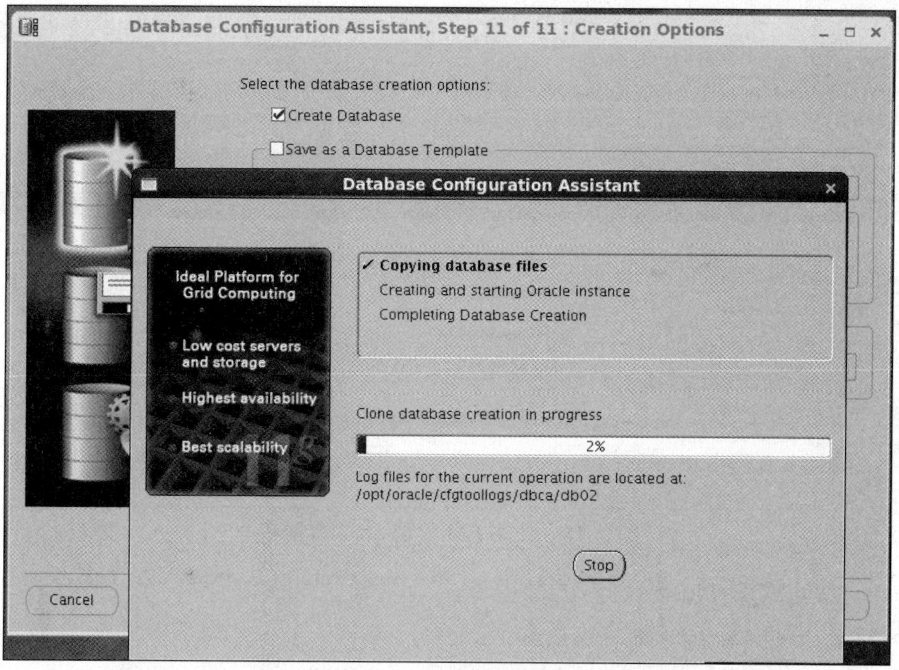

图 3-16　开始创建数据库

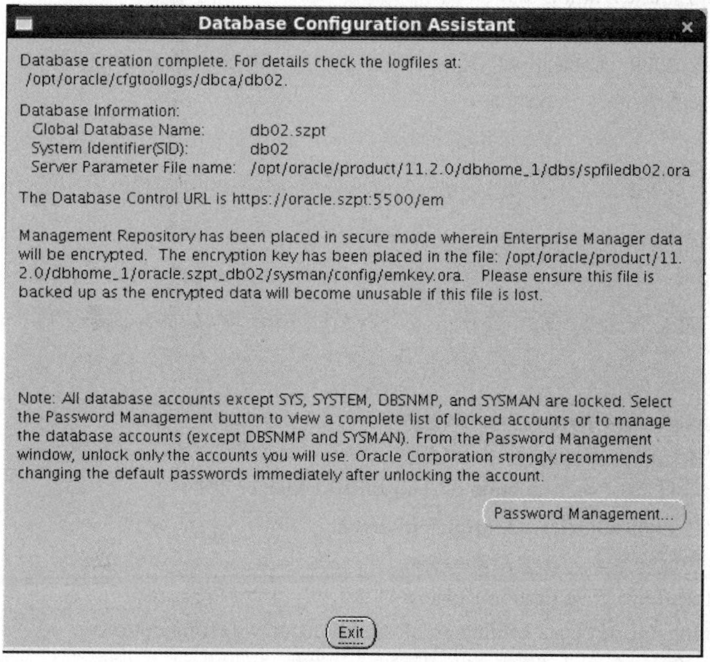

图 3-17　数据库创建完成信息

步骤 17：使用 EM 管理新创建的数据库。

打开浏览器，输入 https://oracle.szpt:5500/em，按 Enter 键即可打开如图 3-18 所示的界面。在 User Name 处输入 sys，在 Password 处输入 oracle，在 Connect As 处选择 SYSDBA 选项，然后单击 Login 按钮，即可进入 EM 控制台对数据库进行管理。

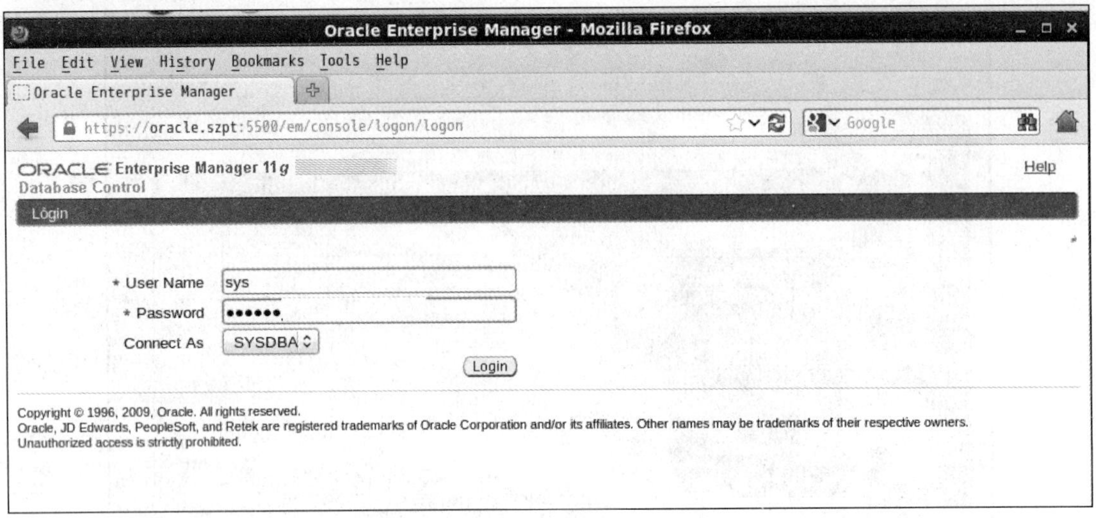

图 3-18　使用 EM 管理 db02 数据库

步骤 18：使用 SQL*Plus 管理新的数据库。

有两种方法，可以登录到新的数据库上。

方法 1：

```
[oracle@oracle ~]$ sqlplus /nolog
SQL*Plus: Release 11.2.0.1.0 Production on Thu Jul 10 19:05:12 2014
Copyright (c) 1982, 2009, Oracle.   All rights reserved.
SQL> conn sys/oracle@db02 as sysdba
Connected.
SQL> select name from v$database;
NAME
---------
DB02
```

选项 AS SYSDBA 代表管理员身份，以 SYS 账户登录必须有该选项。

方法 2：

```
[oracle@oracle ~]$ export ORACLE_SID=db02
[oracle@oracle ~]$ sqlplus sys/oracle as sysdba
SQL*Plus: Release 11.2.0.1.0 Production on Thu Jul 10 19:05:12 2014
Copyright (c) 1982, 2009, Oracle.   All rights reserved.
Connected to:
Oracle Database 11g Enterprise Edition Release 11.2.0.1.0 - 64bit Production
With the Partitioning, OLAP, Data Mining and Real Application Testing options
SQL> select name from v$database;
NAME
---------
DB02
```

说明：用以上方法可以登录 db02 数据库。在同时存在多个 Oracle 实例的情况下，在操作系统中，默认的实例是用环境变量 ORACLE_SID 来唯一标识的。

3.2 删除 Oracle 数据库

使用 DBCA 同样可以删除已经创建的数据库，但要注意，数据库一旦删除就不能恢复。

【实例 3-2】使用 DBCA 删除 Oracle 数据库。

步骤 1：启动 DBCA。

同【实例 3-1】。如图 3-19 所示，选中 Delete a Database 单选按钮，单击 Next 按钮进入下一步。

步骤 2：选择删除数据库操作。

选择要删除的数据库例程名，在本实例中，选择在 3.1 节创建的数据库 db02，如图 3-20 所示。单击 Finish 按钮就开始删除数据库。

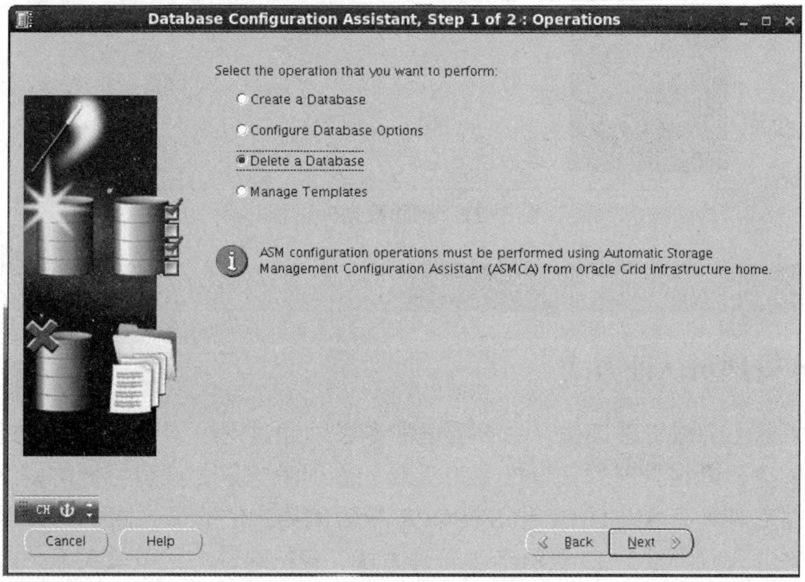

图 3-19　DBCA 欢迎页

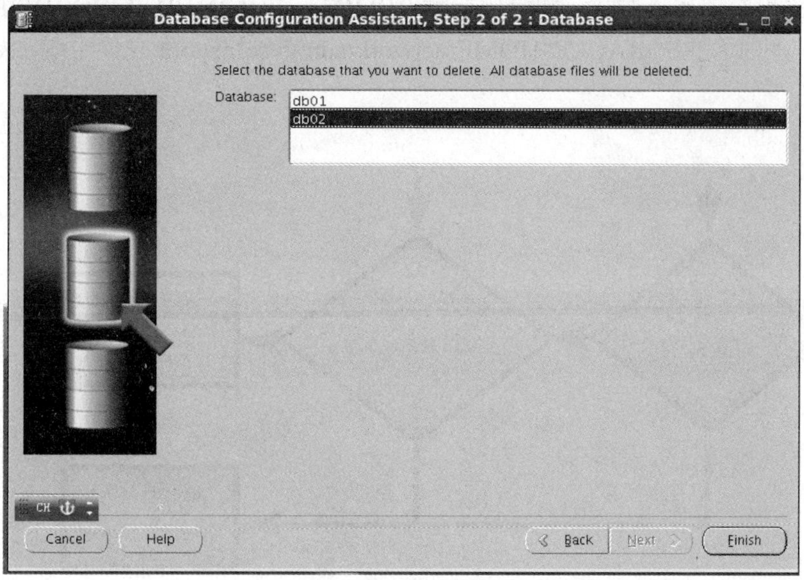

图 3-20　选择要删除的数据库

步骤 3：删除数据库。

删除的过程如图 3-21 所示。删除完成后单击 Finish 按钮。

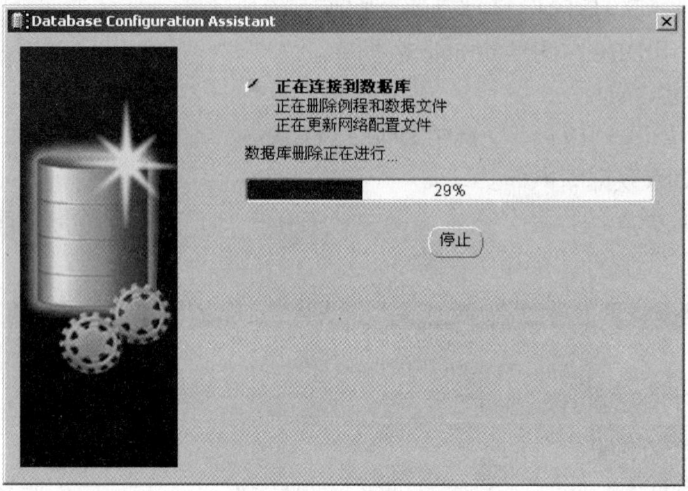

图 3-21　删除数据库过程

3.3　实例的服务和口令文件

3.3.1　数据库管理员认证方式

在客户端机器上完成管理工作，由于管理命令必须通过网络传送，这种方式称为远程数据库管理。显而易见，远程管理的安全性尤为重要，必须考虑是否具有可靠的网络连接。

Oracle 数据库对具有 SYSDBA 和 SYSOPR 权限的用户的验证方式，分为操作系统验证方式和口令文件验证方式。图 3-22 显示出了管理方式、身份验证方式及其关系。操作系统身份验证是由操作系统完成的，而口令文件身份验证是在 Oracle 服务器中完成的。口令文件验证方式是最常见的方式，要使用该方式，初始化参数 REMOTE_LOGIN_PASSWORDFILE 应该设置为 EXCLUSIVE。同时，在$ORACLE_HOME/network/admin/sqlnet.ora 文件中增加如下行：

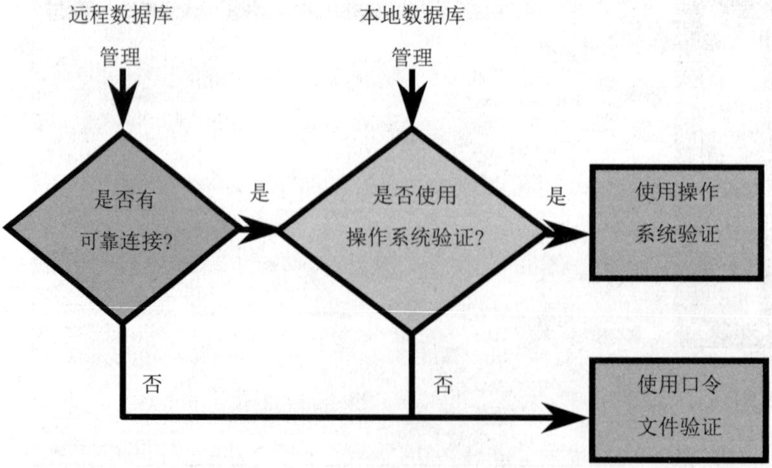

图 3-22　管理员认证方式

sqlnet.authentication_services=(none)

然后保存，如图 3-23 所示。

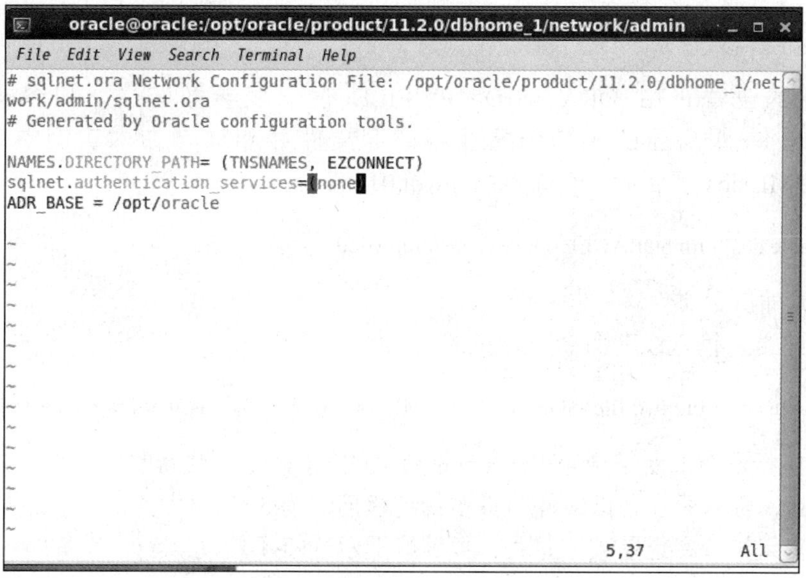

图 3-23　修改 sqlnet.ora 文件

以管理员身份登录数据库，即使实例和数据库没有启动，也可以登录到空闲实例，因为管理员的身份验证是在数据库之外进行的，所以只有 SYSDBA 和 SYSOPR 身份才能完成实例和数据库的启动和关闭等任务。

当安装 Oracle 数据库产品时，默认的管理员身份认证方式是口令文件验证。默认具有 SYSDBA 权限的账户是 SYS。

3.3.2　管理口令文件

在口令文件验证方式下，所有具有 SYSDBA 和 SYSOPR 权限的用户被记录在服务器上一个经过加密处理的口令文件中。使用口令文件的好处是，因为口令不是记录到数据库中，所以身份验证是在数据库之外进行的，这样管理员就可以进行数据库启动之前的管理工作。另外，因为所有具有 DBA 权限的用户口令都是记录到口令文件中的，所以一旦要回收所有的 SYSDBA 和 SYSOPR 权限，只需删除口令文件，并重新建立新的口令文件。在新建口令文件的同时为 SYS 账户分配新的口令，此时 SYS 账户成为唯一具有 SYSDBA 权限的用户。当 SYS 账户的口令遗忘，也可以采取这种方式重建。

要保护好口令文件和保密口令文件位置变量，以免其他能够登录到数据库服务器的人。重建口令文件，威胁到系统的安全。

使用口令实用程序 ORAPWD 创建口令文件的命令如下：

```
ORAPWD FILE=filename PASSWORD=password ENTRIES=max_users
```

其中：

filename：口令文件的名称（必需）。

password：SYSOPER 和 SYSDBA 的口令（必需）。

max_users：允许作为 SYSDBA 或 SYSOPER 连接的不同用户的最大数目。如果超过该值，则必须创建一个新的口令文件。所以设置较大的值较为稳妥。等号(=) 字符的两侧不应有空格。

【实例 3-3】口令文件管理。

步骤 1：删除口令文件。

口令文件的位置，由 ORA_<SID>_PWFILE 注册表参数定义，口令文件的名称为 orapw<sid>.ora。在服务器的相应位置找到口令文件并删除，在本实例中口令文件位于 $ORACLE_HOME\dbs 子目录，名称为 orapwdb01.ora。

```
[oracle@oracle dbs]$ rm $ORACLE_HOME/dbs/orapwdb01
```

步骤 2：重建口令文件。

开启一个终端，输入以下命令：

```
[oracle@oracle dbs]$ orapwd file=$ORACLE_HOME/dbs/orapwdb01 password=admin entries=5
```

如果命令执行没有显示结果，说明执行是成功的。该命令生成新的口令文件 orapwdb01.ora，新口令为 admin，可以添加到该文件中最多的特权用户为 5 个。

步骤 3：使用新口令登录数据库时，数据库提示连接不成功。

```
[oracle@oracle ~]$ sqlplus /nolog
SQL*Plus: Release 11.2.0.1.0 Production on Thu Jul 10 19:05:12 2014
Copyright (c) 1982, 2009, Oracle.  All rights reserved.
SQL> conn sys/admin as sysdba
Connected.
SQL> conn sys/oracle as sysdba
ERROR:
ORA-01017: invalid username/password; logon denied
Warning: You are no longer connected to ORACLE.
```

步骤 4：添加新的具有 SYSDBA 权限的用户。

执行 GRANT 命令，将 SYSDBA 权限授予 SCOTT 账户。该授权必须具有 SYSDBA 权限。

```
SQL> grant sysdba to scott;
Grant succeeded.
```

执行该命令后，SCOTT 账户就具有了 SYSDBA 权限，并被加入到口令文件。

步骤 5：显示具有 SYSDBA 权限的账户。

```
SQL> select username from v$pwfile_users;
USERNAME
----------------------------------------------
SYS
SCOTT
```

步骤 6：SCOTT 以 SYSDBA 权限登录。

```
SQL> conn scott/tiger as sysdba
Connected.
```

```
SQL> show user;
USER is "SYS"
```

步骤 7：回收 SCOTT 的 SYSDBA 权限。

```
SQL> revoke sysdba from scott;
Revoke succeeded.
```

步骤 8：重新显示具有 SYSDBA 权限的账户。

```
SQL> select username from v$pwfile_users;
USERNAME
------------------------------------------------
SYS
```

> 注意
>
> SCOTT 账户以 SYSDBA 身份登录后，连接的是 SYS 模式，而不是 SCOTT 模式。如果以 SYSOPR 登录，连接的是 PUBLIC 模式。另外，重建的口令文件只有在重新启动实例后生效。

【练习 3-1】 重建新的口令文件，授予 SYS 账户新口令 Oracle。

*3.4 手工创建数据库

3.4.1 手工创建数据库

通过手工创建数据库，用户对数据库结构以及工作过程有一个更清晰的了解。手工创建数据库要求用户必须具有 SYSDBA 权限（不能以 SYSOPR 登录），可以遵循以下的步骤。

- 为例程和数据库选择唯一的名称。
- 选择一个数据库字符集。
- 设置操作系统变量。
- 创建初始化参数文件。
- 在 NOMOUNT 阶段启动该实例。
- 执行 CREATE DATABASE 命令创建数据库。
- 打开数据库。
- 运行脚本以生成数据字典并完成创建后的步骤。
- 根据需要创建其他表空间。

以下实例完成手工创建 Oracle 数据库的工作，实例只包含大致的步骤，因为创建数据库的过程还需要很多后续知识，所以在这里只给出一些简单描述。

【实例 3-4】 手工创建 Oracle 数据库 pod。

步骤 1：设置系统环境变量。

创建之前，需要先设置 ORACLE_SID 环境变量。对多个实例，ORACLE_SID 描述当前实例的 SID。先将该变量设置为新建数据库实例的 SID。在命令行窗口中设置如下：

```
export ORACLE_SID=pod
```

步骤 2：创建初始化参数文件。

可以通过复制初始化参数文件的样本来创建新的静态初始化参数文件。以下是初始化参数文件的样本，是在 db01 静态初始化参数文件的基础上进行修改得到的。新的参数文件要改名为 initpod.ora，放在$ORACLE_HOME/dbs 目录下。

```
compatible=10.2.0.1.0
db_name=pod
instance_name=pod
sga_max_size=500m
sga_target=500m
control_files='$ORACLE_BASE/oradata/pod/control01.ctl','$ORACLE_BASE/oradata/pod/control02.ctl','$ORACLE_BASE/oradata/pod/control03.ctl'
undo_management=auto
undo_tablespace=undotbs1
job_queue_processes=10
user_dump_dest=$ORACLE_BASE/admin/pod/udump
core_dump_dest=$ORACLE_BASE/admin/pod/cdump
background_dump_dest=$ORACLE_BASE/admin/pod/bdump
```

其中描述了控制文件、跟踪警告文件的路径设置，以及数据库名称和实例名的设置，Oracle 块的大小及内存分配等信息。

步骤 3：创建安装目录。

在上述初始化参数文件中，已经设置了控制文件和警告、跟踪文件安装目录。使用操作系统命令完成以上目录的创建（略）。

步骤 4：创建用户的口令文件。

```
[oracle@oracle admin]$ cd $ORACLE_HOME/dbs
[oracle@oracle dbs]$ orapwd file=orapwpod password=oracle
```

步骤 5：启动实例。

接下来要启动实例，即启动数据库到 NOMOUNT 状态，如果数据库已经在启动状态，先使用 SHUTDOWN 命令将其关闭。然后执行如下命令，该命令自动使用前面创建的静态初始化参数。

```
[oracle@oracle ~]$ sqlplus /nolog
SQL*Plus: Release 11.2.0.1.0 Production on Thu Jul 17 11:29:16 2014
Copyright (c) 1982, 2009, Oracle.   All rights reserved.
SQL> conn sys/oracle as sysdba
Connected to an idle instance.
SQL> SQL> startup nomount;
ORACLE instance started.
Total System Global Area     835104768 bytes
Fixed Size                   2217952 bytes
Variable Size                608176160 bytes
Database Buffers             222298112 bytes
Redo Buffers
```

步骤 6：创建数据库。

在启动了实例之后，就可以建立数据库了。建立数据库是使用 CREATE DATABASE 命令来完成的，执行以下脚本创建 pod 数据库。

```
SQL> create database pod
maxinstances 2
maxlogmembers 5
maxdatafiles 200
maxlogfiles 50
maxloghistory 290
user sys identified by oracle
user system identified by oracle
logfile
group 1 '$ORACLE_BASE/oradata/pod/log1a.log'size    100M,
group 2 '$ORACLE_BASE/oradata/pod/log2a.log' size 100m
datafile '$ORACLE_BASE/oradata/pod/system01.dbf' size 300m autoextend on extent management local
sysaux datafile    '$ORACLE_BASE/oradata/pod/sysaux01.dbf' size 200m autoextend on
default temporary tablespace temp tempfile'$ORACLE_BASE/oradata/pod/temp01.dbf' size 100M
undo tablespace untotbs1 datafile '$ORACLE_BASE/oradata/pod/undotbs01.dbf' size 100m autoextend on
character set utf8
national character set al16utf16
/
```

其中选项的作用如下。

- MAXLOGFILES：用于指定数据库可包含的最大重做日志组个数。
- MAXLOGMEMBERS：用于指定每个重做日志组可包含的最大日志成员个数。
- MAXDATAFILES：用于指定控制文件中可记录的最大数据文件个数。
- MAXINSTANCES：用于指定数据库可对应的最多实例个数。
- MAXLOGHISTORY：用于指定在控制文件中可记载的最大日志历史个数。
- LOGFILE：用于指定重做日志的名称、尺寸和所属的组，当建立数据库时，至少要包含两个或两个以上的重做日志组。
- DATAFILE：用于指定数据文件的名称和尺寸，其中 AUTOEXTEND ON 表示该数据文件可以自动扩展，而 NEXT 则指定了每次扩展的尺寸。例如，数据文件 system01.dbf 的初始尺寸为 300 MB，当数据占满该文件时，该数据文件以 1MB 大小自动扩展。
- UNDO TABLESPACE... DATAFILE：用于指定 UNDO 表空间及其数据文件。当启动 Oracle 服务器时，如果参数 undo_management=TRUE，则 undo_tablespace 所对应的 UNDO 表空间必须存在，否则会导致 Oracle 服务器无法启动。
- DEFAULT TEMPORARY TABLESPACE... TEMPFILE：用于指定默认临时表空间及临时文件。
- CHARACTERSET：用于指定数据库字符集。

上述命令建立 pod 数据库时，完成以下任务。

① 建立控制文件，名称和位置则是按照初始化参数的设置来建立的。

② 建立数据文件、重做日志文件，其中数据文件、重做日志的位置、名称和尺寸是在创建命令中指定的。

③ 建立了 SYSTEM 表空间及其数据文件。

④ 建立了 UNDO 表空间 UNDOTBS1 及其数据文件。Oracle 可以自动管理回滚段，而不需要 DBA 干预。建议采用 UNDO 表空间。

⑤ 建立了默认的临时表空间 TEMP 及其临时文件。

⑥ 系统会自动运行 sql.bsq 脚本建立数据字典基表，该脚本存储在$ORACLE_Home/rdbms/admin 目录中。数据字典基表存放着 Oracle 数据库的系统信息，其内容只能由特权用户访问，而普通用户则无法访问其信息。

至此为止 pod 数据库已经创建成功，并自动处于打开状态。

如果创建失败，就要检查初始化参数文件和创建语句是否存在语法错误，文件路径是否正确，要创建的文件是否已经存在，以及存储空间是否满足要求。

> 注意
> 数据库名必须要与初始化参数 db_name 一致。

3.4.2 安装数据字典视图

当执行 CREATE DATABASE 命令建立数据库时，Oracle 会依据 sql.bsq 文件自动建立数据字典基表。数据字典基表存放着 Oracle 数据库的系统信息，其内容只能由特权用户访问，而普通用户则无法访问其信息。为了使得普通用户将来可以访问 Oracle 系统信息，必须要执行 catalog.sql、catproc.sql 安装数据字典视图和 PL/SQL 包，这两个 SQL 脚本文件存放在 $Oracle_Home/rdbms/admin 子目录中。

运行 catalog.sql 和 catproc.sql 脚本都必须以具有 SYSDBA 权限的用户 SYS 身份运行。执行脚本前，数据库必须处于 OPEN 状态。

catalog.sql：在基表和动态性能视图上创建视图及其同义词。它还启动其他脚本，为以下各项创建对象。

- PL/SQL 基本环境，包括 PL/SQL 数据类型的声明、预定义异常、内置过程和函数、SQL 操作等。
- 审计。
- 导入/导出。
- SQL*Loader。
- 已安装选项。

运行 catalog.sql 脚本的命令如下：

```
SQL>@$ORACLE_HOME/rdbms/admin/catalog.sql
```

catproc.sql：创建使用 PL/SQL 所需的程序包和过程。此外，此脚本还创建用于扩展 RDBMS 功能的若干 PL/SQL 程序包，以及用于预警、管道、logminer、大对象、对象、排队、复制和其他内置选项的程序包视图。

运行 catproc.sql 脚本的命令如下：

```
SQL>@$ORACLE_HOME/rdbms/admin/catproc.sql
......
```

pupbld.sql：创建名为“产品用户配置文件”（Product User Profile）的表以及相关的过程。运行此脚本将在用户每次连接到 SQL*Plus 时防止生成警告消息。必须以用户 SYSTEM 的身份运行此脚本。

在此基础上可以进一步创建其他表空间。

最后通过以下的查询命令，检查实例是否工作正常。

```
SQL>SELECT table_name FROM dba_tables;
```

3.5 综合训练项目

【目标】在教师指导下完成手工创建 Oracle 数据库的工作。

【准备】Linux 操作系统、Oracle 数据库服务器环境。

【时间】30 分钟

【步骤】参照【实例 3-1】。

3.6 练习

1. 要创建新的 Oracle 数据库，可以采用的工具是（　　）。

A. Oracle Universal Installer

B. Oracle Database Configuration Assistant

C. Oracle Enterprise Management Consol

D. Net Manager

2. ORACLE_SID 环境变量的作用是（　　）。

A. 设置第 2 个数据库 SID

B. 设置有效的数据库实例

C. 设置开机启动的实例

D. 设置 SQL*Plus 默认登录的数据库实例

3. CONN scott/tiger@db01 AS SYSDBA 登录数据库，连接的模式是（　　）。

A. SCOTT　　B. SYS

C. PUBLIC　　D. SYSTEM

4. 关于口令文件的描述，错误的是（　　）。

A. 口令文件的名称为 PWDdb01.ora

B. 口令文件中包含了全部具有 SYSDBA 权限的账户的口令信息

C. 如果忘记 SYS 账户口令，可以重建口令文件设置新口令

D. 使用口令文件认证方式，初始化参数 REMOTE_LOGIN_PASSWORDFILE 应设置为 EXCLUSIVE

5. 执行 CREATE DATABASE 命令，不会自动执行的操作是（　　）。

A. 创建数据文件　　B. 创建控制文件

C. 创建参数文件　　D. 创建日志文件

6. 执行 CREATE DATABASE 命令，自动执行的脚本是（　　）。

A. sql.bsq　　B. bsq.sql

C. catproc.sql　　D. catalog.sql

第4章

Oracle 数据库结构和组成

【本章内容】

Oracle 服务器的结构和组成是学习 Oracle 数据库必不可少的基础知识，具备这些知识才能深入学习 Oracle 数据库的工作原理。所以本章内容对于学习以后章节的内容都是至关重要的。一个好的 DBA，对 Oracle 数据库的这些基础知识应该有清楚明确的了解。本章内容介绍 Oracle 的结构和组成，对 Oracle 服务器从实例结构和数据库结构两个方面予以分析。数据库的结构又可划分为物理结构和逻辑结构，两者既有联系又有区别。

【本章要点】

- Oracle 服务器的总体结构。
- Oracle 实例的内存结构和进程结构。
- Oracle 数据库的物理和逻辑结构。

【关键术语】

Architecture	结构	Component	组成部件
Process	进程	Parameter	参数
Instance	实例	Memory	内存
Database buffer cache	数据库高速缓存	Shared pool	共享池
Library cache	库缓存	Data dictionary cache	数据字典缓存
Redo log buffer	重做日志缓存	Large pool	大池
Java pool Java	池	Background process	后台进程
Connection	连接	Session	会话
Online redo log	联机重做日志	Dynamic	动态的
SGA(System Global Area)	系统全局区	PGA(Program Global Area)	程序全局区
Server process	服务器进程	User process	用户进程
Parsing	分析	Tablespace	表空间
Segment	段	Extent	区
Block	块	System Change Number	系统改变号

4.1 Oracle 服务器的构成

Oracle 服务器是一个具有高性能和高可靠性的面向对象关系型数据库管理系统，也是一个高效的 SQL 语句执行环境。

4.1.1 Oracle 服务器总体结构

同运行在操作系统下的很多程序一样，Oracle 服务器的运行需要在后台运行一组可执行程序、在内存中开辟程序运行的存储区域并在磁盘上存储数据。在结构上，Oracle 服务器（Oracle Server）由实例（Instance）和数据库（Database）两大部分构成。实例是一组内存结构和 Oracle 后台进程的集合；数据库在物理上由多个操作系统文件组成，其中主要包括数据文件、控制文件和重做日志文件。

Oracle 服务器=实例+数据库。

在 Oracle 服务器的组成部分中，有些部分是处理 SQL 语句必须的，其他的部分则是为了改进数据库的性能，在发生软硬件故障时确保能够对数据库进行恢复，或完成其他的数据库维护工作。如图 4-1 所示是 Oracle 服务器的构成示意图。

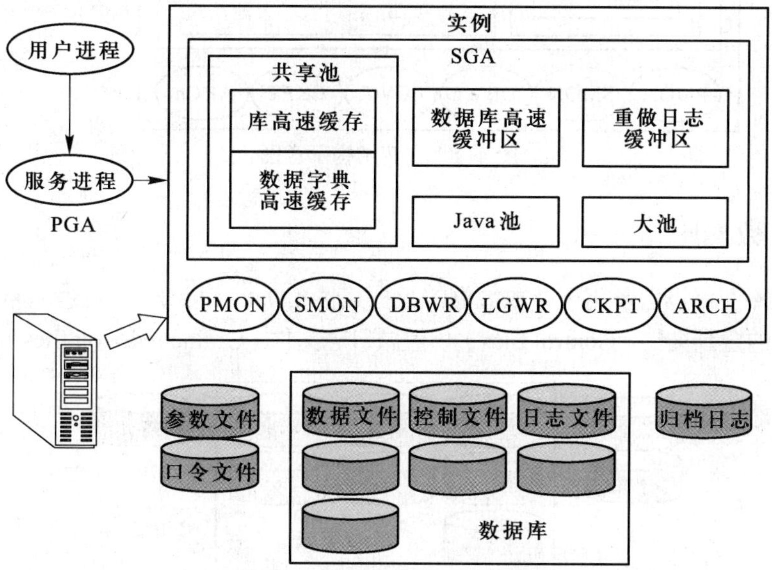

图 4-1　Oracle 服务器结构示意图

由图 4-1 可见，Oracle 服务器还包含用于验证用户权限的口令文件、进行系统配置的参数文件和用于数据库故障恢复的一些归档日志文件，这些文件属于非数据库文件；同时还包含用于处理 SQL 语句执行的用户进程和服务进程。

Oracle 服务器具备以下的特点。

- 能够可靠地进行多用户环境下大量数据的处理，允许多用户同时访问相同的数据。
- 保证数据访问的高性能。
- 有效防止对数据的非法访问。
- 对于故障恢复提供高效的解决方案。

4.1.2　Oracle 实例

如前所述，实例由内存结构和后台进程组成，如图 4-2 所示。要访问数据库，首先要启动实例，启动实例时会分配内存并启动后台进程。每个实例在同一时刻只能打开一个数据库，这样数据库才能够使用。实例运行后，用户就可以访问实例，由实例来访问数据库。实例在用户和数据库之间充当中间层。

Oracle 实例=内存结构+后台进程。

内存结构描述的就是 Oracle 数据库对内存的使用构成。Oracle 内存结构被总称为 SGA(System Global Area)，主要包括数据高速缓存、重做日志缓冲区和共享池 3 部分。

而后台进程则主要包括 SMON、PMON、DBWn、CKPT、LGWR 和 ARCn 等进程。

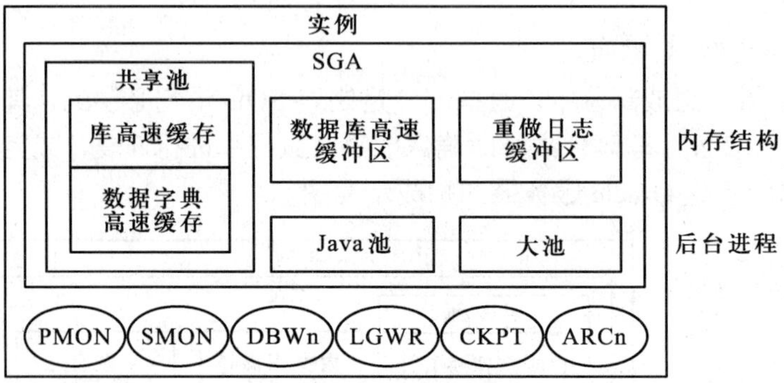

图 4-2　实例结构示意图

4.1.3　Oracle 数据库

Oracle 数据库不仅包含了用于存放数据的数据文件（Data files），而且也包含了用于维护这些数据信息所需要的控制文件（Control files）和重做日志文件（Online redo log files），如图 4-3 所示。

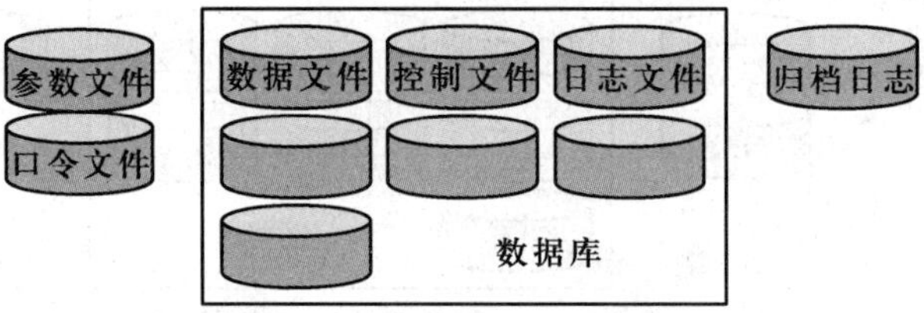

图 4-3　数据库结构示意图

数据文件是用于存储数据库数据的物理文件。在数据文件中存储着数据字典、用户数据以及回滚段(Rollback Segment)数据，Oracle 数据库至少要包含一个数据文件。重做日志用于记录数据库变化，当执行 DML(INSERT、UPDATE、DELETE)或 DDL(CREATE、ALTER、DROP)语句时，Oracle 会将这些变化信息记载到重做日志中，以避免出现意外情况时的数据丢失，使用重做日志的目的是为了在出现意外情况时恢复数据库，Oracle 数据库至少要包含两个或两个以上的重做日志。控制文件是用于记录完整性和维护 Oracle 数据库的重要物理文件，Oracle 数据库至少要包含一个控制文件。

Oracle 数据库=数据文件+控制文件+重做日志文件。

除了以上 3 种文件之外，Oracle 还包含了参数文件（Parameter file）、口令文件（Password file）、归档日志（Archived redo log files）以及跟踪文件和警告文件等，这些文件属于非数据库文件，会在以后的部分进行详细介绍。

4.2　Oracle 内存结构

Oracle 的内存由系统全局区（System Global Area，SGA）和程序全局区（Program Global Area，PGA）组成。

SGA 是一组由 Oracle 分配的共享内存区域，用户和进程可以共享其中的信息，在实例启动时分配。当实例启动时，SGA 存储区被自动分配，当实例关闭时，存储区被回收。在启动数据库实例时，可以看到 SGA 分配的信息。

```
SQL> startup nomount;
ORACLE instance started.
Total System Global Area    835104768 bytes
Fixed Size                  2217952 bytes
Variable Size               608176160 bytes
Database Buffers            222298112 bytes
Redo Buffers                2412544 bytes
```

在实例启动后也可用 SHOW SGA（或 SELECT * FROM v$sga）显示 SGA 信息。

PGA 是数据库服务器内存中为进程分配的专用的内存区域，是进程私有的内存区，在进程启动时分配。

4.2.1 系统全局区 SGA

SGA 是由 Oracle 分配的共享内存结构，包含一个数据库实例的数据和控制信息。SGA 数据供所有的服务器进程和后台进程共享，所以 SGA 又称为共享全局区（Shared Global Area）。用户对数据库的操作主要在 SGA 中进行。该内存随数据库实例的创建而分配，随实例的终止而释放。

SGA 由以下部分组成，如图 4-4 所示。

- 数据高速缓冲区（Data Buffer Cache）。
- 重做日志缓冲区（Redo Log Buffer）。
- 共享池（Shared Pool）。
- Java 池（Java Pool）。
- 大池（Large Pool）。
- 流池（Streams Pool）。

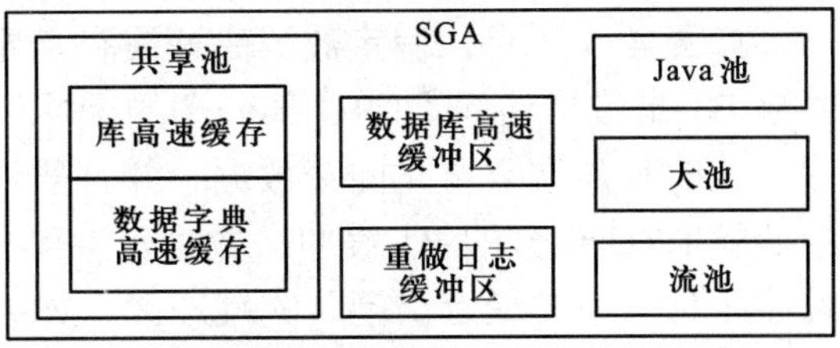

图 4-4　SGA 结构示意图

SGA 越大系统的性能越好，但 SGA 过大也会起到反作用。一般情况下，SGA 不应超过系统实际内存的 1/2。

SGA 区中至少包含数据高速缓冲区、重做日志缓冲区和共享池，Java 池、大池和流池是可选的。

SGA 的分配单位是 granule，granule 是连续的虚拟内存分配单位，它的大小取决于参数 SGA_MAX_SIZE 的大小，当 SGA 小于 128 MB 时为 4 MB，否则为 16 MB。当动态改变 SGA 大小时，也是取值为 granule 的整数倍。假设当前 granule 的大小为 4 MB，如果要把 DB_CACHE_SIZE 设置为 14 MB，实际分配时将为 16 MB，取 granule 的整数倍。

对 SGA 区中各部分结构的管理大多是自动完成的，DBA 也可以自己进行控制，通常最好的做法是使用自动管理。

1. 数据高速缓冲区（Database Buffer Cache）

数据高速缓冲区是 Oracle 用来执行 SQL 的工作区域。在更新数据时，用户的会话不直接更新磁盘上的数据。包含关键数据的数据块先复制到数据高速缓冲区，更改（如插入新行、删除或者修改现有行）应用于数据高速缓冲区中的这些数据块的副本。此后，块将在缓存中保留一段时间直到其占用的缓冲区需要缓存其他的另一个块为止。

在查询数据时，数据也要经过缓存，查询的会话计算出哪些块包含关键的数据行，如果这些数据块没有存在于数据高速缓冲区中，那么复制这些数据块到数据高速缓冲区。此后，相关数据块传输到会话的 PGA 作进一步处理。同样，块将在缓存中保留一段时间直到其占用的缓冲区需要缓存其他的另一个块为止。

当执行 INSERT、UPDATE 或 DELETE 命令时，会对缓冲区内容进行修改，这样缓冲区的内容就会和相对应的数据文件数据不一致，这时缓冲区标识为“脏缓冲区”。当“脏缓冲区”的内容被写入数据文件后，因为该缓冲区与相应数据文件部分内容一致，所以将这些缓冲区称为“自由缓冲区”。另外当执行 SELECT 语句时，会将对应数据文件部分数据读取到数据高速缓存的相应缓冲区，因为缓冲区与数据块内容完全一致，所以这些缓冲区也被称为“自由缓冲区”。而“忙缓冲区”是指服务器进程正在访问的缓冲区。“脏列表”的作用就是记录脏缓冲区的情况。如果某些缓冲区中的数据块被修改，就会加入该列表，只有脏列表中的缓冲区数据块需要写回数据库文件，一旦写回数据库文件,缓冲区就会从脏列表中清除。

Oracle 用 LRU（Least Recently Used）算法来管理数据高速缓冲区。该算法将最近使用的数据块按照使用时间的早晚排成队列，当缓冲区占满后，调入新的数据块时，必须清除已有的数据块，来获得空闲数据块空间，那么，最合理的选择就是清除最早没有使用数据块，因为使用该块的概率相对比较小。通过规划 SGA 时合理地设置数据高速缓存的尺寸，尽量地避免缓冲区占满的情况发生，否则就会降低系统的效率。

如图 4-5 所示，假定数据高速缓存包括 10 个缓冲区，数据已经占满了这 10 个缓冲区，并且 B1 是最早访问（LRU 部分）的缓冲区，而 B10 是最近访问（MRU 部分）的缓冲区。假定此时客户端需要访问新数据，并且要访问的数据不在这 10 个缓冲区中，那么服务进程会清除 LRU 部分的 B1 缓冲区数据，并且将新数据块 Bll 的数据放到该缓冲区中，并且将该缓冲区标识为“最近访问”的缓冲区；如果用户所要访问的数据在缓冲区中已经存在，“服务进程”将直接读取或修改其数据，并将对应缓冲区标识为“最近访问”的缓冲区。LRU(Least Recently Used)列表按照 LRU 算法存放缓冲区访问的先后信息。回顾一下数据高速缓存工作原理，初始阶段 LRU 列表中所记载的缓冲区列表顺序为 B1、B2、B3、B4、B5、B6、B7、B8、B9、B10，而当读取 B11 数据块数据时，服务器进程会清除 B1 数据，此时 LRU 列表顺序则转变为 B2、B3、B4、B5、B6、B7、B8、B9、B10、B11。接下来，假定用户要访问的数据存在于 B7 缓冲区中，此时 LRU 列表则转变为 B2、B3、B4、B5、B6、B8、B9、B10、B11、B7。

LRU								MRU	
B1	B2	B3	B4	B5	B6	B7	B8	B9	B10

图 4-5　缓冲区工作示意图

数据高速缓存的大小会对性能产生至关重要的影响，缓存应足够大，以便缓存所有频繁访问的数据块。如果缓存过小，那么将导致过多的磁盘活动，降低数据库的性能。一般而言，可以对数据库高速缓存进行自动管理，也可以对其进行手工调整。其大小由 db_cache_size 参数决定。

2. 重做日志缓冲区（Redo Log Buffer）

当运行 Oracle 服务器的时候，如果突然断电或系统瘫痪，会不会造成数据的丢失？Oracle 提供了一套复杂的机制来维护数据完整性，并最终确保数据不会丢失。这就是重做日志文件的作用。

重做日志缓冲区用来记录对数据缓冲区数据进行的修改，可以循环使用。当用户运行 DML（INSERT、UPDATE、DELETE）以及 DDL（CREATE、ALTER、DROP）语句时，会改变数据高速缓存中的相应缓冲区。但是在修改这些缓冲区之前，Oracle 会自动生成重做项，首先要将这些缓冲区的变化记载到“重做日志缓冲区”中。重做日志缓冲区由一条一条的重做项构成，每条重做项记载了被修改的块、修改位置以及新数据。缓冲区被循环使用，当重做日志缓冲区填满时，数据库系统将重做日志缓冲区的内容写入日志文件。在系统发生故障时，可以通过重做项重新执行对数据库的修改，实现对实例的恢复。

与其他内存结构相比，重做日志缓冲区的大小较小，因为它是一个非常短暂的存储区域，其大小在数据库实例启动时分配，在数据库运行过程中固定不变，不能改变重做日志缓冲区的大小。

3. 共享池（Shared Pool）

共享池是程序使用的高速缓冲区，用来存放解析过的 SQL 语句、PL/SQL 代码、过程和包、数据字典、锁、字符集信息、安全属性等。共享池由库高速缓冲区（Library Cache）和数据字典高速缓冲区（Data Dictionary Cache）组成，如图 4-6 所示。库缓冲区用来存储最近执行的 SQL 语句；数据字典缓冲区用来存储最近使用的数据定义。

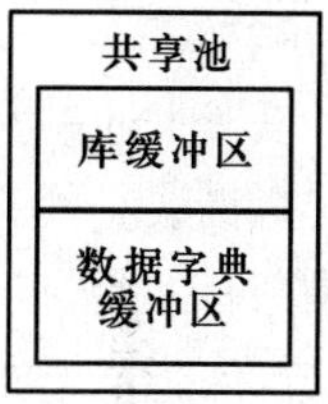

图 4-6 共享池示意图

共享池同数据高速缓冲区一样，它的大小可以动态地修改，但是 SGA 的总大小不能超过 SGA_MAX_SIZE 的设置。共享池包含固定和可变的结构。固定结构保持相对不变，可变结构根据用户和程序的需求可以改变大小。它们的大小由初始化参数和 Oracle 内部工作算法计算。

（1）库高速缓冲区（Library Cache）

库高速缓冲区又可分为共享 SQL 区和共享 PL/SQL 区。

共享 SQL 区用来存放最近执行的 SQL 语句信息，包括语句文本、解析树及执行计划。执行计划就是 Oracle 为执行特定的 SQL 语句而产生的优化的执行步骤。库高速缓冲区由许多上下文区（Context Area）组成，SQL 语句和执行计划存放在相应上下文区中，并且不同 SQL 语句分别对应于不同的上下文区。当客户端运行 SQL 语句时，服务器进程首先检查是否存在对应于该 SQL 语句的上下文区，若存在，则按照其执行计划直接执行该 SQL 语句；否则生成 SQL 语句执行计划，并将执行计划、SQL 语句存放到相应上下文区中，然后执行该 SQL 语句。在开发应用程序时，必须要注意使用标准格式来编写 SQL 语句，使得 SQL 语句尽可能共享上下文区，以降低 SQL 语句解析次数，进而提高应用性能。

在解析 SQL 语句时，认为完全相同的 SQL 语句有以下特点。

- 语句文本相同。
- 大小写相同。
- 赋值变量相同。

共享 PL/SQL 区用来存放最近执行的 PL/SQL 语句，解析和编译过的程序单元和过程（函数、包和触发器）也存放在此区域。

类似于数据高速缓冲区，Oracle 也是使用 LRU 算法来管理库高速缓存的。通过库高速缓存，可以最小化 SQL 语句解析次数，进而提高应用程序的性能。

（2）数据字典高速缓冲区(Data Dictionary Cache)

在 Oracle 数据库中，数据库的一些信息，包括账户、数据文件、表的描述、用户权限等信息存储在数据字典表中，数据字典表被存放在 SYSTEM 表空间的数据文件中。

因为执行任何 SQL 语句都需要访问数据字典，为了提高数据字典的访问性能，Oracle 在共享池中专门为存放数据字典信息分配了内存空间，这些内存空间被称为数据字典高速缓冲区。用来缓存来自于数据字典的定义。

例如，当用户执行 SELECT * FROM emp WHERE empno=7788 语句时，Oracle 需要查询数据字典 dba_tables 确定表 emp 是否存在；如果该表已经存在，还需要查询数据字典 dba_tab_columns 确定列 empno 在表 emp 中是否存在，然后才能生成执行计划。这些定义在首次查询时存入数据字典高速缓冲区，在后续过程中就可以直接使用，而不必重新查询数据字典。

4. 大池（Large Pool）

大型存储区是 SGA 的可选区域，对于 Oracle 的备份和恢复以及执行具有大量排序工作的 SQL 语句等特定的数据库操作，需要使用大量的缓存，这时可以创建大池，如果没有创建大池，上述操作使用的存储空间将在共享存储区或 PGA 中分配，影响共享存储区或 PGA 使用的效率。

设置大池的大小与性能无关，如果某个进程需要大池，而且大池的空间不足，则进程失败，并发生错误。如果分配的大池的大小超过需要的量，语句的运行速度并不会因此加快。另外，如果存在大池，将使用大池。用户可以在数据库实例启动后创建大池并重新设定大池的大小。

> 注意
>
> 大池不使用 LRU 算法。

5. Java 池（Java Pool）

Java 池是 SGA 的可选区域，用来为 Java 命令解析提供内存。只有在安装和使用 Java 时才需要 Java 池。

用户可以在启动实例后创建 Java 池并重新设定 Java 池的大小。

6. 流池（Streams Pool）

流池供 Oracle 流使用。流使用的机制是：从重做日志提取变更变量，并使用这些重新构造执行的语句，或具有相同效果的语句。这些语句在远程数据库执行。从重做日志提取更改的进程以及应用更改的进程将用到的内存称为流池。

用户可以在启动实例后创建流池并重表设定流池的大小。

4.2.2 程序全局区 PGA

当客户进程访问 Oracle 服务器时，会在 Oracle 服务器端为用户进程分配相应的服务进程，并且为该服务进程分配相应的内存空间来存放其数据和控制信息，每一个后台进程也同样需要为其分配专用的存储空间，该内存空间被称为程序全局区（Program Global Area 或 Process Global Area）。如图 4-7 所示为服务进程专门分配 PGA 存储区。

所有进程都可共享 SGA，而 PGA 是非共享的。当建立服务进程或后台进程时，Oracle 会自动为其分配 PGA；而当服务进程或后台进程终止时，Oracle 会自动释放 PGA 所占用的内存空间。

根据专有和共享服务器模式的不同，PGA 的内存也会发生变化，但大致可分为 3 部分：

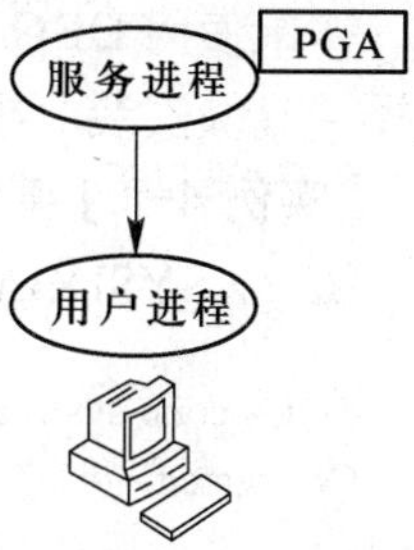

图 4-7　PGA 示意图

1. 私有 SQL 区（Private SQL Area）

私有 SQL 区包含绑定信息和运行时内存结构信息。每个发出 SQL 语句的会话都有自己的私有 SQL 区。每个提交相同 SQL 语句的用户都有自己的 SQL 区，它们使用同一个共享的 SQL 区。所以许多私有 SQL 区与一个相同的共享 SQL 区相关联。

游标的私有 SQL 区分成驻留区和执行时间区 2 个区，驻留区（Persistent area），包含绑定信息，只有在游标关闭后才释放；执行时间区（Run-time area），当执行请求的第一步创建，对于 INSERT、UPDATE 和 DELETE 命令，该区域当语句执行后释放；对于查询，只有所有行取出后或查询取消后该区域才释放。

私有 SQL 区即可位于 SGA 也可位于 PGA。对专有服务器模式私有 SQL 区位于服务进程的 PGA 区；对共享服务器模式私有 SQL 区位于 SGA。私有 SQL 区管理由用户进程完成，一个用户进程可以分配的游标私有 SQL 区个数由 OPEN_CURSORS 初始化参数限定，默认值是 50。

2. 会话内存（Session Memory）

会话内存是为会话变量和会话有关信息分配的内存。对共享服务器模式，会话内存也是共享的。

3. SQL 工作区（SQL Work Areas）

SQL 工作区用于排序（Sort）哈斯连接（Hash-join）位图（Bitmap）合并和位图创建。该区域大小即可控制也可以自动调整。

从 Oracle9*i* 开始，通过设置初始化参数 WORKAREA_SIZE_POLICY（默认值为 TRUE）和 PGA_AGGREGATE_TARGET，工作区可以自动地进行全局管理。PGA_AGGREGATE_TARGET 参数设置实例的 PGA 目标总量，可以动态地修改。当设置了此参数，所有的工作区大小就变为自动修改。

4.2.3 内存管理

Oracle 11g 对实例内存提供了灵活的管理机制，可以同时实现对 PGA、SGA 进行自动内存管理，可以单独对 PGA、SGA 进行自动内存管理，也可以对 PGA、SGA 采用手动内存管理。Oracle 10g 以前会手动管理内存，Oracle 11g 后基本都自动管理了。

内存的自动管理是指通过设置初始化参数 memory_target 和 memory_max_target 实现对实例的 PGA、SGA 的管理。其中，参数 memory_target 必须设置，系统整个内存在该参数的基础上保持相对稳定，并且在 PGA 和 SGA 之间进行自动分配。当内存需求发生变化时，系统会自动调整内存在 SGA 和 PGA 之间分配。参数 memory_max_target 是可选的，用于设置实例内存总体的上限。

参数 memory_target 是动态参数，可以在数据库运行时随时修改而不需要重新启动数据库，参数 memory_max_target 是静态参数，修改完后需要重新启动数据库才能使参数设置生效。

如果使用 DBCA 创建数据库，并且选择“典型安装”模式，系统采用自动内存管理。如果选择“高级安装”模式，则在安装过程中让用户选择内存的管理方式。

【实例 4-1】查看自动内存管理参数。

① 以 SYSDBA 身份登陆数据库。

```
SQL> conn sys/oracle as sysdba
Connected.
```

② 查看参数。

```
SQL> show parameter memory_target
NAME                                 TYPE        VALUE
------------------------------------ ----------- --------------------------
memory_target                        big integer 800M
```

4.3 Oracle 进程结构

Oracle 的进程分为用户进程、服务器进程和后台进程。

用户进程是在客户机内存上运行的程序，在用户请求连接 Oracle 数据库时建立。用户进程不能直接同 Oracle 服务器交互，而是把操作请求提交给服务进程。服务进程是在用户同 Oracle 数据库建立会话之后自动在服务器端创建的进程。服务进程直接同 Oracle 服务器交互，执行用户请求并返回结果。服务进程有专有和共享之分。

后台进程属于 Oracle 实例的一部分，Oracle 的后台进程的作用是对数据进行操作，并维护数据库系统，使其始终处于良好的状态。

每个系统进程的大部分操作都是相互独立的。

4.3.1 用户进程与服务器进程

如果用户要提交并执行 SQL 语句，在用户的客户机上，要运行一个程序如 SQL*Plus 或其他应用程序，这个程序是作为用户进程（User Process）运行的。当用户需要连接到 Oracle 服务器时，在 Oracle 服务器上会启动一个与用户进程对应的进程来为用户进程服务，这个进程称为服务进程（Server Process）。注意，服务进程总是运行在 Oracle 服务器上面的，而用户进程既可以运行在服务器上面，也可以运行在客户机上面。

以下通过案例说明服务进程的工作过程，如去餐馆用餐，客户自己不能去厨房取菜，而需要一个服务员为客户服务，客户只要把点菜单交给服务员，由服务员传达信息并进行用餐的服务。服务进程的作用好比餐馆的服务员，接收用户进程的请求并返回结果。客户通过用户进程和服务进程访问 Oracle 服务器的过程如图 4-8 所示。

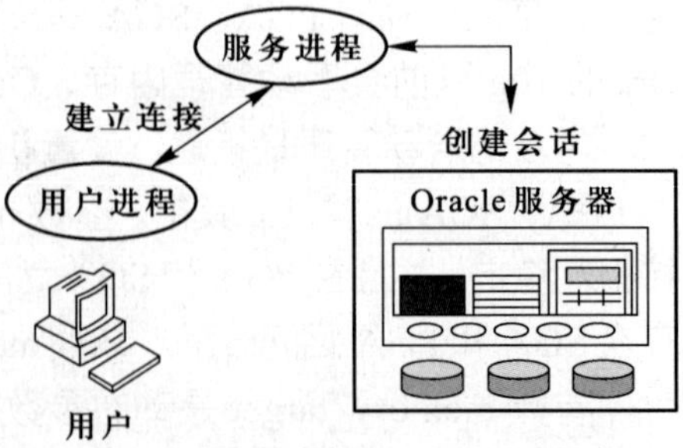

图 4-8　数据库访问示意图

用户进程同服务进程通信，需要建立一个连接，最简单的情况是用户进程同服务进程位于同一台机器，可通过内部进程通信机制进行连接；用户也可以通过客户服务器（Client-Server）软件通过网络进行连接，这时需要进行相应的网络通信配置；比较复杂的情况是通过三层结构，如以浏览器作为客户端进行连接。

如果一个客户进程对应一个服务进程，这时的连接是专有（Dedicated）服务器连接，如果多个客户进程对应一个服务器进程，这时的连接是共享（Shared）服务器连接。专有服务服务器连接好比一个餐馆服务员为一个用餐客户服务；共享服务器连接就好比一个餐馆服务员为多个用餐客户服务。

当特定的用户同 Oracle 服务器连接成功，并通过 Oracle 服务器的身份验证，这时用户和 Oracle 服务器之间建立了一个会话（Session），同一个用户可以并发的同 Oracle 数据库建立多个会话。当用户退出或异常断开时，会话就结束了。

4.3.2 后台进程结构

这里以修改数据为例，说明后台进程的主要工作。修改数据是在数据高速缓存区中完成的，并且事务变化会被记录到重做日志缓冲区中。被修改的数据库高速缓存区变成“脏缓冲区”，内容将来会被写入到数据文件，重做日志缓冲区的内容要写入到重做日志中，那么这些 I / O 操作都是由 Oracle 后台进程来完成的。Oracle 后台进程在实例启动时自动运行，不需要用户干预。

根据所承担的任务和工作的不同，Oracle 包含了许多后台进程。其中有 5 个后台进程是在实例创建时必须启动的进程，它们是 SMON、PMON、DBWn、CKPT 和 LGWR。其他进程则是可选的，在必要的时候启动。

以下是一些经常用到的数据库后台进程。

- 系统监控进程（SMON），主要任务是实例启动时执行恢复性工作，对有故障数据库实例进行恢复。
- 进程监控进程（PMON），主要任务用于恢复失败的用户进程。
- 数据库写入进程（DBWn），将修改后的数据块内容写回数据文件。
- 日志写入进程（LGWR），将内存中的日志内容写入日志文件。
- 检查点进程（CKPT），启动检查点，用于减少数据库实例恢复所需要的时间。
- 归档进程（ARCn），当数据库服务器以归档方式运行时调用该进程完成日志归档。
- 恢复进程（RECO），用于分布式数据库中的失败处理。
- 锁进程（LCKn），在并行服务器模式下确保数据的一致性。
- 调度进程（Dnnn），负责把用户进程分配到可用的服务进程进行处理。

【实例 4-2】查看运行的后台进程。

① 以管理员身份登录。

```
SQL> conn sys/admin as sysdba
Connected.
```

② 执行以下查询。

```
SQL> select name from v$bgprocess where paddr!='00';
NAME
-----
PMON
VKTM
GEN0
```

```
DIAG
DBRM
PSP0
DIA0
MMAN
DBW0
ARC0
ARC1
ARC2
ARC3
LGWR
CKPT
SMON
SMCO
RECO
CJQ0
QMNC
MMON
MMNL
22 rows selected.
```

1. DBWn 数据库写入进程

负责管理数据库缓冲区和字典缓冲区的内容，分批将修改后的缓冲区（脏缓冲区）数据块写回数据库文件。当客户端所执行的 SELECT、INSERT、UPDATE、DELETE 语句都需要访问数据高速缓存区，而如果是第一次访问某些数据，还必须要将数据由数据文件读取到数据高速缓存区，所以 Oracle 必须要确保数据高速缓存区总是存在足够的“自由缓冲区”，以容纳新数据。当 DBWn 进程将脏缓冲区写入到数据文件后，它会将“脏缓冲区”标记为“自由缓冲区”。在出现以下情况时 DBWn 进程会开始工作。

- 系统发出检查点指令。
- 脏缓冲区个数达到指定阀值。
- 服务进程搜索一定数目的数据块后，不能找到自由缓冲区。
- 数据写入计时时间到。
- 表空间脱机或进入只读状态。
- 执行删除或截断表操作。
- 执行 ALTER TABLESPACE … BEGIN BACKUP 命令

如果数据库的数据更改操作十分频繁，系统可启动更多的 DBWn 进程，以提高写入能力，Oracle 最多允许定义 10 个 DBWn 进程，这是通过设置初始化参数 db_writer_processes 来完成。

2. LGWR 日志写入进程

LGWR 日志写入进程负责重做日志缓冲区管理。当运行 DML 或 DDL 语句时，服务器进程首先要将事务的变化记载到重做日志缓冲区，然后才会写入数据高速缓冲区，并且重做日志缓冲区的内容将会被写入联机重做日志文件，以避免系统出现意外带来的数据损失，这项任务由 LGWR 来完成。重做日志缓冲区是一个循环结构，LGWR 将重做日志缓冲区中的重做记录写入联机重做日志文件后，相应的缓冲区内容将被清空，保证 Oracle 有空闲的重做日志缓冲区可以写入。在出现以下情况时 LGWR 会开始工作。

- 在 DWBR 进程将脏缓冲区写入数据文件之前。
- 在重做日志记录达到缓冲区的三分之一。
- 日志缓冲区记录的日志多于 1MB。
- 每隔 3 秒钟。
- 提交事务（执行 COMMIT）。

Oracle 总是先记载数据变化到重做日志缓冲区，然后才修改数据高速缓存。与之类似，在后台进程 DBWn 将脏缓冲区写入到数据文件之前，首先要由后台进程 LGWR 将重做日志缓冲区写入到重做日志中。与数据高速缓存区相比，重做日志缓冲区相对要小得多，但写入频率高得多，Oracle 必须要确保重做日志缓冲区总有足够的空间容纳新事务，因此每隔 3 秒钟或重做日志缓冲区已有三分之一填满时 LGWR 会自动工作。

另外，Oracle 采用了快速提交机制，当执行 COMMIT 操作时，并不是将“脏缓冲区”数据写入到数据文件中，而是将重做日志缓冲区的内容写入到重做日志文件中，以确保数据库完整性。此时即使系统出现意外情况，因为被提交事务已经记载到了重做日志中，将来在重新启动数据库时系统会自动进行实例恢复，并将事务所修改数据写入到数据文件中，从而避免了数据丢失。

3. CKPT 检查点进程

CKPT 检查点进程的作用是执行一个“检查点”，同步数据库的所有数据文件、控制文件和重做日志文件。当执行检查点时，系统促使 DBWn 将数据缓冲区中数据的变化写入数据文件，同时完成对数据文件和控制文件的更新，记录下当前数据库的结构和状态。在执行一个检查点之后，数据库处于一个完整状态。在数据库发生崩溃后，可以将数据库恢复到上一个检查点。

Oracle 数据库在执行涉及数据变化的语句时，会针对任何修改生成一个顺序递增 SCN（System Change Number）值，并且会将 SCN 值连同事务的变化一起记载到重做日志缓冲区。在数据文件、控制文件头部以及重做日志文件中都记载有该值。Oracle 通过比较各种文件的 SCN 值，确定文件是否损坏、系统是否异常，最终确定系统是需要进行实例恢复还是介质恢复。在发出检查点时，数据文件、控制文件和重做日志的 SCN 值完全一致。

例如，假设当前系统 SCN 值为 10834440，那么当执行一个 INSERT 语句时，SCN 值会变为 10834441，并且该 SCN 值会随同 INSERT 所引起的块变化一起写入到重做日志缓冲区；此时，假定另一个用户执行 DELETE 语句删除表 EMP 数据，那么 SCN 值会变化为 10834442，并且该 SCN 值也会连同块变化写入到重做日志缓冲区。

进程 CKPT 在以下情况下会开始工作。

- 发生日志切换。
- 关闭实例(SHUTDOWN ABORT 除外)。
- 手工执行检查点操作。
- 由初始化参数 LOG_CHECKPOINT_INTERVAL 和 LOG_CHECKPOINT_TIMEOUT 强制发出。

4. SMON 系统监控进程

SMON 系统监控进程主要作用是强制对数据库进行恢复操作。在实例启动时，如果上一次数据库是非正常关闭，并且重做日志文件和控制文件的 SCN 值是不同的，Oracle 将自动在重新打开数据库之前，通过执行重做日志文件的记录，来同步所有数据文件、控制文件和重做日志文件，确保所有数据库文件的一致性，然后才打开数据库。该过程称为应急恢复或实例恢复，实例恢复正是由后台进程 SMON 来完成的，该进程还负责在启动实例时清理临时段和合并区（Extent）碎片等工作。SMON 进程的工作归纳如下。

- 进行实例恢复。
- 合并数据文件的自由空间。
- 释放数据文件的临时段。

可以通过以下假设情况对实例恢复过程予以说明。假定某用户执行对数据库的修改，并进行了 COMMIT（提交）操作，之后，用户继续对数据库进行修改，但还没有提交时突然发生断电，在这种情况下，SGA 的全部内容就丢失了。也假定在这个过程中没有发生检查点（检查点之前的操作是不需要恢复的）。那么 SMON 如何对故障的实例进行恢复呢?

根据 DBWn 和 LGWR 的工作过程可以判断，在执行 COMMIT 操作时，后台进程 LGWR 要开始工作，所以之前事务变化肯定被记载到了重做日志中，但是执行 COMMIT 操作之后的事务变化可能写入重做日志中，也可能没有写入（要看其他 LGWR 启动条件是否满足）。但是因为只有在发出检查点时，才会将 SCN 值写入到控制文件和数据文件头部，所以控制文件和数据文件的 SCN 值保持一致，并且存放的是先前检查点的 SCN 值。当执行 COMMIT 操作时，因为 LGWR 开始工作，所以 COMMIT 时间点的 SCN 值被记载到了重做日志，也就是说，控制文件和重做日志的 SCN 值不一致。这样 SMON 进程在重新启动实例时检查到控制文件和重做日志的 SCN 值不同，就会自动开始对实例进行恢复。

在重新打开数据库之前，实例先要执行前滚操作，即把上一个检查点之后的操作根据重做日志的记载，全部在 SGA 中再现出来。这些操作既包含了事务提交之前的修改，也可能包含事务提交之后的修改。然后就可以打开数据库了，打开之后，SMON 会回滚所有的没有提交的事务数据（这些数据的特点是有锁定标记）。

概括地说，实例恢复过程会恢复那些已经提交但没有写入数据文件的事务，没有提交的事务被撤销（回滚）。

5. PMON 进程监控进程

PMON 进程监控进程负责对失败的用户进程或服务进程进行恢复。当用户进程连接到 Oracle 服务器时，Oracle 将在服务器端分配相应的服务进程。这时由 PMON 进程来监视用户进程的执行情况。当由于种种原因，用户对 Oracle 数据库的连接，发生崩溃、挂起或异常终止现象时，该进程负责清除服务进程所占用的资源，回滚没有完成的事务。

当 PMON 检测到用户进程失败时，进行的工作归纳如下：

- 回滚当前用户的事务。
- 释放当前用户加的表或行级锁。
- 释放用户的其他资源。
- 重新启动死掉的调度进程。

假定在客户端运行 SQL*Plus 并通过网络访问 Oracle 服务器，那么 Oracle 将在服务器端分配相应的服务进程。假如用户异常终止 SQL*Plus，或出现网络断开或客户端死机的情况，PMON 就必须检测到这种情况，并释放掉服务进程所占用的资源。

6. ARCn 归档进程

ARCn 归档进程完成日志的归档备份，是一个可选后台进程。当数据库运行于归档日志模式（ARCHIVELOG）下时，负责将已写满的重做日志文件复制到归档日志目标文件中，这样可以保留所有的重做记录。有了归档日志和数据库早期的物理备份，即使发生磁盘数据丢失，也可以通过原来的数据文件和归档日志进行恢复。Oracle 的重做日志文件有多个，日志文件是循环使用的，当一个日志写满后，自动切换到另一个日志文件。ARCn 进程在重做日志文件进行切换时开始工作，将写满的重做日志文件写入归档日志文件。根据归档任务量的大小，通过设置初始化参数，可以同时启动多个 ARCn 进程。Oracle 服务器默认的是非归档模式，通过修改初始化参数文件中的参数可以改变归档模式。生产数据库通常都会设置为归档模式。

7. RECO 恢复进程

RECO 恢复进程负责在分布式数据库（Distributed Database）环境下,自动恢复失败的分布式事务。当某个分布式事务由于网络连接故障或者其他原因失败时，RECO 进程将会尝试与该事物相关的所有数据库进行联系，已完成对失败事物的处理工作。

8. Dnnnn 调度进程

Dnnnn 调度进程是多线程服务器体系结构的一部分，调度进程接受用户进程的请求，将它们放入到请求队列中，然后为请求队列中的用户进程分配一个服务进程。

4.4 数据库物理结构

数据库是数据存储的容器，其作用是用来收集、存储数据和返回信息。数据库的存储结构就是数据库存储数据的方式。数据库的存储结构可以分为逻辑结构和物理结构两个方面，两者相互独立又密切相关。从逻辑结构方面讲，Oracle 数据库以逻辑结构进行内部的管理和维护的，这些结构包括表空间、段、区和块。从物理结构方面讲，Oracle 数据库有外部的存储方法，Oracle 数据库由一系列的物理文件组成，主要有数据文件、控制文件和重做日志文件。Oracle 9i 的物理结构以及和表空间的关系如图 4-9 所示。

数据文件：用于存放所有的系统和用户数据，默认以 DBF 为扩展名。

日志文件：记录了对数据库进行的所有操作，默认以 LOG 为扩展名。

控制文件：记录了数据库所有文件的控制信息，默认以 CTL 为扩展名。

Oracle 将这些文件默认安装在 Oracle 安装目录下的 oradata 子目录下，以实例命名的子目录中。在创建新的数据库时，可以选择数据库的安装目录。

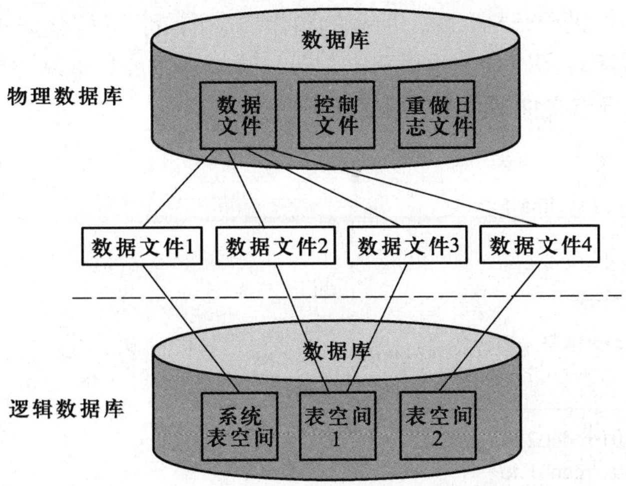

图 4-9　物理结构和表空间关系

4.4.1 数据文件

数据文件（Data Files）是用于存储数据库数据的物理文件，它由若干个操作系统文件组成，在数据文件中存储着用户数据（表、索引等）、数据字典以及回滚段数据等。数据文件和表空间有着密切的关系，Oracle 数据库至少要包含一个数据文件，并且数据文件是表空间的物理组成元素，一个表空间可以包含多个数据文件，并且每个数据文件只能唯一地属于某个表空间。

【实例 4-3】查看数据文件的位置和名称。

① 以管理员身份登录。

```
SQL> conn sys/admin as sysdba
Connected.
```

② 执行以下命令。

```
SQL> select name from v$datafile;
NAME
--------------------------------------------------------------------------------
/opt/oracle/oradata/db01/system01.dbf
/opt/oracle/oradata/db01/sysaux01.dbf
/opt/oracle/oradata/db01/undotbs01.dbf
/opt/oracle/oradata/db01/users01.dbf
/opt/oracle/oradata/db01/example01.dbf
/opt/oracle/oradata/db01/undotbs2.dbf
6 rows selected.
```

4.4.2 重做日志文件

重做日志文件（Redo Log Files）是用于记录数据库变化的物理文件，其作用是在发生意外时恢复 Oracle 数据库。Oracle 数据库，默认为每个数据库创建 3 个重做日志文件，每个日志文件作为一个组（数据库至少要包含两个重做日志组）。日志组的文件是循环使用的，当一个日志写满后，自动切换到另一个日志文件。重做日志有两种工作模式，归档模式和非归档模式。在归档模式下，将对重做日志文件进行归档，保留所有的重做日志记录，这样数据库可以从所有类型的失败中恢复。非归档模式不保留以前的重做日志记录，这样数据库只能从掉电等事件中恢复。

【实例 4-4】查看日志文件的位置和名称。

① 以管理员身份登录。

```
SQL> conn sys/admin as sysdba
Connected.
```

② 执行以下命令。

```
SQL> select member from v$logfile;
MEMBER
-----------------------------------------------------------------
/opt/oracle/oradata/db01/redo02.log
/opt/oracle/oradata/db01/redo01.log
/opt/oracle/oradata/db01/redo03.log
```

4.4.3 控制文件

控制文件（Control Files）是一个很小的二进制文件，用于记录和维护数据库结构，Oracle 数据库至少要包含一个控制文件。一般情况下，实例和数据库是一一对应的关系，Oracle 数据库通过控制文件在实例和数据库之间建立关联。在启动数据库时，系统会根据初始化参数 control_files 来定位控制文件，Oracle 从控制文件中读取组成数据库所有物理文件的信息，这样就可以打开必要的文件。如果控制文件丢失或出现错误，数据库的启动就会失败。为了保护数据库的安全，Oracle 采用复合控制文件，即控制文件同时可以有多个镜像。

【实例 4-5】查看日志文件的位置和名称。

① 以管理员身份登录。

```
SQL> conn sys/admin as sysdba
Connected.
```

② 执行以下命令。

```
SQL> select name from v$controlfile;
NAME
--------------------------------------------------------
/opt/oracle/oradata/db01/control01.ctl
/opt/oracle/flash_recovery_area/db01/control02.ctl
```

4.4.4 归档日志

重做日志可用于进行“实例恢复”（如电源断电时的恢复），但如果执行介质恢复（如数据文件意外丢失），则必须要用到归档日志。（ArchiveLog）归档日志是非活动重做日志的备份，数据库只有处于 ARCHIVELOG 模式时才会生成归档日志，并且每次日志切换都会生成归档日志，如图 4-10 所示。

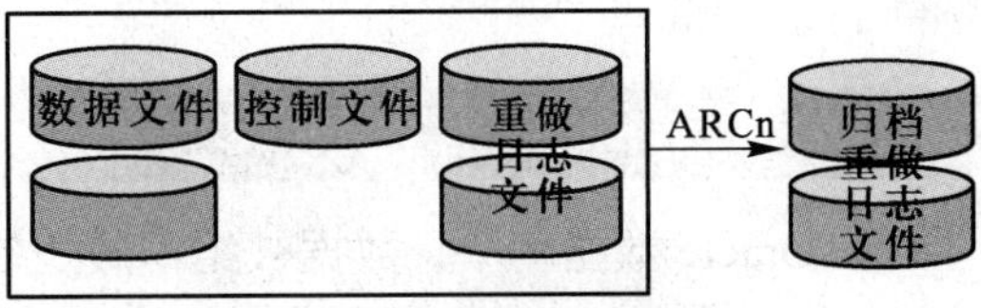

图 4-10　日志归档示意图

假定数据库只包含两个日志组，并且处于 ARCHIVELOG 模式。初始阶段 LGWR 会将事务变化写入到日志组 1，当日志组 1 写满之后，LGWR 会将事务变化写入到日志组 2 中，并且会促使 ARCn 进程将日志组 1 的内容保存到归档日志中，依此类推。

【实例 4-6】查看归档模式。

① 以管理员身份登录。

```
SQL> conn sys/admin as sysdba
Connected.
```

② 执行以下命令。

```
SQL> select log_mode from v$database;
LOG_MODE
----------------------
NOARCHIVELOG
```

结果说明归档模式没有启动

4.4.5 初始化参数文件

除了以上文件，Oracle 数据库中还用到初始化参数文件(Parameter File)、口令文件(Password File)、跟踪文件（Trace File）和警告文件（Alert File）。

实例是由一组内存结构和后台进程组成的，那么这些内存结构到底要占用多大内存，并且当启动实例时会运行哪些后台进程呢?这是通过定义参数文件中的初始化参数来完成的，Oracle 共有 200 多个初始化参数。初始化参数文件有两种，静态初始化参数文件，该文件是一个可以编辑的文本文件；服务器端初始化参数文件，一个二进制格式的文件，驻留在服务器端。

4.4.6 其他文件

其他文件主要包括口令文件(Password File)、跟踪文件(Trace File)和警告文件(AlertFile)。它们属于操作系统文件，不是数据库文件的一部分。

口令文件用于存放特权用户及其口令的文件，“特权用户”是指具有启动、关闭 Oracle 服务器并建立数据库等特殊权利的用户。SYS 账户是一个具有系统管理员特权的账户。

跟踪文件用于存放后台进程和服务器进程的跟踪信息。后台进程跟踪文件存放着后台进程的警告和错误信息，并且每个后台进程都有相应的跟踪文件。服务器进程跟踪文件用于存放 SQL 语句的跟踪信息，并且只有在激活 SQL 跟踪后才会生成服务器进程跟踪文件，该类文件会记载 SQL 语句的执行时间、执行计划等信息，并且主要用于 SQL 语句调整。

警告文件由连续的消息和错误组成。通过查看警告文件，可以查看到 Oracle 内部错误、块损坏错误以及非默认的初始化参数值，并且可以监视特权用户的所有操作，如启动、关闭数据库等。

4.5 数据库逻辑结构

在 Oracle 数据库中，数据被组织成逻辑对象，如常用的表、视图、索引等数据对象。为了很好地组织和管理这些对象，需要合理地分配空间。逻辑对象存储是通过表空间(Table Space)、段（Segment）、数据区间（Extent，简称区）和数据块（Block）来完成的。它们并不是相互独立的，表空间包含一些段，段由数据区间组成，数据区间由连续的数据块组成。它们的作用和相互的关系如图 4-11 所示。

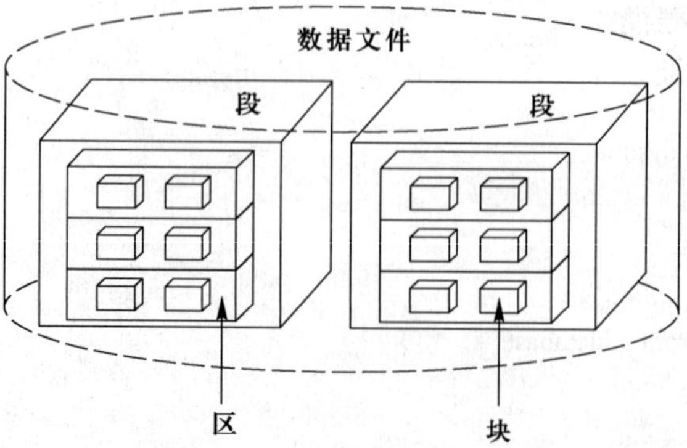

图 4-11　数据库逻辑结构图

4.5.1 表空间

表空间用于组织数据库的数据，数据库逻辑上由一个或多个表空间组成，而表空间物理上是由一个或多个数据文件组成的。通过使用多个表空间，数据库的数据对象被分门别类存放在不同的表空间中。这样数据库的管理员可以有效地控制数据库的磁盘空间，并控制用户的空间使用配额。通过使用不同类型的表空间，还可以提高数据访问的性能。

Oracle 在安装时，创建 6 个默认的表空间。其中 SYSTEM 表空间是系统表空间，用来存放表空间、数据文件等管理信息；USERS 表空间，用来存放用户的私有信息。管理员可以为其他数据库应用创建新的表空间。

【实例 4-7】查看表空间。

① 以管理员身份登录。

```
SQL> conn sys/admin as sysdba
Connected.
```

② 执行以下命令。

```
SQL> select name from v$tablespace;
NAME
---------------------------------------------
SYSTEM
SYSAUX
UNDOTBS1
USERS
TEMP
EXAMPLE
6 rows selected.
```

4.5.2 段

段是一个动态存储分配概念。它用来存储能够自动增长的数据库对象，如表会随着数据的插入不断扩大所占有的存储空间，一般情况下一个数据库对象拥有一个段。段由多个区组成，这些区可以连续，也可以不连续。表空间可以包含一个或多个段，但一个段只能属于一个表空间。

段有多种类型，不同的数据库对象需要分配不同类型的段。存放表的段称为数据段；存放索引的段称为索引段；用来存放排序操作所产生的临时数据的段称为临时段，临时段在必要时创建，使用完毕后即撤销；存放事务对数据的修改的旧值的段称为回滚段，回滚段的作用是用来撤销对数据的修改。

4.5.3 区

数据区间简称为区（Extents），区是为段分配空间的逻辑单位，Oracle 在分配空间时，并不是以块为单位进行的，而是将多个连续的块一次性地分配给数据库对象。这些连续的块在回收存储空间时，也一起回收。这些连续的数据块就是数据区间。当创建一个数据库对象时，Oracle 为这些对象创建一个段，并分配初始区。当段中的初始区的存储空间使用完毕后，Oracle 会为段自动分配新的区，每个区的大小不要求相同。

4.5.4 数据块

数据块是 Oracle 数据库 I/O 最基本的单位，也是最小的逻辑存储单位。Oracle 数据库以块为单位进行逻辑读/写操作。常见块的大小为 2KB 或 4KB，通常为操作系统数据块大小的整数倍。

数据块的尺寸是由初始化参数 DB_BLOCK_SIZE 确定的。在建立了数据库之后数据块的尺寸是不能改变，从 Oracle 9i 开始，允许不同类型的表空间采用不同的数据块尺寸，Oracle 仍然保留了初始化参数 DB_BLOCK_SIZE，此时该参数用于定义默认（也称标准）数据块的尺寸，并且 SYSTEM 表空间的数据块会使用该尺寸，而其他表空间则可以根据情况来确定数据块尺寸。

【实例 4-8】查看标准块的大小。

① 以管理员身份登录。

```
SQL> conn sys/admin as sysdba;
Connected.
```

② 执行以下命令。

```
SQL> show parameter db_block_size;
NAME                     TYPE        VALUE
------------------------ ----------- -------------------
db_block_size            integer     8192
```

可以看出当前数据库标准块的大小为 8 KB。

4.6 SQL 语句的处理

在本章的最后，通过 SQL 语句的提交和处理过程来进一步了解 Oracle 服务器的工作原理。用户的 SQL 语句根据其特点可划分为，返回查询结果的查询语句；生成日志记录 DML 操作；确保数据写入数据库，并在实例故障时可以恢复的 COMMIT 操作。

4.6.1 连接和建立会话

当客户应用需要执行 SQL 语句时，首先要建立用户进程，同时在服务器端会自动为该用户进程派生一个新的服务进程。默认情况下，用户进程与服务器进程是一一对应的关系。当客户端运行 SQL 语句时，用户进程会通过网络将该 SQL 语句发送到对应的服务进程，并且由服务进程执行该 SQL 语句，服务器进程在执行了 SQL 语句之后，会将 SQL 语句的结果通过网络返回到用户进程。

“连接”（Connection）是用户进程到服务器进程的网络通信通道，连接和用户进程是一一对应的；而“会话”（Session）则是特定用户的连接，连接和会话是一对多的关系，但同一时刻一个连接对应于一个会话。

例如，当以 SQL*Plus 连接到 Oracle 服务器时，需要建立了一个物理“连接”。而以 SCOTT 账户登录后，会建立 SCOTT 会话。

4.6.2 处理查询语句

查询操作分为语句解析（Parse）、绑定变量（Bind）、执行（Execute）和提取数据（Fetch）4 个步骤。

1. 语句解析

当一个查询语句（SELECT）发送到服务器端后，服务进程首先使用 Oracle 内部的“散列”（HASH）函数取得该语句的解析代码值，如果在共享池中存在相同的解析代码值，表明该语句已经存在，那么服务器进程会跳过“解析”阶段，直接转入下一阶段。

如果该解析代码值在共享池中不存在，服务器进程会检查该语句是否符合 SQL 语法规则，并检查表名、列名是否正确，以及是否有相应的查询权限，然后生成该语句的“执行计划”，最终将 SELECT 语句和执行计划装载到库高速缓存。

执行计划实际是 Oracle 内部执行 SQL 语句的具体步骤，执行计划的优劣会对应用系统性能产生很大的影响，所以在开发应用系统时一定要采用“执行计划最佳”的 SQL 语句。例如，一个表上建立有索引和没有索引，生成的执行计划可能是不同的。

2. 绑定变量

在此阶段，如果查询语句中有绑定变量，语句就要获得绑定的变量值。

3. 执行

经过语句解析，Oracle 最终生成了执行计划，并将该执行计划装载到了库高速缓存。在执行阶段，服务器进程将按照执行计划中所安排的步骤来执行 SELECT 语句。首先，服务器进程要确定被选择行所在数据块是否已经被读取到数据高速缓存，如果该数据块内容已经被读取到数据高速缓存，则转入“提取数据”阶段；如果该数据块没有被读取到数据高速缓存，那么服务进程会将数据块内容复制到数据高速缓存的缓冲区中。

4. 提取数据

经过语句执行之后，被选择行所在数据块内容已经被复制到了数据高速缓存区中。在提取数据阶段，服务器进程从数据高速缓存区中选择相应数据行，并将结果返回到用户进程。

4.6.3 处理 DML 语句

处理 DML 语句分为语句解析（Parse）、绑定变量（Bind）和执行（Execute）3 个步骤。

1. 语句解析

类似于处理 SELECT 语句的过程，服务器进程根据 HASH 函数生成该语句的解析代码值，然后检查 DML 语句语法、DML 语句所对应的表名、列名等，最终生成该语句的执行计划，然后将 DML 语句及执行计划存储到库高速缓存。

2. 绑定变量

在此阶段，如果 DML 语句中有绑定变量，语句就要获得绑定的变量值。

3. 执行 DML

在经过语句解析之后，DML 语句的执行计划被存储到了库高速缓存。在执行阶段，服务器进程将按照解析阶段所生成的执行计划来执行该 DML 语句。

对于 UPDATE 语句，服务进程首先要检查对应的数据块和回滚块在数据高速缓存区中是否已经存在，如果不存在，则会从数据文件中将对应的数据块和回滚块内容复制到数据高速缓存区。回滚块用来存储旧值，这样在必要时就可以回滚 DML 语句。

然后，服务器进程在要修改的数据行上加锁，防止其他用户修改该数据。

最后，服务器进程将旧数据写入到回滚块所对应的缓冲区，将新数据写入到数据块所对应的缓冲区。同时将数据块和回滚块的变化记载到重做日志缓冲区。服务器进程写入数据块和回滚块都是在数据高速缓存区中完成的。被修改的数据块和回滚块被标识为“脏缓冲区”。

DELETE 和 INSERT 语句的处理过程类似 UPDATE，DELETE 语句的旧值包含被删除行的所有列值，而 INSERT 语句旧值包含的是行位置信息。

对于 DDL 语句，与 DML 语句有所不同，因为执行 DDL 语句需要写数据字典。DDL 语句的执行包含语句解析、数据字典查找和执行过程。

4.6.4 处理 COMMIT 语句

当用户发出 COMMIT 命令时，服务器进程首先将 COMMIT 和 SCN 写入到重做日志缓冲区；然后 LGWR 进程将重做日志缓冲区的所有重做记录写入到重做日志文件中；在将事务修改写入到重做日志之后，服务器进程将提交成功信息返回到用户进程；最后，服务器进程释放事务所占有的锁。

COMMIT 语句会导致将修改记录到重做日志文件，而不会写入数据文件。

4.7 数据字典

4.7.1 数据字典的概念

数据字典是数据库的重要组成部分，是在数据库的创建过程中创建的，保存了数据库系统信息及数据库中所有的对象信息，是数据库系统运行的基础。

数据字典由一系列的表和视图构成，这些表和视图对于用户，都是只读的，只有 Oracle 系统才可以对数据字典进行管理和维护。在 Oracle 数据库中，所有的数据字典的表和视图都属于 SYS 模式，存储于 SYSTEM 表空间中。

（1）数据字典保存的信息

Oraclel 数据字典保存数据库本身的系统信息及所有数据库对象信息，其内容包括如下。

① 各种数据库对象定义的信息，如表、视图、索引、存储过程、序列、触发器等各种对象。

② 存储空间的分配信息,如为某个对象分配了多少空间,已经使用了多少空间等。

③ 安全信息，如账户、权限、角色、完整性约束等。

④ 例程（实例）运行是的性能和统计信息。

⑤ 其他数据库本身的基本信息。

（2）数据字典的主要用途

数据字典除了用于 Oracle 进行系统管理外,对于 DBA 及普通用户都有重要的作用。数据字典的主要用途如下。

① Oracle 通过查询数据字典表和数据视图来获取有关用户、方案对象、对象的定义信息以及其他存储结构的信息，确认权限、方案对象的存在性、正确性等信息，以便对 SQL 语句进行语法和语义的解析。

② 在每次执行 DDL 语句修改方案对象后，Oracle 都要在数据字典中记录下所作的修改。

③ 用户可以从数据字典的只读视图中，获取各种与方案对象、对象有关的信息。

④ DBA 可以从数据字典的动态性能视图中，监视例程的运行状态，为性能调整提供依据。

4.7.2 数据字典的分类

根据数据字典对象的虚实性不同，将数据字典分为静态数据字典和动态数据字典两类。其中，静态数据字典在用户访问数据字典时不会发生改变，而动态数据字典是依赖数据库运行而动态变化的，反映数据库运行的一些内在信息，所以在访问这类数据字典时，往往不是一成不变的。

4.7.3 静态数据字典

静态数据字典是指在用户访问数据字典时内容不会发生改变。这类数据字典主要是由表和视图组成，应该注意的是，数据字典中的表是不能直接被访问的，但是可以访问数据字典中的视图。

静态数据字典中的视图分为 3 类，它们分别由以下 3 个前缀构成。

- user_*：包含了当前数据库用户所拥有的所有模式对象的信息。
- all_*：包含了当前数据库用户可以访问的所有模式对象的信息。
- dba_*：包含了所有数据库对象的信息，只有具有 DBA 角色的用户才能够访问这些视图。

【实例 4-9】查询 SCOTT 用户所拥有的表的信息、SCOTT 用户可以访问的表的信息以及当前数据库所有的表的信息。

① 以 SCOTT 用户登录。

```
[oracle@oracle ~]$ sqlplus /nolog
SQL*Plus: Release 11.2.0.1.0 Production on Thu Jul 17 12:57:03 2014
Copyright (c) 1982, 2009, Oracle.  All rights reserved.
SQL> conn scott/tiger;
Connected.
```

② 查看 SCOTT 用户所拥有的表的信息。

```
SQL> select table_name from user_tables;
TABLE_NAME
--------------------------------------------------
SALGRADE
BONUS
EMP
DEPT
```

③ 查看 SCOTT 用户可以访问的表的信息。

```
SQL> select table_name from all_tables;
TABLE_NAME
--------------------------------------------------
DUAL
```

```
SYSTEM_PRIVILEGE_MAP
TABLE_PRIVILEGE_MAP
STMT_AUDIT_OPTION_MAP
AUDIT_ACTIONS
WRR$_REPLAY_CALL_FILTER
……….
103 rows selected.
```

④ 查看当前数据库所有的表的信息。

```
SQL> conn sys/oracle as sysdba
Connected.
SQL> select table_name from dba_tables;
TABLE_NAME
------------------------------------------------
SUPPLEMENTARY_DEMOGRAPHICS
DR$SUP_TEXT_IDX$R
COUNTRIES
AQ$_ALERT_QT_L
ORDERS
LOGMNR_RESTART_CKPT_TXINFO$
AQ$_MGMT_NOTIFY_QTABLE_L
WM$UDTRIG_INFO
SYS_IOT_OVER_74062
………
2781 rows selected.
```

4.7.4 动态数据字典

Oracle 包含了一些潜在的由系统管理员如 SYS 维护的表和视图，由于在数据库运行时它们会不断地进行更新，所以称它们为动态数据字典。这些视图提供了关于内存和磁盘的运行情况，因此用户只能对其进行只读访问而不能修改它们。Oracle 中这些动态性能视图都是以 V$开头的视图，如 V$ACCESS。

在实例的运行过程中，Oracle 会在数据字典中维护一系列的“虚拟”表，在其中记录与数据库活动相关的性能统计信息，这些表被称为“动态性能表”。“虚拟”是指这些表不是永久表，即在实例启动时被创建，并向其中添加信息，而当实例关闭时，这些表也被删除了。“动态”是指在例程被启动后，这些表中的内容是随时变化的。

V$视图能够提供以下几方面的信息。

- 数据库连接方面的细节。
- 从磁盘读写的数据量。
- 统计信息，如某个数据文件的文件头，或 SGA 的汇总信息最近一次被修改的时间。
- 用于数据库恢复的各种值。

当数据库启动到 NOMOUNT 状态时，Oracle 会打开初始化参数文件，分配 SGA 区并启动各个后台进程。此时，只能访问从 SGA 区获得信息的动态视图，如 V$PARAMETER、V$SGA、V$OPTION、V$PROCESS、V$SESSION、V$VERSION、V$INSTANCE 等。

当数据库启动到 MOUNT 状态时，Oracle 打开控制文件，因此可以访问从控制文件中获得信息的动态视图，如 V$THREAD、V$CONTROLFILE、V$DATABASE、V$DATAFILE、V$LOGFILE、V$DATAFILE_HEADER、V$TEMPFILE 等。

当数据库启动后，可以访问所有的动态性能视图。

例如，select * from v$datafile;可以查询所有数据文件的信息。

4.8 练习

1. 下列（　　）组件不是 Oracle 实例的组成部分。

A. 系统全局区 SGA　　B. PMON 后台进程

C. 控制文件　　D. 调度程序

2. SGA 区中的（　　）缓冲区是以循环方式写入的。

A. 数据缓冲区　　B. 重做日志缓冲区

C. 大型存储区　　D. 共享存储区

3. 下面（　　）内存区域是用来缓存数据字典信息的。

A. Database Buffer Cache　　B. PGA

C. Redo Log Buffer　　D. Shared Pool

4. 如果一个服务进程中止，Oracle 使用（　　）进程来释放它所占有的资源。

A. DBWn　　B. LGWR

C. SMON　　D. PMON

5. 下列（　　）后台进程不是 Oracle 实例必须启动的。

A. DBWN　　B. LGWR

C. SMON　　D. ARCn

6. 如果一个数据缓冲区被称为脏缓冲区，正确的说法是：（　　）。

A. 该缓冲区的数据与数据文件不一致　　B. 该缓冲区的数据与数据文件一致

C. 该缓冲区的数据正在被使用　　D. 该缓冲区的数据包含有错误

7. 表空间和数据文件的关系是（　　）。

A. 一个表空间只能对应一个数据文件　　B. 一个表空间可对应多个数据文件

C. 一个数据文件可对应多个表空间　　D. 数据文件和表空间可以交叉对应

8. 存储数据的逻辑单位，按大小依次为（　　）。

A. 表空间、数据块、区和段　　B. 区、表空间、数据块和段

C. 段、区、表空间和数据块　　D. 表空间、段、区和数据块

9. 以下（　　）情况会引起检查点。

A. SCN 的值发生变化　　B. 切换日志

C. 脏缓冲区个数达到指定阀值　　D. 执行 COMMIT 命令

10. 有关段的说法，错误的是（　　）。

A. 段有多种类型，用于存储不同的数据

B. 段的大小在创建时决定，不能改变

C. 段由多个区组成，区可以连续，也可以不连续

D. 用来存储回滚数据，要专门创建回滚段

11. 下面（　　）是对 LGWR 进程的描述。

A. 负责对实例进行恢复

B. 进程失败后进行清理

C. 记录数据库的变化，以便进行数据恢复

D. 将脏缓冲区写入数据文件

12. 下列（　　）视图可用来查询控制文件信息。

A. V$CONTROLFILES　　B. V$DATABASE

C. V$CONTROLFILE　　D. V$CONTROL

13. LGWR 进程在（　　）情况下写重做日志缓冲区到重做日志文件。

A. 每 3 秒　　B. 当日志缓冲区的 1 / 3 已满时

C. 执行 COMMIT 语句时　　D. 都正确

14.（　　）数据库文件用来记录应用程序对数据库的改变。

A. 数据文件　　B. 控制文件

C. 重做日志文件　　D. 参数文件

15. 下面（　　）内存区域使用 LRU 机制进行管理。

A. Java 池　　B. 重做日志缓冲区

C. 数据库高速缓冲区　　D. 大池

16. 下面（　　）后台进程可实现对重做日志文件的归档。

A. PMON　　B. CKPT

C. LCKn　　D. ARCn

第 5 章

Oracle 数据库实例管理

【本章内容】

在 Oracle 数据库创建以后，最常见也是最基本的操作就是启动和关闭 Oracle 数据库实例，本章内容围绕启动和关闭数据库，讲解 Oracle 数据库实例管理的一些基本知识。

【本章要点】

- 启动和关闭 Oracle 数据库实例。
- 创建和管理 Oracle 数据库初始化参数文件。
- 了解 Oracle 数据库的 3 类诊断文件。

【关键术语】

STARTUP　启动	SHUTDOWN　关闭
Alert Log File　日志文件	Parameter File　参数文件
Background Trace File　后台跟踪文件	MOUNT　装载
Session　会话	Restrict　限制
PFILE　静态参数文件	SPFILE　服务器端参数文件
Trace File　跟踪文件	Alert File　警告文件

5.1 实例的启动和关闭

Oracle 公司建议的数据库启动顺序为：首先启动 Database Control，然后启动数据库监听器，最后启动数据库实例。启动数据库实例本身需要多个步骤。并非一定要按此顺序进行，在更复杂的环境中，如集群系统中或者 GC 管理的系统中，可能还有其他的过程。对于简单的单实例环境而言，按此顺序执行是可以满足需求的。

5.1.1 启动数据库

Oracle 数据库的启动分为 3 个阶段，首先是启动实例，然后是装载数据库，最后是打开数据库。如果没有启动 Oracle 实例，当使用 SQL*Plus 以普通用户身份连接时，会显示错误信息。

```
SQL> conn scott/tiger;
ERROR:
ORA-01034: ORACLE not available
ORA-27101: shared memory realm does not exist
Linux-x86_64 Error: 2: No such file or directory
Process ID: 0
Session ID: 0 Serial number: 0
Warning: You are no longer connected to ORACLE.
```

但以管理员身份是可以连接的，连接之后会显示信息如下。

```
SQL> conn sys/oracle as sysdba
Connected to an idle instance
```

表示连接到空闲例程，说明数据库没有启动。

访问 Oracle 数据库首先要启动数据库，管理员连接到空闲实例，然后才能发出启动实例或数据库的命令。

启动 Oracle 服务器包括 3 个阶段,每个阶段会打开不同的文件并且会完成不同的管理任务。启动的 3 个阶段如图 5-1 所示，启动的每个阶段的特点如下。

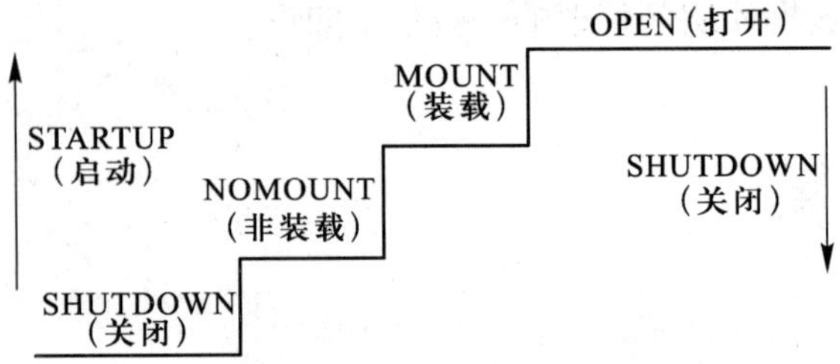

图 5-1　Oracle 数据库启动阶段

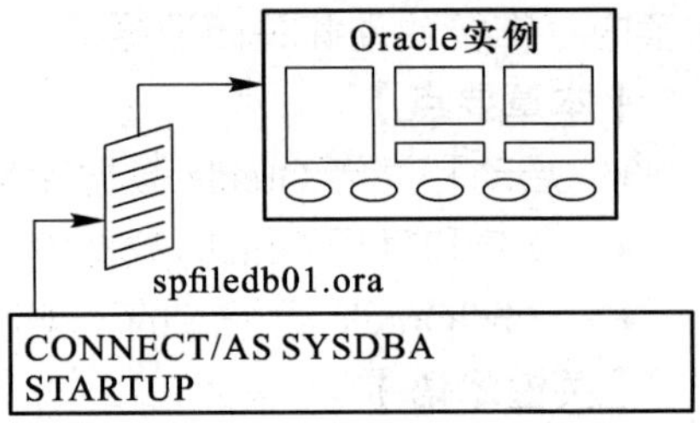

图 5-2　实例的启动

1. 启动实例阶段（NOMOUNT 阶段）

在两种情况下需要启动数据库到该阶段，即创建数据库时或者创建控制文件时。

在该阶段打开的文件有初始化参数文件和警告日志文件。

当启动实例时，系统首先要读取初始化参数文件，如图 5-2 所示。然后根据初始化参数文件的设置分配系统全局区（SGA），并启动 Oracle 后台进程。另外，操作系统还会打开“警告日志”，并且将启动信息存放到“警告日志”中。警告日志存放在初始化参数 background_dump_dest 所对应的目录中，其文件名格式为<SID>alert.log。有关初始化参数文件将在本章后一部分详述。

2. 装载数据库阶段（MOUNT 阶段）

进入该阶段的目的是执行特定的数据库维护操作。其有如下 3 个典型的维护操作。

- 修改数据文件名。
- 执行数据库完全恢复。
- 日志文件的联机/脱机，修改数据库归档方式。

在该阶段打开的文件是控制文件。

装载数据库时，系统会按照初始化参数 control_files 的设置查找并打开控制文件。Oracle 是通过控制文件在实例和数据库之间建立关联的，通过控制文件可以取得数据文件和重做日志的名称和所处状态。但对数据文件和日志文件是否存在不作检查。

3. 打开数据库阶段（OPEN 阶段）

只有在打开数据库之后，客户才能够访问 Oracle 服务器，并执行各种数据访问操作。

在该阶段，打开的文件有联机的数据文件和联机的重做日志文件。

如果在尝试打开数据库时有任何数据文件或联机重做日志文件不存在，Oracle 服务器将返回错误消息。

后台进程 SMON 要检查控制文件、数据文件以及重做日志，并确定它们是否处于同步状态。如果处于同步状态，则 Oracle 会直接打开所有数据文件和重做日志；如果不处于同步状态，并且可以进行实例恢复，那么 SMON 将自动进行实例恢复，然后打开数据库；如果不处于同步状态，并且不能进行实例恢复，那么 SMON 会提示数据库管理员进行介质恢复。

如图 5-3 所示是数据库启动个阶段打开文件示意图。

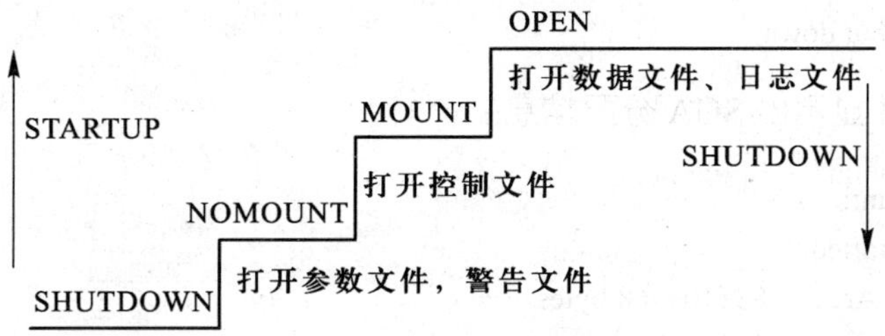

图 5-3　打开文件示意图

5.1.2　启动数据库操作

数据库的启动命令是 STARTUP，在使用 STARTUP 命令启动数据库的时候首先需要使用初始化参数，并可以将数据库以不同的方式打开。

1. 启动命令

执行命令 STARTUP，要求用户必须具有 SYSDBA 或 SYSOPER 系统权限，另外，如果要建立数据库，则必须以 SYSDBA 身份登录。该命令具体格式如下。

```
STARTUP [FORCE] [RESTRICT] [PFILE=filename]
   [OPEN [RECOVER][database]
   |MOUNT
   |NOMOUNT]
```

OPEN：启动实例，装载并打开数据库，为默认选项。

MOUNT：启动实例并装载数据库，但不打开数据库。

NOMOUNT：启动实例，但不能装载数据库。

PFILE=：指定用于启动实例的非默认初始化参数文件名。

FORCE：强制终止实例，并重新启动数据库。

RESTRICT：启动后只允许具有 RESTRICTED SESSION 权限的用户访问数据库。

RECOVER：在数据库启动时，进行介质恢复。

要使数据库由 NOMOUNT 进入 MOUNT 阶段或由 MOUNT 进入 OPEN 阶段，需要使用 ALTER DATABASE 命令。

```
ALTER DATABASE { MOUNT | OPEN }
```

要显示数据库的当前处于的启动状态，可以使用如下查询。

```
SELECT status FROM v$instance;
```

用户可以在数据库关闭状态下直接执行 STARTUP 或 STARTUP OPEN 打开数据库，以下实例分别进入不同的阶段，最后打开数据库。

【实例 5-1】分阶段启动数据库。

① 关闭数据库。

```
SQL> shutdown immediate;
Database closed.
Database dismounted.
ORACLE instance shut down.
```

② 启动实例，并显示出 SGA 分配信息。

```
SQL> startup nomount;
ORACLE instance started.
Total System Global Area     835104768 bytes
Fixed Size                   2217952 bytes
Variable Size                608176160 bytes
Database Buffers             222298112 bytes
Redo Buffers                 2412544 bytes
```

③ 进入 MOUNT 状态。

```
SQL> alter database mount;
Database altered.
```

④ 打开数据库。

```
SQL> alter database open;
Database altered.
```

2. 只读状态打开数据库

在正常启动状态下，默认数据库进入读写状态（ReadWrite）。在必要时可以将数据库设置为只读状态（ReadOnly）。在只读状态下，用户只能查询数据库，但不能以任何方式对数据库对象进行修改。

但要注意，在只读状态下，数据库还可以进行数据库的恢复或者不产生重做日志数据的操作，例如，数据文件仍然可以联机和脱机，已脱机的数据文件或表空间可以进行恢复。对其他文件如控制文件、跟踪文件、审计文件、警告文件等仍然可以继续写入。

使用如下命令，使数据库进入只读状态或进入读写状态。

① STARTUP OPEN [READ WRITE| READ ONLY]

② ALTER DATABASE OPEN [READ WRITE| READ ONLY]

其中：

READ WRITE：进入读写状态。

READ ONLY：进入读写状态。

当数据库处于关闭状态时，使用命令①；当数据库处于装载（Mounted）状态时，使用命令②。

【练习 5-1】启动数据库的同时，将数据库置成只读状态，并进行数据库修改操作，说明现象。

3. 使用限制模式

限制模式只允许具有 RESTRICTED SESSION 权限的用户正常使用数据库，其他用户被限制使用数据库。RESTRICTED SESSION 权限可以根据需要授予用户，DBA 用户默认有授予 RESTRICTED SESSION 权限给其他用户的权限，DBA 用户本身具有 RESTRICTED SESSION 权限，所以限制模式下 DBA 用户可以继续使用数据库进行特定的维护工作。当只允许特定用户使用数据库时，可以考虑使用限制模式。

使用如下命令，使数据库进入限制模式。

① ALTER SYSTEM [{ENABLE|DISABLE} RESTRICTED SESSION]

② STARTUP RESTRICT

ENABLE：启用限制模式。

DISABLE：取消限制模式。

当数据库处于关闭状态时，使用命令②，当数据库处于打开（OPEN）状态时，使用命令①。

> 注意
>
> 当数据库切换到 RESTRICTED SESSION 状态时，先前登录的不具有 RESTRICTED SESSION 权限的用户仍然可以正常工作。

【练习 5-2】切换数据库到受限制状态，分别以普通用户和管理员身份登录，观察现象，说明原因。

5.1.3 关闭数据库

当 DBA 要执行完全数据库备份、修改初始化参数以及其他系统维护操作时，需要停止 Oracle 服务器。

1. 关闭数据库的 4 种方式

Oracle 数据库共有 4 种关闭方式，根据不同的情况，管理员可采用不同的方式关闭数据库，数据库关闭方式如下。

- NORMAL：正常关闭方式。
- TRANSACTIONAL：事务关闭方式。
- IMMEDIATE：立即关闭方式。
- ABORT：强制终止关闭方式。

NORMAL、TRANSACTIONAL 和 IMMEDIATE 3 种关闭方式，属于一致性数据库（或称干净数据库）关闭。特点是无需进行数据库恢复，关闭和启动过程如图 5-4 所示。

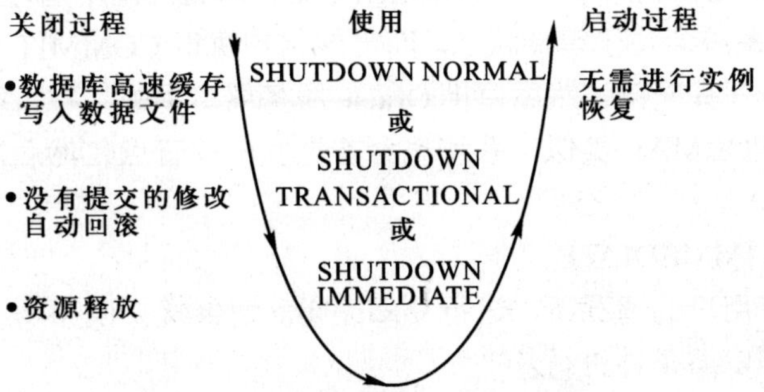

图 5-4 一致数据库(干净数据库)

ABORT 关闭方式，属于非一致性数据库（或称脏数据库）关闭。使用 ABORT 关闭、数据库发生实例故障（如断电）或使用 STARTUP FORCE 强制重新启动数据库，都需要进行实例恢复。关闭和启动过程如图 5-5 所示。

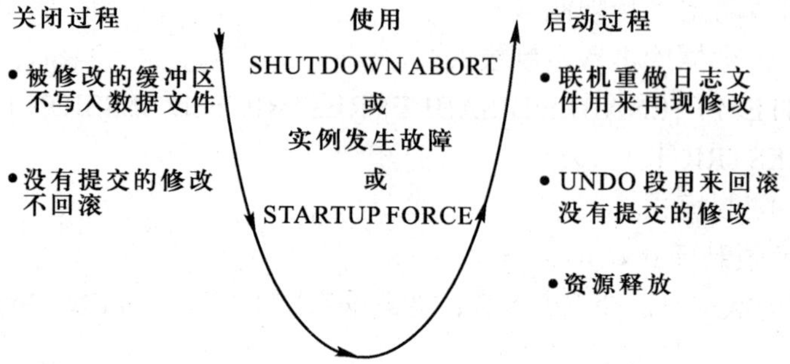

图 5-5　不一致数据库（脏数据库）

（1）SHUTDOWN NORMAL

NORMAL 是默认选项。这种方式是被动的等待方式，在所有用户主动退出后，才实施关闭。该选项按照以下条件进行。

- 不能连接新的用户。
- Oracle 服务器等待所有用户断开已存在连接，然后完成关闭。
- 数据库和重做日志缓存写入磁盘。
- 结束后台进程，在内存中释放 SGA。
- 下次启动无需进行实例恢复。

该方式在关闭数据文件、重做日志和控制文件之前，系统首先要发出检查点，同步所有数据文件、控制文件和重做日志，使得这 3 种文件处于同步状态。

（2）SHUTDOWN TRANSACTIONAL

这种方式将等待所有用户的事务结束，在避免用户修改丢失的前提下，尽快关闭数据库。该选项按照以下条件进行。

- 在此实例上，客户端不能开始新的事务。
- 一旦客户端的当前事务结束，客户即被断开。
- 当所有的事务结束，立即进行数据库关闭。
- 下次启动无需进行实例恢复。

假定有一个用户正在执行事务操作(INSERT、UPDATE 等)，那么当执行 SHUTDOWN TRANSACTIONAL 时系统会处于等待状态。而当该用户执行 COMMIT 或 ROLLBACK 终止事务之后，系统会自动断开其连接，然后停止 Oracle 服务器。另外，在执行该命令关闭数据库之前，与 SHUTDOWN NORMAL 类似，系统也会首先发出检查点，然后才会关闭数据文件、控制文件和重做日志。

（3）SHUTDOWN IMMEDIATE

这种方式无需等待用户的情况下，进行立即关闭。已经提交的事务不会丢失，未提交的事务被撤销。该选项按照以下条件进行。

- 当前执行的 SQL 语句被取消。
- Oracle server 不等待当前连接的用户断开。

- Oracle 回退活动事务，并断开所有连接的用户。
- Oracle 关闭实例前关闭和卸载数据库。
- 下次启动无需进行实例恢复。

假定有一个用户正在执行事务操作(INSERT、UPDATE 等)，那么当执行 SHUTDOWN IMMEDIATE 时系统会自动回退该事务操作，然后断开用户连接，最后停止 Oracle 服务器。另外，在执行该命令关闭数据库之前，与 SHUTDOWN NORMAL 类似，系统也会首先发出检查点，然后才会关闭数据文件、控制文件和重做日志。

（4）SHUTDOWN ABORT

SHUTDOWN ABORT 命令用于快速停止 Oracle 服务器，属于异常终止数据库，例如，实例出现故障或使用其他 3 种方式无法停止 Oracle 服务器，可以考虑采用这种方式。该选项按照以下条件进行。

- 当前执行的 SQL 语句被取消。
- Oracle Server 不等待当前连接的用户定断开。
- 数据库和重做日志缓存不写入磁盘。
- 没有提交的事务不回滚。
- 在不关闭文件的情况下结束实例。
- 数据库不关闭和卸载。
- 下次启动需要进行实例恢复，恢复自动发生。

因为采用这种方式不会发出检查点，从而使得数据文件、控制文件和重做日志处于不一致的状态，所以将来在启动 Oracle 服务器时，后台进程 SMON 会自动进行实例恢复，最终将数据文件、控制文件和重做日志恢复到一致状态。用户在使用 Oracle 服务器时，尽可能不要使用 SHUTDOWN ABORT 命令停止 Oracle 服务器。如果系统并发事务很多，而又执行了 SHUTDOWN ABORT 命令停止 Oracle 服务器，那么因为需要进行实例恢复，所以可能会导致 Oracle 服务器启动时间很长。

> **注意**
> 在数据库不一致的状态下不能进行数据库的备份。

4 种关闭方式的特点见表 5-1（表中√表示是，×表示否）。

表 5-1 各种关闭模式的特点

关闭模式	ABORT（取消）	IMMEDIATE（立即）	TRANSACTIONAL（事务）	NORMAL（正常）
允许新的连接	×	×	×	×
等待当前会话结束	×	×	×	√
等待当前事务结束	×	×	√	√
强制检查点并关闭文件	×	√	√	√

2. 数据库关闭操作

停止 Oracle 服务器是使用命令 SHUTDOWN 来完成的，执行该命令要求用户必须具有 SYSDBA 或 SYSOPER 特权。其命令格式如下：

SHUTDOWN [NORMAL | TRANSACTIONAL | IMMEDIATE | ABORT]

- NORMAL：正常关闭方式。
- TRANSACTIONAL：事务关闭方式。
- IMMEDIATE：立即关闭方式。
- ABORT：强制终止关闭方式。

默认的关闭模式是 NORMAL。

当执行了不带选项的 SHUTDOWN 命令之后，即使 Oracle 服务器仍然没有关闭，新的客户也不能够连接到 Oracle 服务器。此时如果客户要连接到 Oracle 服务器时，则会显示错误信息。

ORA-01090：shutdown in progress connection is not permitted。

【实例 5-2】 验证 NORMAL 关闭方式。

① 以 SYS 账户和 SCOTT 账户连接创建两个会话。

② 在第 1 个会话中发出 SHUTDOWN 命令，观察现象，关闭命令处于等待状态，如图 5-6 所示。

③ 在第 2 个会话中发出 EXIT 命令结束会话，如图 5-7 所示。

图 5-6 第 1 个会话等待

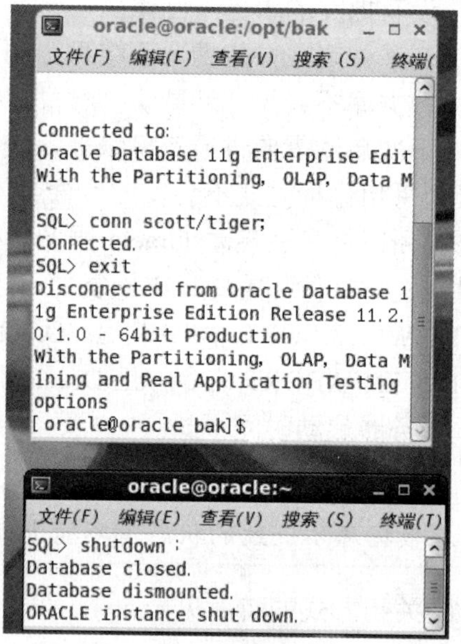

图 5-7 关闭第 2 个会话

④ 观察第 1 个会话窗口，出现关闭信息，如图 5-7 所示。

【练习 5-3】 设计验证过程，验证其他关闭方式，解释现象。

除了使用命令行方式，用户也可以使用控制台来实施数据库的启动和关闭，但是这种方法不建议专业 DBA 采用，该方法虽然直观，但是不够灵活，并会占用大量系统资源，在本书中只作为参考方式介绍。

5.2 Oracle 数据库初始化参数文件

启动数据库实例首先需要打开初始化参数文件，通过修改初始化参数文件的参数设置，可以对 Oracle 数据库进行初始设置。

5.2.1 初始化参数文件概述

1. 参数文件简介

通过学习 Oracle 数据库的组成结构，知道实例是一组 Oracle 后台进程和内存结构的集合，那么实例到底要占用多大内存空间,并且在启动实例时是否要启动某些特定的后台进程呢?这都需要通过配置参数文件来完成。通过设置初始化参数，不仅可以定义实例特征（SGA 尺寸、后台进程），而且还可以定义许多其他特征和限制。例如，通过设置初始化参数设置数据库名称，定义用户和进程限制，定义控制文件、跟踪文件和警告日志的位置等。

当以 SYSDBA 身份发出 STARTUP 命令，Oracle 服务器就会读取初始化参数文件，根据参数文件来配置实例。启动实例时必须有相应的初始化参数文件存在。

Oracle 提供了 200 多个初始化参数，并且每个初始化参数都有默认值（Default Value）。如果在参数文件中没有出现参数的定义，就会采用 Oracle 服务器的默认参数值。在使用 Oracle 服务器时，用户只需要根据特定需求设置相应参数即可，而大多数参数都可以保留默认设置。

2. 常用的初始化参数

Oracle 提供了大量的初始化参数，以下是主要的初始化参数。其他参数，在用到时会详细介绍。具体说明如下。

- db_name：该参数用于指定数据库名称。
- instance_name：该参数用于指定实例名，应该与 db_name 保持一致。
- control_files：该参数用于指定控制文件的路径和名称，Oracle 使用该参数在实例和数据库之间建立关联。
- db_block_size：该参数用于指定标准数据块的尺寸，SYSTEM 表空间的数据块会自动按照该参数进行设置，其参数值可以设置为 2KB、4KB、8KB、16KB 或 32KB。在建立了数据库之后，该参数的值不能修改。
- db_cache_size：该参数用于定义标准数据块所对应的数据高速缓存尺寸，该初始化参数是 Oracle 9i 新增加的参数。另外，在 Oracle 9i 中仍然保留了初始化参数 db_block_buffers，但将来版本会弃用该参数。
- log_buffer：该参数用于指定重做日志缓冲区的尺寸。
- shared_pool_size：该参数用于指定共享池的尺寸。
- background_dump_dest：该参数用于指定后台进程跟踪文件所在目录。
- user_dump_dest：该参数用于指定用户进程跟踪文件所在目录。
- remote_login_passwordfile：该参数用于指定特权用户的认证方式。
- undo_management：该参数用于指定管理 UNDO 数据的方式，该参数是 Oracle 9i 新增加的参数。如果设置该参数为 MANUAL，则管理 UNDO 数据仍然使用回滚段；如果设置为 AUTO，则使用 UNDO 表空间自动管理 UNDO 数据。
- undo_tablespace：该参数用于指定默认的 UNDO 表空间，该参数也是 Oracle 9i 新增加的参数。如果参数 undo_management 被设置为 AUTO，则管理 UNDO 数据会使用该参数所对应的表空间；如果参数 undo_management 被设置为 MANUAL，则该参数不起任何作用。

> **注意**
> 如果参数 undo_management 被设置为 AUTO，那么 undo_tablespace 所对应的 UN DO 表空间必须存在，否则会导致 Oracle 服务器无法启动。

3. 两种初始化参数文件

对于一个实例来讲，可以同时存在多个初始化参数文件，根据不同的性能需求，可以选择其中某个初始化参数文件来启动实例。有两种不同类别的初始化参数文件如下。

- 服务器端永久初始化参数文件（SPFILE），一般名为 spfile<SID>.ora
- 静态初始化参数文件（PFILE），一般名为 init<SID>.ora。

服务器端永久初始化参数文件位于数据库服务器；而静态初始化参数文件既可以位于服务器，也可以位于客户端。

4. 查询初始化参数

为了提高 Oracle 服务器的运行性能，用户可能需要通过修改初始化参数来改变 SGA 尺寸；另外，为了在运行 Oracle 服务器时启动其他后台进程，还可能需要修改某些初始化参数自动启动这些后台进程。当然，初始化参数还有其他许多作用，那么如何监视初始化参数的设置呢？在实例运行阶段，通过执行命令 SHOW PARAMETER 可以显示初始化参数的值，另外也可以查询动态性能视图 V$PARAMETER 获得其更详细的信息。

【**实例 5-3**】查询初始化参数文件。

① 以管理员身份登录。

```
SQL> conn sys/oracle as sysdba
Connected.
```

② 执行以下查询命令，查询 log_buffer 参数的值。

```
SQL> show parameter log_buffer;
NAME                 TYPE      VALUE
-------------------- ------- ------------------------------
log_buffer           integer   2236416
```

③ 执行以下命令，显示所有初始化参数。

```
SQL> show parameter;
NAME                                  TYPE        VALUE
------------------- ----------- --------------------------------------------------
O7_DICTIONARY_ACCESSIBILITY           boolean     FALSE
active_instance_count                 integer
aq_tm_processes                       integer     0
archive_lag_target                    integer     0
asm_diskgroups                        string
asm_diskstring                        string
asm_power_limit                       integer     1
asm_preferred_read_failure_groups     string
audit_file_dest                       string      /opt/oracle/admin/db01/adump
……
```

④ 执行以下命令，结果显示参数名中包含 DB_BLOCK 的所有参数。

```
SQL> show parameter db_block;
NAME                          TYPE          VALUE
------------------ ----------- ---------------------------------------------
db_block_buffers              integer       0
db_block_checking             string        FALSE
db_block_checksum             string        TYPICAL
db_block_size                 integer       8192
```

【练习 5-4】查看初始化参数 db_block_size 的值。

5.2.2 静态初始化参数文件 PFILE

静态初始化参数文件特点

静态初始化参数文件通常称为 PFILE。在构造 Oracle 服务器之前，首先需要完成的任务就是建立参数文件，并配置相应参数。静态初始化参数文件的默认位置是$ORACLE_HOME/dbs 目录。静态初始化参数文件默认的名称为 init<SID>.ora，其中 SID 是实例标识符。静态初始化参数文件具有如下一些特点。

- 参数文件仅在实例启动时打开。
- 内容是文本文件，可以使用操作系统的文本编辑器比如 Notepad 来编辑修改。
- 对静态初始化参数文件的修改只有在重新启动数据库后才能生效。
- 可以使用本地（服务器）或客户端静态初始化参数文件启动数据库实例，在客户端启动数据库实例时，在 STARTUP 命令的参数中指明即可。

如果要修改参数，还要注意以下要点。

① 参数设置形式是：参数=值。

② 在修改或增加初始化参数之前，首先检查该初始化参数是否存在，若存在则直接修改；若不存在，则在文件尾部增加一行。

③ 每行只能设置一个参数，参数的出现顺序无关。

④ #是注释标记，可以屏蔽掉不需要的行。

⑤ 字符型参数需要用双引号引起来，但数字型参数则不能用引号。

⑥ 如果一个初始化参数有多个值要用括号引起，值之间用逗号分隔。

⑦ 使用 IFILE 参数可以在当前参数文件中包含其他的参数文件。

在修改或增加初始化参数时，必须要遵从特定的规则。如果违反了参数设置原则，在启动实例时可能会显示错误信息，或者会导致配置不起任何作用。

以下是静态初始化参数文件的一个样本，#是注释行起始标记，该行不起作用。

```
# Initialization Parameter File: initmydb.ora
compatible=10.2.0.1.0
db_name=pod
instance_name=POD
sga_max_size=500m
sga_target=300m
undo_management=auto
```

```
undo_tablespace=undotbs
job_queue_processes=10
user_dump_dest=/u01/oracle/admin/POD/udump
core_dump_dest=/u01/oracle/admin/POD/cdump
background_dump_dest=/u01/oracle/admin/POD/bdump
control_files='/u01/oracle/oradata/disk1/control01.ctl','/u01/oracle/oradata/disk2/control02.ctl'
```

5.2.3 服务器端初始化参数文件 SPFILE

服务器端永久初始化参数文件通常称为 SPFILE，服务器端初始化参数文件的默认位置是 $ORACLE_HOME/dbs 目录。服务器端初始化参数文件默认的名称为 spfile<SID>.ora，其中 SID 是实例标识符。该文件不能手动修改，如果进行手动修改，SPFILE 将变为无效。

1. 服务器端初始化参数文件的特点

服务器端初始化参数文件 SPFILE 具有如下特点。

- 服务器端初始化参数文件是二进制文件形式。
- 由 Oracle 服务器来进行维护。
- 总是驻留在服务器端。
- 在实例关闭和启动状态下都能进行参数的修改。
- 可进行参数值的自动调解。
- 可以使用 Recovery Manager（一种备份工具）来备份初始化参数。

2. 修改服务器端参数文件

SPFILE 的内容是二进制，不能直接查看和修改。可以将其转换成文本格式，作为一种备份服务器端初始化参数文件的方式。用户可以查看或修改服务器端初始化参数文件对应的静态初始化参数文件，然后再转换成 SPFILE。

通过 V$SPPARAMETER 性能视图，可以查看 SPFILE 的内容。

在实例启动以后，可以动态修改初始化参数文件。但并不是所有的初始化参数都可以动态修改的，这一点要引起注意。动态修改初始化参数的命令如下。

```
ALTER SYSTEM SET 参数名 = 参数值
[SCOPE = MEMORY|SPFILE|BOTH]
[SID= 'sid'|'*']
```

参数名：要修改的参数名称。

参数值：新的参数值。

SCOPE：确定修改内存中的参数、或修改 SPFILE 中的参数、或同时进行修改。

MEMORY：修改当前运行实例的参数值（内存中）。

SPFILE：只修改 SPFILE 中的参数值。

BOTH：同时修改当前运行实例和 SPFILE 中的参数值，这是一个默认值。

SID：指明正在使用的 SPFILE 的 SID。

'sid'：在修改 SPFILE 时说明使用的 SID。

'*'：使用默认的 SPFILE。

【实例 5-4】修改服务器端初始化参数文件中 undo_retention 的值。

① 以管理员身份连接数据库，显示 SPFILE。

```
SQL> conn sys/oracle as sysdba
Connected.
SQL> show parameter spfile;
NAME        TYPE       VALUE
------ ----------- -----------------------------------------------------------------
spfile string/opt/oracle/product/11.2.0/dbhome_1/dbs/spfiledb01.ora
```

② 显示 undo_retention 的值。

```
SQL> show parameter undo_retention;
NAME            TYPE   VALUE
---------------- ----------- ------------------------------
undo_retention    integer        900
```

③ 修改参数值。

```
SQL> alter system set undo_retention=1200;
System altered.
```

④ 显示结果。

```
SQL> show parameter undo_retention;
NAME                   TYPE       VALUE
------------------ ----------- ----------------------------
undo_retention             integer       1200
```

说明：由于在修改参数中使用了默认值 BOTH，将同时修改内存和 SPFILE 中的值。因此，再次显示 undo_retention 值时，发现值发生了改变。

5.2.4 参数文件的互建方法及使用顺序

1. 互建参数文件

静态初始化参数文件和服务器端永久初始化参数文件可以互建。

使用命令：

```
CREATE SPFILE [='SPFILE-NAME']
FROM PFILE[='PFILE-NAME'];
```

可以由静态初始化参数文件创建服务器端初始化参数文件。

使用命令：

```
CREATE PFILE [='PFILE-NAME']
FROM SPFILE[='SPFILE-NAME'];
```

可以由服务器端初始化参数文件创建静态初始化参数文件。

其中，PFILE-NAME 是静态初始化参数文件的路径和名称；SPFILE-NAME 代表服务器端初始化参数文件的路径和名称。

在实例关闭和启动状态下以上命令均可执行，但需要 SYSDBA 权限。如果没有指明初始化参数文件的名称，将采用默认的路径和名字，即路径为$Oracle_Home/dbs。静态初始化参数文件默认的名称为 init<SID>.ora，服务器端初始化参数文件默认的名称为 spfile<SID>.ora，其中 SID 是实例标识符。

例如，使用如下命令：

```
CREATE SPFILE FROM PFILE;
```

将在$Oracle_Home\dbs 下由 init<SID>.ora 创建 spfile<SID>.ora。

【实例 5-5】创建静态初始化参数文件，并且修改该文件中的 open_cursor 参数的值为 200，并使用静态初始化参数文件启动数据库。

① 创建静态初始化参数文件。

```
SQL> create pfile from spfile;
File created.
```

② 编辑初始化参数。

默认情况下静态初始化参数文件存放于$ORACLE_HOME/dbs 目录下，名字为 initdb01.ora，使用 VI 或者 gedit 编辑器，打开该文件，并修改 open_cursors 参数，如图 5-8 所示。

图 5-8 修改 initdb01.ora 文件

③ 使用新的静态初始化参数文件启动实例。

依次执行以下命令，先关闭实例，然后使用新的参数文件启动实例。

```
SQL> shutdown immediate;
Database closed.
Database dismounted.
ORACLE instance shut down.
SQL> startup pfile='$ORACLE_HOME/dbs/initdb01.ora';
ORACLE instance started.
Total System Global Area    835104768 bytes
```

```
Fixed Size              2217952 bytes
Variable Size           608176160 bytes
Database Buffers        222298112 bytes
Redo Buffers            2412544 bytes
Database mounted.
Database opened.
```

④ 查询结果。

```
SQL> show parameter open_cursors;
NAME                    TYPE        VALUE
----------------- ----------- ------------------------------
open_cursors            integer     200
```

2. 参数文件的使用顺序

如果同时存在多个初始化参数文件，当使用 STARTUP 命令启动数据库时，会在默认目录下（$Oracle_Home\dbs）寻找初始化参数文件，其使用的优先顺序如下。

① 使用不带参数的 STARTUP 命令，先查看是否存在服务器端初始化参数文件 spfile<SID>.ora，如果存在则启动实例。

② 如果不存在服务器端初始化参数文件 spfile<SID>.ora，则使用默认的 SPFILE.ora 来启动数据库。

③ 如果默认的 SPFILE.ora 不存在，则使用静态初始化参数文件 init<SID>.ora 来启动数据库。

④ 如果在 STARTUP 命令中使用了参数 PFILE 指明特定的静态初始化参数文件，那么指明的初始化参数优先。例如：

```
STARTUP PFILE = $ORACLE_HOME/dbs/initDB01.ora
```

> 注意
>
> 在 PFILE 文件中可以包含参数 SPFILE 来指明使用特定非默认位置的 SPFILE。例如在 PFILE 中包含以下的内容，将使用指定的服务器端初始化参数文件。

```
SPFILE = /database/startup/spfileDB01.ora
```

3. 控制台管理参数文件的方法

通过以下实例介绍控制台管理参数文件的方法。

【实例 5-6】使用控制台修改和显示初始化参数。

① 登录控制台。

以管理员身份登录控制台。

② 查看所有的参数。

选择【DB01】→【Server】→【Database Configuration】→【Database Configuration】节点，如图 5-9 所示。

③ 修改指定的参数。

通过滚动条找到指定的参数，或者在名称处输入相应的名字，修改后单击 Apply 按钮，使修改生效。

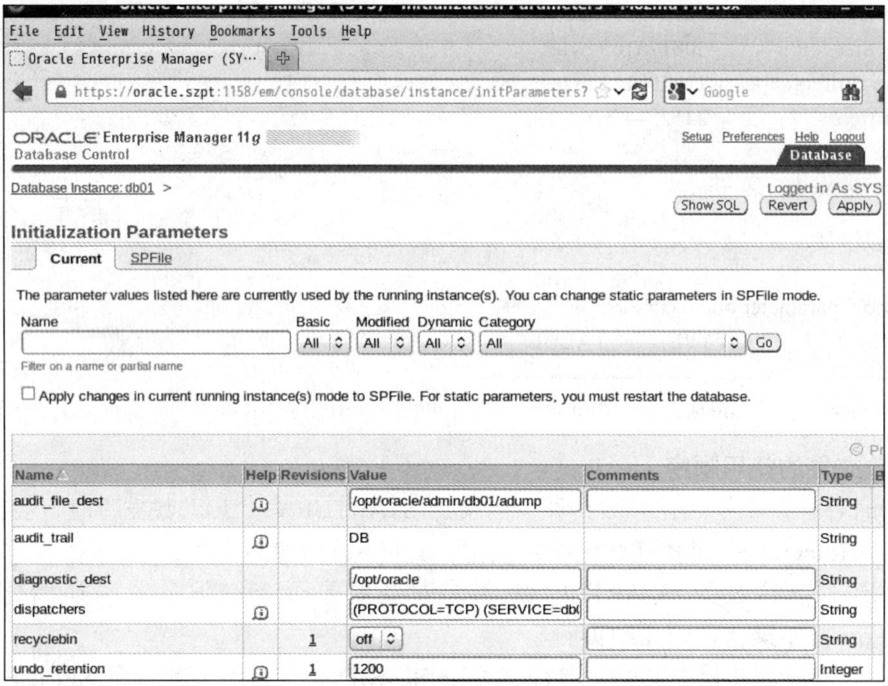

图 5-9　显示初始化参数

5.2.5　显示实例和数据库信息

1. 显示 SGA 尺寸

SGA 越大，Oracle 服务器性能越好。但 SGA 尺寸不能超过实际内存的 1 / 2，否则不仅不能提高运行性能，反而会降低 Oracle 服务器运行性能。那么如何监视 SGA 尺寸呢？一方面用户可以通过 SHOW SGA 命令取得 SGA 尺寸，另外也可以查询动态性能视图 V$SGA。

```
SQL> select * from v$sga;
NAME                 VALUE
-------------------- --------------------
Fixed Size           2217952
Variable Size        608176160
Database Buffers     222298112
Redo Buffers         24125448
```

2. 显示当前正在运行的后台进程

不同后台进程担负着不同管理任务，在 Oracle 服务器中后台进程 DBWR、LGWR、SMON、PMON、CKPT 一直处于运行状态，而其他后台进程则是根据特定需要由数据库管理员来确定是否需要启动。例如，如果数据库处于 ARCHIVELOG 模式，则必须启动后台进程 ARCH；而如果要进行高级复制，则必须启动后台进程 SNP。通过查询动态性能视图 V$BGPROCESS 可以显示 Oracle 服务器可包含的所有后台进程，另外也可以确定当前处于运行状态的后台进程。

```
SQL> select name from v$bgprocess where paddr!='00';
NAME
-----
```

```
PMON
VKTM
GEN0
DIAG
……
22 rows selected.
```

name：后台进程名称。

paddr：后台进程在内存中的开始地址，值为 00 表示该后台进程未运行。

3. 显示 Oracle 服务器所有进程

Oracle 进程包括后台进程和服务器进程两种类型，且所允许的最大进程个数是由初始化参数 processes 来确定的。为了确保 Oracle 服务器有足够的进程可用，在数据库运行的高峰阶段可能需要监视当前正在运行的进程个数。那么如何监视 Oracle 进程呢？通过查询动态性能视图 V$PROCESS 可以监视所有 Oracle 进程信息。

```
SQL> select program,background from v$process;
PROGRAM                    B
------------------------------------------------
PSEUDO
oracle@oracle.szpt (PMON)          1
oracle@oracle.szpt (VKTM)          1
oracle@oracle.szpt (GEN0)          1
oracle@oracle.szpt (DIAG)          1
……
```

4. 显示 Oracle 服务器状态

当建立数据库或控制文件时，要求 Oracle 服务器必须处于 NOMOUNT 状态；而当执行数据库各种维护操作时，要求 Oracle 服务器必须处于 MOUNT 状态；而如果客户应用要访问 Oracle 服务器，则要求 Oracle 服务器必须处于 OPEN 状态。那么如何监视 Oracle 服务器的状态呢?通过查询动态性能视图 V$INSTANCE，可以获得 Oracle 服务器所处状态。

```
SQL> select status from v$instance;
STATUS
------------
OPEN
```

5. 显示数据库物理文件

Oracle 数据库由数据文件、控制文件以及重做日志 3 种文件组成。在进行完全数据库备份时，用户需要确定这些文件的位置及名称；另外，如果要改变这些文件的位置，也必须首先确定它们的位置。通过查询动态性能视图 V$DATAFILE，可以获得数据文件信息；通过查询动态性能视图 V$CONTROLFILE，可以获得控制文件信息；通过查询动态性能视图 V$LOGFILE，可以取得重做日志的信息。

显示控制文件信息：

```
SQL> select name from v$controlfile;
NAME
```

```
--------------------------------------------------------------------
/opt/oracle/oradata/db01/control01.ctl
/opt/oracle/flash_recovery_area/db01/control02.ctl
```

显示数据文件信息的查询命令：

```
SELECT name FROM v$datafile;
```

显示日志文件信息的查询命令：

```
SELECT member FROM v$logfile;
```

5.3 使用诊断文件监视实例

如果在启动和运行过程中发生错误，可以通过查看诊断文件来确定发生错误的原因。在诊断文件中记载了日常数据库的活动信息，在实例的维护中，经常要查询诊断信息。主要有三种类型的诊断文件。

- 警告日志文件（**Alert Log File**）：记载每天数据库的操作信息。
- 后台跟踪文件（**Background Trace Files**）：记载后台进程 SMON、PMON、DBWn 等，发生故障时的重要信息。
- 用户跟踪文件（**User Trace Files**）：产生的用户跟踪信息，是由严重的用户错误引发的。

1. 警告日志文件

每一个实例都有一个警告日志文件，文件的名称是 alert_<SID>.log，警告日志文件的位置由初始化参数 BACKGROUND_DUMP_DEST 定义。在日志文件中每一个事件的记录都记载发生的时间。如果警告日志文件不存在，就会在实例启动时创建，警告日志文件由 DBA 负责维护，在数据库运行过程中不断增大，在诊断错误时，应该先查看警告日志文件。警告日志文件主要包含以下信息的记录。

- 关闭、启动信息。
- 非默认初始化参数列表。
- 后台进程启动信息。
- 实例使用的线程信息。
- 正在写入日志的序列号。
- 日志切换有关信息。
- 表空间和回滚段创建信息。
- 发出的 Alter 命令的信息。
- 其他错误信息，如 ORA-600 错误等。

【练习 5-5】根据 BACKGROUND_DUMP_DEST 参数查找警告文件位置并打开，检查说明上一次数据库的启动时间，以及启动的后台进程。

2. 后台跟踪文件

后台跟踪文件是用来记录后台进程 SMON、PMON、DBWn 等运行出现的错误，后台跟踪文件的位置由初始化参数 BACKGROUND_DUMP_DEST 定义。后台跟踪文件的名称格式为 sid_processname_PID.trc（如 db01_lgwr_23845.trc）。后台跟踪文件是在发生后台进程错误时临时产生的。

3. 用户跟踪文件

用户跟踪文件用来记载用户错误信息以及 SQL 语句的统计信息，可以根据统计结果进行 SQL 语句性能调解，用户跟踪文件的位置由初始化参数 USER_DUMP_DEST 决定。用户跟踪文件的名称格式为 sid_ora_PID.trc（如 db01_ora_23845.trc）。

用户跟踪文件可分为会话级和实例级。

启动会话级用户跟踪的方式如下。

使用 ALTER SESSION 命令：

```
ALTER SESSION SET SQL_TRACE = TRUE
```

或执行 DBMS 过程：

```
dbms_system.SET_SQL_TRACE_IN_SESSION
```

启动实例级用户跟踪可以通过设置初始化参数 SQL_TRACE = TRUE。

> 注意
>
> 实例级用户跟踪会产生大量的跟踪数据。

【练习 5-6】启动会话级用户跟踪，观察跟踪文件，最后关闭会话级用户跟踪。

5.4 综合训练项目

要求：完成实例管理有关操作，写出操作步骤和命令，解释发生的现象。

一、使用初始化参数文件

1. 以 SYSDBA 身份连接到数据库，关闭数据库。
2. 通过命令 show parameter spfile，查看当前系统是否使用 SPFILE 启动数据库。
3. 从 SPFILE 创建一个新的 PFILE，将 PFILE 存放在$ORACLE_HOME\dbs 路径下。
4. 修改 PFILE 中的参数 open_cursors=200。
5. 使用 PFILE 初始化参数文件启动数据库。
6. 检查初始化参数 open_cursors 的值。
7. 关闭数据库，重新用 SPFILE 启动数据库。
8. 动态修改参数 open_cursors=300,但要求重新启动后参数原值保持不变。

二、验证只读方式

1. 关闭数据库并且以只读方式打开。
2. 以 SCOTT 用户身份连接到数据库，插入一条记录到 EMP 表。 解释发生的现象和原因。
3. 将数据库改为可读可写状态。

三、验证关闭方式

1. 打开一个 SQL*Plus，以 SCOTT 用户身份连接，修改 EMP 表 SCOTT 的工资为 9000，但不提交。
2. 在以 SYS 账户登录的会话中。并且执行事务关闭，能否关闭，解释原因。
3. 在 SCOTT 会话中执行回滚（Rollback）操作，解释发生的现象和原因。

四、验证受限状态

1. 打开一个 SQL*Plus，以 SYS 用户连接，打开数据库到 OPEN 状态。
2. 重新启动一个 SQL*Plus，并以 SCOTT 用户连接。
3. 在 SYS 会话中，将数据库切换至受限状态。
4. 在 SCOTT 会话中，查询 EMP 表中的记录，能否成功，解释原因。
5. 退出 SCOTT 会话，重新连接，能否成功，解释原因。
6. 在 SYS 会话中，将数据库退出受限状态，切换至正常状态。
7. 重新连接到 SCOTT 用户，能否成功，解释原因。

5.5 练习

1. 用户SCOTT正在执行UPDATE语句，需要保证SCOTT的修改操作完成，理想的关闭实例方式是(　　)。

A. SHUTDOWN ABORT　　B. SHUTDOWN IMMEDIATE

C. SHUTDOWN TRANSACTIONAL　　D. SHUTDOWN NORMAL

2. 在（　　）中，SMON 进程要对数据库实例进行恢复。

A. 使用 SHUTDOWN NORMAL 关闭数据库

B. 使用 SHUTDOWN TRANSACTIONAL 关闭数据库

C. 使用 SHUTDOWN IMMEDIATE 关闭数据库

D. 使用 SHUTDOWN ABORT 关闭数据库

3. SGA 各部分的大小，可以在（　　）文件中指定。

A. 控制文件　　B. 参数文件

C. 口令文件　　D. 跟踪文件

4. 以下用来描述静态初始化参数文件的是（　　）。

A. 参数文件是文本文件形式

B. 启动实例优先使用的初始化参数文件

C. 总是驻留在服务器端

D. 能够动态进行参数的修改

5. 在以下（　　）阶段，会打开控制文件。

A. 关闭数据库阶段　　B. 启动实例阶段

C. 装载数据库阶段　　D. 打开数据库阶段

6. 创建数据库，需要数据库处于（　　）状态。

A. SHUTDOWN　　B. NOMOUNT

C. MOUNT　　D. OPEN

7. 每天数据库的操作信息记录到（　　）。

A. 后台跟踪文件　　B. 归档日志文件

C. 警告日志文件　　D. 重做日志文件

8. 在$Oracle_Home/dbs 目录下，存在以下文件，启动实例 db01 默认使用的初始化参数文件是（　　）。

A. spfiledb01.ora　　B. spfile.ora

C. initdb01.ora　　D. init.ora

第 6 章

控制文件管理

【本章内容】

在本章中将学习 Oracle 数据库控制文件的有关知识和操作。控制文件是 Oracle 数据库 3 类重要的物理文件之一。控制文件中记载了数据库的物理结构等重要的数据库信息，是用于维护数据库完整性的重要文件。

【本章要点】

- 控制文件的内容。
- 控制文件的复用。
- 控制文件的重建。
- 查询控制文件信息。

【关键术语】

Control file　控制文件　　　　Multiplex　复用

Backup　备份

6.1 Oracle 数据库控制文件

控制文件中记载了数据库的物理结构等重要的数据库信息，如数据文件和日志文件信息。控制文件是用于维护数据库完整性的重要文件。Oracle 正是使用该文件在实例和数据库之间建立关联的。当发生实例故障时，控制文件记载的信息可用于实例的恢复。

6.1.1 控制文件概述

在数据库的启动过程中，当装载(MOUNT)数据库时，Oracle 会按照初始化参数文件中的 control_files 参数的设置查找并打开控制文件；而当打开（OPEN）数据库时，Oracle 会根据控制文件所记录的数据文件和重做日志信息，打开数据文件和重做日志文件。

控制文件是一个很小的二进制文件，在启动 Oracle 数据库时需要从中读取信息，其大小一般是在创建数据库时确定的，如图 6-1 所示。在对 Oracle 数据库进行操作过程中，会不断地将信息写回控制文件，因此在 Oracle 数据库打开的过程中，控制文件必须是可用的。

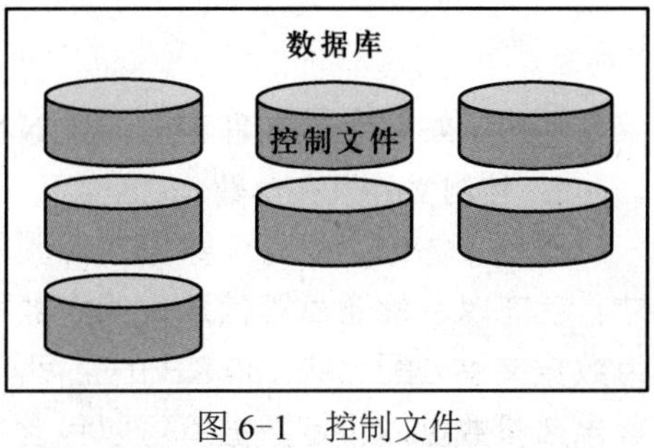

图 6-1　控制文件

控制文件中记载了数据文件、重做日志名称和位置、日志序列号、检查点和日志历史信息，以及 RMAN（一种备份和恢复工具）备份信息。当 Oracle 服务器出现实例失败或介质失败时，通过控制文件所记载的日志和检查点信息，Oracle 可以确定执行恢复所需要的日志文件。从 Oracle 8 版本开始，Oracle 提供了使用 RMAN 执行备份与恢复的方法，

RMAN 可以简化用户所要执行的备份与恢复操作，并且其备份信息会被存放到控制文件中。

控制文件一旦丢失或损坏，就会导致整个数据库不可用，因此保证控制文件的可用性，对 Oracle 数据库来说是至关重要的。例如，当使用 RMAN 进行备份时，其备份信息会记录到控制文件中，假定控制文件出现丢失或损坏，那么因为备份信息丢失可能会导致其备份文件不能使用。对于 Oracle 数据库，可以采用复用控制文件的方法来达到保护控制文件的目的。

通过以管理员身份登录数据库，如果数据库已经装载或打开，执行以下的查询命令，可以看到当前数据库的控制文件信息。

```
SQL> select name from v$controlfile;
NAME
----------------------------------------------------
/opt/oracle/oradata/db01/control01.ctl
/opt/oracle/flash_recovery_area/db01/control02.ctl
```

该结果说明当前数据库具有 2 个互为镜像的控制文件 opt/oracle/oradata/db01 下的 control01.ctl 和/opt/oracle/flash_recovery_area/db01/下的 control02.ctl。

6.1.2 控制文件的内容

1. 控制文件内容

在控制文件中记载了数据文件、重做日志、日志历史等信息。控制文件中包含的信息如图 6-2 所示。

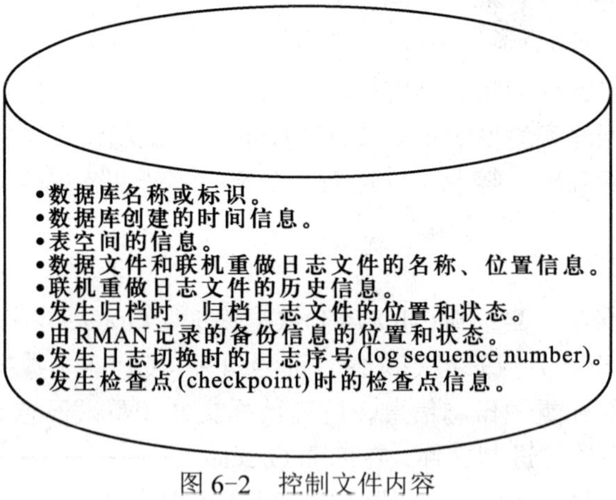

图 6-2 控制文件内容

其中初始化参数文件中的 DB_NAME 必须与控制文件中记载的数据库名称相同。

2. 控制文件永久参数

控制文件中会为每个数据文件预留 180 B 的空间，该空间将用于记载数据文件的名称、尺寸、状态以及检查点等信息，假定数据库最多可以包含 1 000 个数据文件，那么控制文件就要为数据文件分配大约 180 KB 的空间。在执行 CREATE DATABASE 命令建立数据库时，通过设置永久参数可以设定数据库可以包含的最大数据文件以及重做日志个数等，这些永久参数的设置会影响控制文件的尺寸。

- MAXDATAFILES：用于指定控制文件可记载的最大数据文件个数。

- MAXLOGFILES：用于指定数据库中重做日志组的最大个数。
- MAXLOGMEMBERS：用于指定每个日志组的最大日志成员个数。
- MAXLOGHISTORY：用于指定控制文件可记载日志历史的最大个数。
- MAXINSTANCES：用于指定可以同时访问数据库的最大实例个数。

6.2 控制文件操作

6.2.1 复用控制文件

1. 保证控制文件的可用性

保证控制文件的可用性的方法是通过保留控制文件的多个复本，多个控制文件副本互为镜像，内容总是保持完全一致。这样当一个控制文件发生损坏或丢失，仍然可以使用其他的控制文件副本启动数据库，而不需要进行数据库恢复。然后，在适当时机增加新的控制文件，使控制文件仍然保持有多个镜像。每个 Oracle 数据库至少应该包含两个或两个以上的控制文件，控制文件的总数不能超过 8 个。

应该合理地放置控制文件，在设计数据库时，尽可能将控制文件分布到不同的磁盘上，以避免磁盘损坏导致所有控制文件丢失。另外，在修改了 Oracle 数据库的物理结构后，最好对控制文件进行一次备份。

2. 复用控制文件的方法

控制文件的复用是如何实现的呢？又怎样才能增加新的控制文件镜像呢？

方法很简单，停止数据库后，首先查看初始化参数文件，找到参数 control_files，如图 6-3 所示，其中描述了目前使用的控制文件和位置。为了增加新的控制文件镜像，可以先用操作系统命令复制一个新的控制文件，然后修改该参数的设置。注意：在数据库打开时，控制文件是动态的，不能在数据库运行过程中复制控制文件，只有停止数据库后控制文件才是静止和一致的，否则增加镜像的过程就会失败。

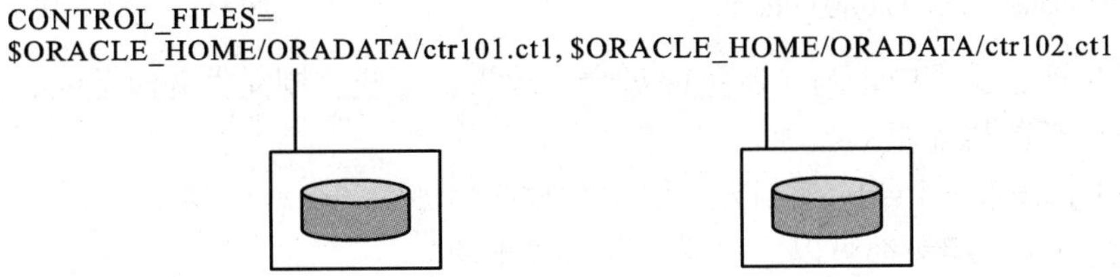

图 6-3　控制文件的复用

【实例 6-1】为控制文件增加镜像。

① 在数据库启动状态下，修改服务器端初始化参数文件。

```
SQL> alter system set control_files=
'/opt/oracle/oradata/db01/control01.ctl',
'/opt/oracle/flash_recovery_area/db01/control02.ctl',
'/opt/oracle/oradata/db01/control03.ctl' scope=spfile;
System altered.
```

② 关闭数据库，以确保复制后的控制文件与源控制文件内容完全相同。

```
SQL> shutdown immediate;
Database closed.
Database dismounted.
ORACLE instance shut down
```

③ 复制控制文件。

可以使用当前的两个控制文件任意一个，复制为新的控制文件。

```
$ cd /opt/oracle/oradata/db01
$ cp control01.ctl control03.ctl
```

④ 重新启动数据库。

```
SQL> startup
ORACLE instance started.
Total System Global Area    835104768 bytes
Fixed Size                  2217952 bytes
Variable Size               570427424 bytes
Database Buffers            260046848 bytes
Redo Buffers                2412544 bytes
seDatabase mounted.
Database opened.
```

⑤ 查看结果。

```
SQL> select name from v$controlfile;
NAME
-----------------------------------------------------------------------
/opt/oracle/oradata/db01/control01.ctl
/opt/oracle/flash_recovery_area/db01/control02.ctl
/opt/oracle/oradata/db01/control03.ctl
```

在实际的生产数据库中，为了避免磁盘介质故障，造成控制文件同时丢失，建议将增加的新镜像放在一个新的磁盘驱动器上，

【练习 6-1】增加一个新的控制文件镜像，放在另外的一个驱动器上。

【小结】以下 4 类问题都可以通过同一种方法解决。

第 1 类问题：增加控制文件。

第 2 类问题：删除控制文件。

第 3 类问题：移动控制文件。

第 4 类问题：控制文件更名。

解决方法如下：

① SYSDBA 身份登录。

② 修改 control_files 参数的值。

③ 关闭数据库。

④ 根据需求增加、删除、移动或者更名硬盘上的控制文件。

⑤ 启动数据库使参数生效。

3. 镜像丢失的维护

尝试在关闭数据库的状态下，删除一个控制文件到回收站，来模拟控制文件的丢失，然后启动数据库，观察控制文件丢失一个镜像的现象。并采取相应的维护措施，使数据库能够正常工作。

【实例 6-2】 控制文件镜像丢失的维护。

① 查看当前的控制文件。

```
SQL> select name from v$controlfile;
NAME
--------------------------------------------------
/opt/oracle/oradata/db01/control01.ctl
/opt/oracle/flash_recovery_area/db01/control02.ctl
/opt/oracle/oradata/db01/control03.ctl
```

② 关闭数据库，删除最后一个控制文件 control03.ctl 到回收站。

```
SQL> shutdown immediate;
Database closed.
Database dismounted.
ORACLE instance shut down.
```

手工删除其中的一个控制文件：

```
$ rm /opt/oracle/oradata/db01/control03.ctl
```

③ 重新启动数据库，观察现象。

```
SQL> startup
ORACLE instance started.
Total System Global Area    835104768 bytes
Fixed Size                  2217952 bytes
Variable Size               570427424 bytes
Database Buffers    260046848 bytes
Redo Buffers                2412544 bytes
```

ORA-00205: error in identifying control file, check alert log for more info 数据库停止在 NOMOUNT 状态，错误 ORA-00205 表示控制文件错误，但这条信息并不明确。

④ 查看跟踪记录信息。

通过查看跟踪记录信息，可以进一步确定错误类型。根据参数 background_dump_dest 确定跟踪文件位于/opt/oracle/diag/rdbms/db01/db01/trace 下，名称为 Alert_db01.log。该文件是 db01 数据库的跟踪警告文件，查看该文件的信息。

```
$cat /opt/oracle/diag/rdbms/db01/db01/trace/alert_db01.log
```

文件的最后有如下信息：

```
ALTER DATABASE     MOUNT
```

```
ORA-00210: cannot open the specified control file
ORA-00202: control file: '/opt/oracle/oradata/db01/control03.ctl'
ORA-27037: unable to obtain file status
Linux-x86_64 Error: 2: No such file or directory
Additional information: 3
ORA-205 signalled during: ALTER DATABASE    MOUNT...
Mon Jun 23 15:22:50 2014
```

可以看出/opt/oracle/oradata/db01/control03.ctl 无法打开。

⑤ 可以使用当前的两个控制文件任意一个，复制为 control03.ctl。

```
$ cd /opt/oracle/oradata/db01
$ cp control01.ctl control03.ctl
```

⑥ 打开数据库。

```
SQL> alter database mount;
Database altered.
SQL> alter database open;
Database altered.
```

⑦ 查看控制文件信息。

```
SQL> select name from v$controlfile;
NAME
---------------------------------------------------------------
/opt/oracle/oradata/db01/control01.ctl
/opt/oracle/flash_recovery_area/db01/control02.ctl
/opt/oracle/oradata/db01/control03.ctl
```

至此数据库已经打开并可以正常工作了。

6.2.2 查询控制文件

1. 控制文件相关的视图

控制文件中记载的信息，可以在装载数据库后进行查询，以下视图信息都是来自控制文件的不同部分。

- V$BACKUP
- V$DATAFILE
- V$TEMPFILE
- V$TABLESPACE
- V$ARCHIVE
- V$LOG
- V$LOGFILE
- V$LOGHIST
- V$ARCHIVED_LOG
- V$DATABASE

2. 查询控制文件信息

通过如下的命令或查询数据库视图可以获得控制文件的信息。

【实例 6-3】获得控制文件的位置和名称。

① 查询 V$CONTROLFILE 视图。

```
SQL> select name from v$controlfile;
NAME
------------------------------------------------------------
/opt/oracle/oradata/db01/control01.ctl
/opt/oracle/flash_recovery_area/db01/control02.ctl
/opt/oracle/oradata/db01/control03.ctl
```

② 查询 V$PARAMETER 视图。

```
SQL> SELECT value from V$PARAMETER WHERE name = 'control_files';
VALUE
/opt/oracle/oradata/db01/control01.ctl,
/opt/oracle/flash_recovery_area/db01/control02.ctl,
/opt/oracle/oradata/ db01/ control03.ctl
```

③ 使用命令 SHOW PARAMETER。

```
SQL> show parameter control_files;
NAME                          TYPE       VALUE
----------------------------------------------------------------------------------------------------
control_files                 string     /opt/oracle/oradata/db01/control01.ctl,
                              /opt/oracle/flash_recovery_area/db01/control02.ctl,
                              /opt/oracle/oradata/db01/control03.ctl
```

控制文件用于记录数据库的物理结构，在其中记载了数据文件、重做日志、检查点等信息。永久参数是影响控制文件尺寸的主要因素。通过查询动态性能视图 v$controlfile_record_section，用户可以获得控制文件所记载的各部分信息以及永久参数设置。

【实例 6-4】获得不同部分的控制文件信息。

执行以下查询：

```
SQL> SELECT type, record_size, records_total, records_used
FROM v$controlfile_record_section;
TYPE                          RECORD_SIZE   RECORDS_TOTAL   RECORDS_USED
----------------------------  ------------  --------------  -------------
DATABASE                              316               1              1
CKPT PROGRESS                        8180              11              0
REDO THREAD                           256               8              1
REDO LOG                               72              16              3
DATAFILE                              520             100              5
FILENAME                              524            2298              9
TABLESPACE                             68             100              6
TEMPORARY FILENAME                     56             100              1
RMAN CONFIGURATION                   1108              50              0
```

LOG HISTORY	56	292	13
OFFLINE RANGE	200	163	0

TYPE：表示记录类型。

RECORD_SIZE：表示每条记录所占用的字节数。

RECORDS_TOTAL：表示记录的最大条数。

RECORDS_USED：表示已占用记录条数。

说明：在以上查询结果中，REDOLOG 表示重做日志组，RECORD_SIZE 表示每个日志组占用 72 B 的空间，而 RECORDS_TOTAL 表示最多可以有 16 个重做日志组，而 RECORDS_USED 则表示已经使用了 3 个日志组。

【练习 6-2】试说明数据文件的记录大小，可用和已用记录数。

3. 用控制台查询控制文件信息

【实例 6-5】使用控制台查询控制文件信息。

步骤 1：登录控制台。

以管理员身份登录控制台。

步骤 2：显示控制文件信息。

选择【DB01】→【Server】→【Storage】→【Control Files】节点，可看到控制文件的信息，如图 6-4 所示。

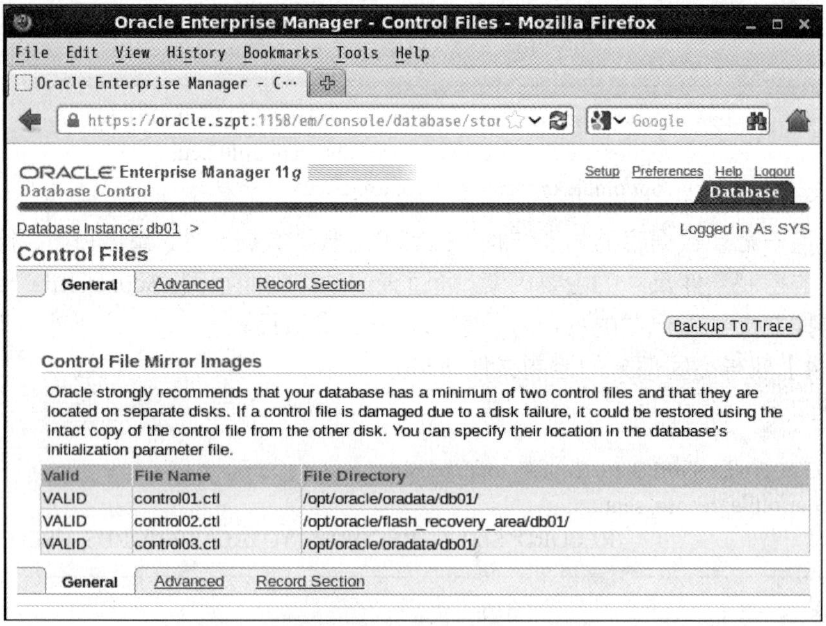

图 6-4　显示控制文件信息

6.3　备份与重建控制文件

6.3.1　控制文件重建的意义

当控制文件全部丢失或损坏，但数据文件和重做日志没有丢失和损坏。如果有一份在用数据文件、重做日志以及控制文件清单，还是可以尝试使用 CREATE CONTROLFILE 命令来重建控制文件。另外，如果要改变数据库名称或永久参数（MAX_DATAFILE 等）的话，就只能重新建立控制文件。

但是，必须要注意，建立控制文件是一项非常危险的工作，如果建立控制文件不成功，可能会潜在地损坏数据文件和重做日志。所以在建立控制文件之前，必须首先备份所有数据文件和重做日志，避免损坏用户的数据库。另外，建立控制文件要求用户必须要具有 SYSDBA 系统权限。

6.3.2 控制文件的备份

控制文件本身也有必要在适当的时候进行备份，特别是数据库的结构进行了很大的修改。那么，可不可以将控制文件复制到另外一个位置，就算是备份了呢？这样做没有任何意义，因为控制文件里面的信息是不断更新的，如果把这样的备份用于启动数据库就会失败。Oracle 提供了一个系统命令，可以将控制文件以脚本的形式备份到跟踪（或二进制）文件中，可以将此备份的脚本通过修改用于控制文件的重建。该命令如下：

```
ALTER DATABASE BACKUP CONTROLFILE TO TRACE;
```

*6.3.3 重建控制文件

【实例 6-6】通过重建控制文件来修改控制文件中的永久参数，对于其他重建控制文件可模仿进行。由于对控制文件的重建存在一定风险，本部分内容为选做。

【实例 6-7】修改控制文件中的永久参数 MAXDATAFILES 的值。

步骤 1：将控制文件备份到跟踪文件，以获得控制文件的重建脚本。

```
SQL> alter database backup controlfile to trace;
Database altered.
```

备份完控制文件后，可以在跟踪文件中查看跟踪文件，文件内有备份的控制文件。通过以下命令查看最新的跟踪文件的内容，文件内有备份的控制文件的内容。

```
$ cd /opt/oracle/diag/rdbms/db01/db01/trace
$ ls –ltr   ——按时间排列跟踪文件
```

步骤 2：关闭并启动数据库到 NOMOUNT 状态。

在建立控制文件之前，必须首先启动实例。另外，当建立控制文件时，不需要指定控制文件名称。与建立数据库类似，Oracle 会自动按照初始化参数 control_files 的设置建立控制文件，如果用户要改变控制文件的名称和位置，那么必须在启动实例之前先正确地设置 control_files 参数，启动实例的命令如下。

```
SQL> startup
ORACLE instance started.
Total System Global Area     835104768 bytes
Fixed Size                   2217952 bytes
Variable Size                570427424 bytes
Database Buffers             260046848 bytes
```

```
Redo Buffers                2412544 bytes
```

步骤 3：建立新的控制文件。

在启动了实例之后，就可以建立控制文件了。注意，建立控制文件只能以 SYSDBA 身份登录，而不能以 SYSOPER 登录。用户从系统的最后一个跟踪文件中取出刚刚备份的控制文件创建脚本，并修改 MAXDATAFILES 为 80（原值为 100），然后执行下列命令。

```
CREATE CONTROLFILE REUSE DATABASE "DB01" RESETLOGS   NOARCHIVELOG
    MAXLOGFILES 16
    MAXLOGMEMBERS 3
    MAXDATAFILES 80
    MAXINSTANCES 8
    MAXLOGHISTORY 292
LOGFILE
  GROUP 1 '/opt/oracle/oradata/db01/redo01.log'   SIZE 50M BLOCKSIZE 512,
  GROUP 2 '/opt/oracle/oradata/db01/redo02.log'   SIZE 50M BLOCKSIZE 512,
  GROUP 3 '/opt/oracle/oradata/db01/redo03.log'   SIZE 50M BLOCKSIZE 512
-- STANDBY LOGFILE
DATAFILE
  '/opt/oracle/oradata/db01/system01.dbf',
  '/opt/oracle/oradata/db01/sysaux01.dbf',
  '/opt/oracle/oradata/db01/undotbs01.dbf',
  '/opt/oracle/oradata/db01/users01.dbf',
  '/opt/oracle/oradata/db01/example01.dbf'
CHARACTER SET AL32UTF8
;
```

其中的参数说明如下。

- REUSE：覆盖原有控制文件。
- DATABASE：用于指定数据库名称，该名称必须要与初始化参数 db_name 保持一致。
- RESETLOGS：用于指定复位重做日志，即清空重做日志所包含的事务修改。
- LOGFILE：用于指定重做日志文件的名称和尺寸，必须与数据字典所记载的重做日志信息匹配。
- DATAFILE：用于指定数据文件的名称和尺寸，必须与数据字典所记载的数据文件信息匹配。
- CHARACTERSET：用于指定数据库字符集。

步骤 4：打开数据库。

在建立了控制文件之后，系统会打开控制文件。用户可以继续使用控制文件将数据库打开。注意，在建立控制文件时如果指定了 RESETLOGS 选项，打开数据库时必须要带该选项，本实例中，可以直接打开数据库，具体命令如下。

```
SQL> ALTER DATABASE OPEN;
Database altered.
```

步骤 5：增加临时文件。

如果临时表空间包含了“临时文件”，那么为了可以顺利地执行排序操作，还必须重新生成该临时文件。

步骤 6：查询对控制文件的修改。

```
SQL> SELECT record_size, records_total, records_used
FROM v$controlfile_record_section
WHERE type='DATAFILE';
RECORD_SIZE   RECORDS_TOTAL   RECORDS_USED
-------------------- ---------------------------- -------------------------
          180                 80                10
```

其中 RECORDS_TOTAL 的值为 80，是修改后的新值。

6.4 综合训练项目

要求：完成控制文件维护和查询。写出操作步骤和命令，解释发生的现象。查询可以使用 V$CONTROLFILE 和 V$CONTROLFILE_RECORD_SECTION 视图。

① 以 SYSDBA 身份连接到数据库，查看控制文件位置和名称。

② 查询控制文件中可记载的最大数据文件个数是多少。

③ 通过服务器端初始化参数建立改静态初始化参数，并手工编辑静态初始化参数文件，去掉其中一个控制文件，然后保存。

④ 指定用静态初始化参数启动数据库，运行一段时间。

⑤ 使用 show 命令显示控制文件的名称和位置。

⑥ 重建服务器端初始化参数文件，使用命令新增一个控制文件，复用控制文件，并正常启动数据库。

⑦ 使用 show 命令显示控制文件的名称和位置。

6.5 练习

1. 当复用了控制文件后，其中一个控制文件损坏，理想的解决方法是（　　）。

A. 删除损坏的控制文件即可　　B. 用好的控制文件，覆盖坏的控制文件

C. 删除参数文件　　D. 必须进行数据库恢复

2.（　　）可以修改数据库所允许的重做日志个数。

A. 修改初始化参数　　B. 重建参数文件

C. 修改控制文件　　D. 重建控制文件

3. 增加控制文件的镜像文件，说法正确的是（　　）。

A. 不能位于不同的物理磁盘驱动器　　B. 必须在实例启动时进行

C. 需要修改初始化参数文件　　D. 需要重建控制文件

4. 控制文件中不包含（　　）。

A. 数据文件信息　　B. 重做日志文件信息

C. 实例信息　　D. 数据库有关信息

5. 以下视图信息，不是来自控制文件的是（　　）。

A. V$DATAFILE　　B. V$TABLESPACE

C. V$DATABASE　　D. V$INSTANCE

第 7 章

重做日志与归档日志

【学习目标】

了解和掌握 Oracle 数据库重做日志文件和归档日志文件的结构、工作过程以及如何管理重做日志和归档日志。重做日志文件是用于数据库故障恢复的文件，也是 Oracle 数据库 3 类重要的物理文件之一。

【本章要点】

- 重做日志的结构和用途。
- 日志切换和检查点的概念。
- 复用重做日志文件。
- 获取重做日志文件的信息。

【关键术语】

Redo log file　重做日志文件

SCN（system change number）　系统改变号

Log switch　日志切换

Log sequence number　日志序列号

Archive mode　归档模式

Archive log file　归档日志文件

Checkpoint　检查点

Redo entry　重做条目

Log file groups　重做日志组

7.1 重做日志工作原理

在数据库的使用过程中，可能会出现断电、死机等意外情况，在出现意外时如何保证数据的有效性、一致性和完整性？Oracle 作为大型关系数据库管理系统，必须要通过合理的机制确保在任何情况下都不会出现数据丢失，合理地配置重做日志可以实现并完成这项任务。利用重做日志文件，在数据库发生故障时，可以重新处理事务。每个事务在处理的同时也会写入重做日志缓冲区，然后由 LGWR 进程写入到重做日志文件，这样，如果发生介质故障，重做日志文件将提供恢复机制。但也存在例外情况，例如，在启用 NOLOGGING 子句的情况下对象中的直接加载插入。重做日志文件用来在例程失败等情况下恢复尚未写入数据文件的但是已提交的数据。重做日志文件只用于恢复。

7.1.1 重做日志结构

重做日志文件具有如下特征。

- 记录对数据所做的所有更改。
- 提供恢复机制。
- 可以划分成组。
- 至少需要两个组。

日志组（Redo Log Group）是一组相同的重做日志文件副本称作重做日志组，LGWR 后台进程向组内所有联机重做日志文件并发写入相同信息，为保证数据库的正常操作，Oracle 服务器最少需要两个联机重做日志文件组。属于同一日志组的每个文件被称为日志成员，并且同一个日志组的不同日志成员互为镜像，即组内的每个成员都有相同的日志序列号和同样的大小。Oracle 服务器每次写入日志组时，都分配一个日志序列号以唯一地标识每个重做日志文件。当前日志序列号存储在控制文件和所有数据文件的头部。在 Oracle 数据库中，多个重做日志组是循环使用的，如图 7-1 所示。

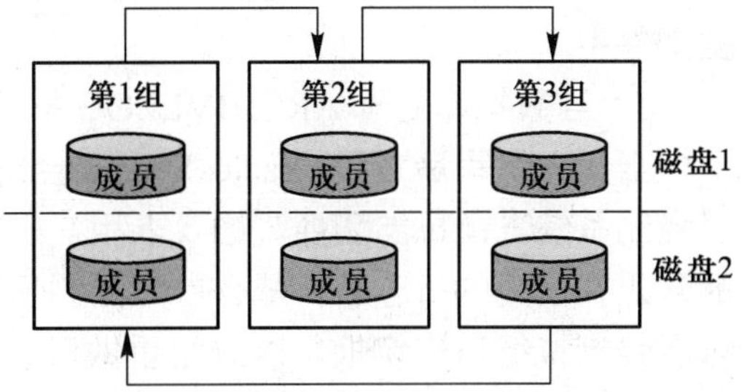

图 7-1　重做日志结构

假定数据库包含 3 个日志组，如图 7-1 所示，初始阶段后台进程 LGWR 将事务变化写入到日志组 1 的两个成员中；在日志组 1 写满之后，LGWR 进程切换到日志组 2，并将事务变化写入到日志组 2 的两个成员中；在日志组 2 写满之后，LGWR 进程切换到日志组 3，并将事务变化写入到日志组 3；在日志组 3 写满之后，LGWR 又切换回日志组 1，并将事务变化写入到日志组 1。以上过程说明所有事务变化都可以通过日志组予以保留。这样，即使将来出现实例失败（Instance Failure）或介质失败（Media Failure）时，DBA 将会使用这些已经保留下来的事务变化进行实例恢复或介质恢复，最终可以确保 Oracle 不会出现数据丢失。

7.1.2　日志序列号和日志切换

Oracle 服务器将对数据库所做的所有更改按顺序记录到重做日志缓冲区中。LGWR 进程把重做条目从重做日志缓冲区写入联机重做日志组的其中一个组，该组叫做当前重做日志组。LGWR 进程将在以下情况下写入。

- 当提交事务处理时（COMMIT）。
- 当重做日志缓冲区被写满 1/3 时。
- 当重做日志缓冲区内的已更改记录超过 1 MB 时。
- 每隔 3 秒。
- 在 DBWn 将数据库缓冲区中修改的块写入数据文件之前。

重做日志文件以循环方式使用，每个重做日志文件组用一个递增日志序列号来标识，每次重新使用日志时就会覆盖原来的序列号。

LGWR 按顺序向联机重做日志文件写入重做信息。一旦当前联机重做日志文件组被写满，LGWR 就开始写入下 1 个组。这称为日志切换（Log Switch），如图 7-2 所示。当最后一个可用联机重做日志文件已满时，LGWR 将返回第 1 个联机重做日志文件组并开始重新写入。假定数据库有 3 个重做日志组，第 1 个日志组为当前日志组，当前日志序列号为 4，LGWR

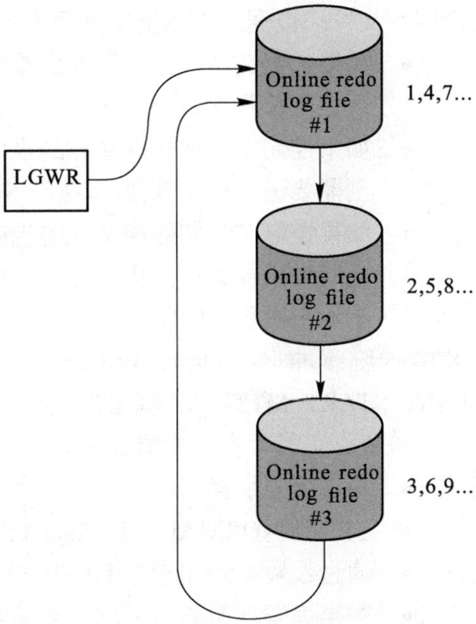

图 7-2　日志切换说明

进程将事务变化写入第 1 个重做日志组中，当第 1 个日志组中的成员写满后，LGWR 进程自动切换到第 2 个日志组，在进行日志切换时，Oracle 服务器完成如下任务。

① 日志序列号自动加 1，即当前日志序列号变为 5，并且将日志序列号连同 SCN 信息写入到控制文件的日志历史记录中。

② 促使 CKPT 进程发出检查点，从而使得后台进程 CKPT 将检查点时刻的 SCN 信息写入到控制文件和数据文件头部，并促使后台进程 DBWR 将数据高速缓存中的脏缓冲区写入到数据文件中。

③ 当数据库处于 ARCHIVELOG 模式时，日志切换还会促使 ARCH 进程开始归档。

当日志组写满之后 Oracle Server 会自动进行日志切换；另外，在一些特定情况 DBA 还可以强制系统进行日志切换，这要求用户必须具有 ALTER SYSTEM 系统权限。例如，如果要删除正在使用的日志组，那么首先强制日志切换；当日志组很大，需要很长时间才能写满时，可以强制执行日志切换，以避免重做日志损坏所带来的损失。强制日志切换的命令如下。

```
ALTER SYSTEM SWITCH LOGFILE
```

7.1.3 检查点

检查点（Checkpoint）是一个数据库事件，它用于同步所有数据文件、控制文件以及重做日志文件。当后台进程 CKPT 发出检查点时，会执行以下两个任务。

① 后台进程 CKPT 会修改控制文件和数据文件头部，并将当前 SCN 信息写入到这两种文件中，从而使得数据文件、控制文件和重做日志处于一致状态。这就是为何在执行了 SHUTDOWN NORMAL、SHUTDOWN TRANSACTIONAL 和 SHUTDOWN IMMEDIATE 之后不需要实例恢复，因为执行这些操作会出检查点，而执行了 SHUTDOWN ABORT（不强制发出检查点）之后需要进行实例恢复的原因。当启动 Oracle Server 时，后台进程 SMON 总是会检查控制文件、数据文件以及重做日志的一致性。

- 如果数据文件、控制文件、重做日志的当前 SCN 值完全一致，则系统会直接打开所有数据文件和重做日志。
- 如果控制文件和数据文件的当前 SCN 值完全一致匹配，并小于重做日志的当前 SCN，则需要进行实例恢复(如执行 SUHTDOWN ABORT 后)。
- 如果控制文件和数据文件的当前 SCN 值不匹配，则表示数据文件或控制文件存在损坏，此时就需要进行介质恢复，以恢复损坏的物理文件。

② 当后台进程 CKPT 工作时，同时使后台进程 DBWR 开始工作，并且将数据库高速缓存区中的脏缓冲区（Dirtty Buffer）写入到数据文件中，DBWn 写入的缓冲区的数量是由 FAST_START_MTTR_TARGET 参数决定的（如果已指定），缺省值为零。

检查点可发生在下面情况中。

- 每次日志切换时。
- 当使用 NORMAL、TRANSACTIONAL、IMMEDIATE 选项关闭例程时。
- 通过设置初始化参数 FAST_START_MTTR_TARGET 强制执行时。
- 数据库管理员通过手动方式请求时。
- ALTER TABLESPACE [OFFLINE NORMAL|READ ONLY|BEGIN BACKUP] 命令导致

对特定数据文件执行检查点操作时。

7.1.4 日志管理策略

要确定一个数据库实例的联机重做日志文件的合适数量，必须测试不同的配置。在规划重做日志的配置时，需考虑如下几点。

（1）重做日志组的个数

在某些情况下，数据库实例可能只需要两个组。在其他情况下，数据库实例可能需要更多的组以保证各个组始终可供 LGWR 进程使用。例如，如果跟踪文件或警告文件中出现消息 Checkpoint not complete 或 Redo Log Group not archived，表明 LGWR 经常不得不因为检查点操作尚未完成或者日志组尚未归档而等待，就需要添加组。

（2）多元备份重做日志文件

重做日志对于数据库正常运作和维护都是至关重要，因此建议创建复合重做日志文件来提高重做日志的可靠性。即一个重做日志组中包含多个相互镜像的重做日志成员。建立复合重做日志文件后，LGWR 进程将同步写入位于一个重做日志组中的多个成员日志文件，因此，即使由于某个单独的日志文件破坏或丢失，数据库运行和恢复也不受任何影响。

尽管 Oracle 服务器允许多元备份的组可以包含不同数量的成员，但应该尽量建立对称配置。不对称配置应只是非常情况（如磁盘故障）的临时结果。

（3）重做日志文件的位置

对联机重做日志文件进行多元备份时，应将组内的成员放置在不同磁盘上。这样，即使一个成员不可用而其他成员可用，该实例也不会关闭。将归档日志文件和联机重做日志文件分放在不同磁盘上，以减少 ARCn 和 LGWR 后台进程之间的争用。数据文件和联机重做日志文件应当放置在不同的磁盘上以减少 LGWR 和 DBWn 的争用，并降低发生介质故障时同时丢失数据文件和联机重做日志文件的风险。

（4）重做日志文件的大小

联机重做日志文件最小为 50 KB，最大文件大小视操作系统而定。假定日志组尺寸很小（500 KB），那么可能会导致日志切换非常频繁，间接地增加检查点次数，从而降低系统性能；假定日志组尺寸很大（100 MB），那么出现意外情况时可能会导致实例恢复的时间很长。Oracle 推荐日志切换时间应该在 20～30 分钟之间，至于到底应该将日志组尺寸设置为多少，还应该根据实际情况进行反复测试。

另外，如果数据库处于 ARCHIVELOG 模式，还应该考虑存放归档日志的存储介质（磁带或磁盘），以使得存储介质剩余空间最小。例如，假定磁带空间为 100 MB，并且该磁带只能存放两个归档日志，那么设置重做日志的尺寸略低于 50 MB 不同组的成员可以有不同的大小；但是，大小不同的组不会带来任何好处。只有当需要更改联机重做日志组的成员大小时，才需要大小不同的组作为临时结果。在这种情况下，必须先创建新的大小不同的联机重做日志文件组，然后删除旧组。

下面的情况可能影响联机重做日志文件的配置。

- 日志切换和检查点的数量。
- 重做记录的量和个数。
- 存储介质的空间量。例如，启用归档时磁带上的空间量。

7.2 日志操作

在 Oracle 当中，事务对数据库所做的修改将以重做记录的形式保存重做日志缓存区中。在提交事务时，由 LGWR 进程将缓存区中该事务相关的重做记录全部写入重做日志文件，这时，事务认为已经成功提交。这种机制称为“快速提交”。

通常，DBA 会在创建数据库时按照计划创建所需重做日志组和各个组成员日志文件。然而在有些情况下，会需要通过手工方式为数据库添加新重做日志组和成员。例如，如果当前某个重做日志组由于某种原因无法使用，DBA 需要创建一个新的重做日志组来代替它进行工作。在另外些情况下，DBA 可能会需要改变现有重做日志文件的名称和位置，或者删除重做日志组或成员。在本节中将介绍重做日志文件的基本操作。

7.2.1 增加日志组

创建一个新的联机重做日志文件组，可使用下面的 SQL 命令。

```
ALTER DATABASE [database]
ADD LOGFILE [GROUP integer] filespec
[, [GROUP integer] filespec]...]
```

可以通过文件说明来指定成员名称和位置，也可以选择每个重做日志文件组的 GROUP 参数值。如果省略了该参数，Oracle 服务器自动生成其值。

【实例 7-1】为 Oracle Server 增加一个重做日志组，组中包含两个成员，大小为 4 MB，并查询动态性视图确认增加。

① 以管理员身份登录。

```
SQL> conn sys/oracle as sysdba;
Connected.
```

② 创建新日志组。

```
SQL> alter database add logfile
 ('/opt/oracle/oradata/db01/redo4a.log',
'/opt/oracle/oradata/db01/redo4b.log') size 4M;
Database altered.
```

③ 查询动态性能性图。

```
SQL> select * from v$logfile;
     GROUP# STATUS   TYPE     MEMBER                                IS_
------------------------------ ---------   ------------ -------------------------------------- -------
          1            ONLINE   /opt/oracle/oradata/db01/redo01.log   NO
          2            ONLINE   /opt/oracle/oradata/db01/redo02.log   NO
          3            ONLINE   /opt/oracle/oradata/db01/redo03.log   NO
          4            ONLINE   /opt/oracle/oradata/db01/redo4a.log   NO
          4            ONLINE   /opt/oracle/oradata/db01/redo4b.log   NO
```

由于没指定 GROUP 子句，这时 ORACLE 将自动为新建的重做日志组设置组号，一般是当前组后之后递增，因为当前数据库已包含 3 个日志组，因此，新日志组组号 4，其中包含/opt/oracle/oradata/db01/redo4a.log 和 redo4b.log 两个成员，是重做日志组成员所在的路径和名称，SIZE 4 M 代表每个成员的大小是 4 MB，V$LOGFILE 视图包含了重做日志组中所有成员文件的基本信息。

也可以使用 GROUP 子句显式地指定组号。

```
SQL> alter database add logfile group 4
  ('/opt/oracle/oradata/db01/redo4a.log',
'/opt/oracle/oradata/db01/redo4b.log') size 4M;
Database altered.
```

在使用 GROUP 子句时，需要注意以下两点。

- 重做日志组的组号不能大于 MAXLOGFILES 参数所指定的值。
- 在对重做日志组进行编号时，中间不能有间断。例如，可以将重做日志组依次编号为 10、15、20、25，这样会浪费控制文件中文档段的存储空间。

7.2.2 增加成员

有时，DBA 可能需要为已有重做日志组添新的成员日志文件。例如，由于某个磁盘损坏，导致每个重做日志组都丢失了一个成员日志文件，这时，需通过手工方式为每个重做日志组增加一个新日志成员文件。可以使用下面的 ALTER DATABASE ADD LOGFILE MEMBER 命令向现有的重做日志文件组添加新成员，命令格式如下。

```
ALTER DATABASE [database]
ADD LOGFILE MEMBER  [ 'filename' [REUSE][, 'filename' [REUSE]]...TO {GROUP integer|('filename'
[, 'filename']...)}]...
```

使用日志文件成员的绝对路径名，否则将在数据库服务器缺省目录下创建该文件。如果该文件已经存在，其大小必须与指定值相同，并且必须指定 REUSE 选项。可以通过指定一个或多个组内成员或者指定组号来识别目标组。

【实例 7-2】为 Oracle Server 的第 4 个重做日志组增加一个成员。

① 以管理员身份登录。

```
SQL> conn sys/oracle as sysdba;
Connected.
```

② 添加新的成员。

```
SQL> alter database add logfile member
  2  '/opt/oracle/oradata/db01/redo4c.log' to group 4;
Database altered.
```

在创建成员日志文件时，不能使用 SIZE 参数来指定重做日志文件的大小，因为新建的重做日志文件必须与组中已有的其他成员具有相同大小。

7.2.3 删除日志

如果某个重做日志组不再需要使用，可以将整个重做日志组删除。删除一个重做日志组时，其中成员日志文件将都被删除。在删除重做日志组之前，首先考虑如下问题。

- 无论组中有多少员，一个数据库至少需要使用两个重做日志组。
- 只能删除处于 INACTIVE 状态的重做日志组，如果要删除 CURRENT 状态的重做日志组，必须执行一次手工日志切换，将它切换到 INACTIVE 状态。
- 如果数据库处于归档模式下，在删除重做日志组之前，必须确定它已经被归档。

因此，在删除重做日志组之前，必须通过查询 V$LOG 动态性能视图来获取各个重做日志组的状态。

```
SQL> select group#,archived,status from v$log;
     GROUP# ARC STATUS
------------------ -------- ------------------------------
          1        NO       CURRENT
          2        NO       INACTIVE
          3        NO       INACTIVE
          4        NO       ACTIVE
```

从上述结果看，1 号日志组是当前日志组，4 号日志组是活动日志组。

可以使用下面的 ALTER DATABASE DROP LOGFILE 命令删除整个联机重做日志文件组：

```
ALTER DATABASE [database]
DROP LOGFILE {GROUP integer|('filename'[, 'filename']...)}
[,{GROUP integer|('filename'[,'filename']...)}]...
```

【实例 7-3】 删除日志组 3。

① 以管理员身份登录

```
SQL> conn sys/oracle as sysdba;
Connected.
```

② 删除日志组

```
SQL> alter database drop logfile group 3;
Database altered.
```

若要增大/减小联机重做日志文件组的大小，需添加新的联机重做日志文件组（具有新的大小），然后删除旧组。

> **注意**
> 删除日志组时并不删除操作系统文件。

除了需要删除重做日志组外，更为常见的情况是仅需要删除重做日志组中的某个成员日志文件。例如，由于存放日志文件的硬盘发生物理损坏，为防止 ORACLE 继续写入已经损坏的重做日志文件，则需要将它从重做日志组中删除。如果要删除一个或多个特定的联机重做日志文件成员，可使用下面的 ALTER DATABASE DROP LOGFILE MEMBER 命令。

```
ALTER DATABASE [database]
DROP LOGFILE MEMBER 'filename'[, 'filename']...
```

【实例 7-4】删除日志组 4 中的第 3 个日志组成员。

① 以管理员身份登录。

```
SQL> conn sys/oracle as sysdba;
Connected.
```

② 删除日志组。

```
SQL> alter database drop logfile member '/opt/oracle/oradata/db01/redo4c.log';
Database altered.
```

若要修改日志成员的路径和文件名，需添加新的联机重做日志文件成员（具有新的大小），然后删除旧的日志成员。

删除日志组成员有如下限制条件。

- 如果要删除的是组内的最后一个有效成员，那么不能删除该成员。
- 如果该组是当前组，那么必须先强制执行日志文件切换，然后才能删除该成员。
- 如果数据库正运行在 ARCHIVELOG 模式下并且未将该成员所属日志文件组归档，那么用户无法删除该成员。
- 删除联机重做日志文件成员时，如果没有使用 OMF 功能，则不会删除操作系统文件。

7.2.4 清除日志

在数据库运行过程中，联机重做日志文件可能会因为某些原因而损坏。如果出现这种情况，数据库最终会由于无法将损坏的重做日志文件归档而停止。如果发生这种情况，可以在不关闭数据库情况下，手工清空损坏的重做日志文件的内容，以避免出现停止运行的情况。

清空重做日志文件就是将重做日志文件中的内容全部初始化，相当于删除该重做日志文件，然后各方面重建它。即使数据库只拥有两个重做日志组，或者要清空的重做日志组是当前日志组，都可以成功执行清空操作。

【实例 7-5】清空日志组 5。

① 以管理员身份登录。

```
SQL> conn sys/oracle as sysdba;
Connected.
```

② 清空日志组。

```
SQL>ALTER DATABASE CLEAR LOGFILE GROUP 3;
```

执行上述命令后，Oracle 会自动将日志组 5 中的重做日志文件全部初始化。但是，如果日志组 3 尚未归档，则必须指定 UNARCHIVED 子句。命令如下：

```
ALTER DATABASE CLEAR UNARCHIVED LOGFILE GROUP 3;
```

指定 UNARCHIVED 子句后，Oracle 将避免对 3 号日志组进行归档。

7.2.5 使用控制台管理重做日志

【实例 7-6】使用控制台增加重做日志组。

① 以 SYSDBA 身份登录控制台。

② 选择【DB01】→【Server】→【Storage】→【Redo Log Groups】节点，打开如图 7-3 所示界面，单击 Create 按钮弹出如图 7-4 所示界面，可以增加新的日志组。

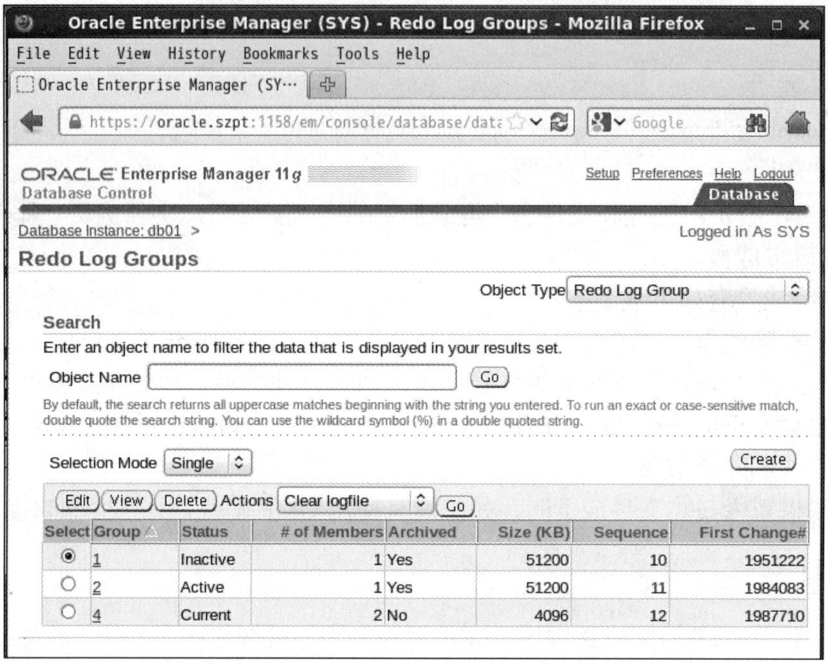

图 7-3　控制台管理重做日志文件

③ 在 Group 处输入日志组的组号，在 File size 处输入日志组的大小，在 Redo Log Members 处输入日志成员的路径和文件名，如果需要增加新的成员，单击 add 按钮，输入完成后，单击 OK 按钮后确认。

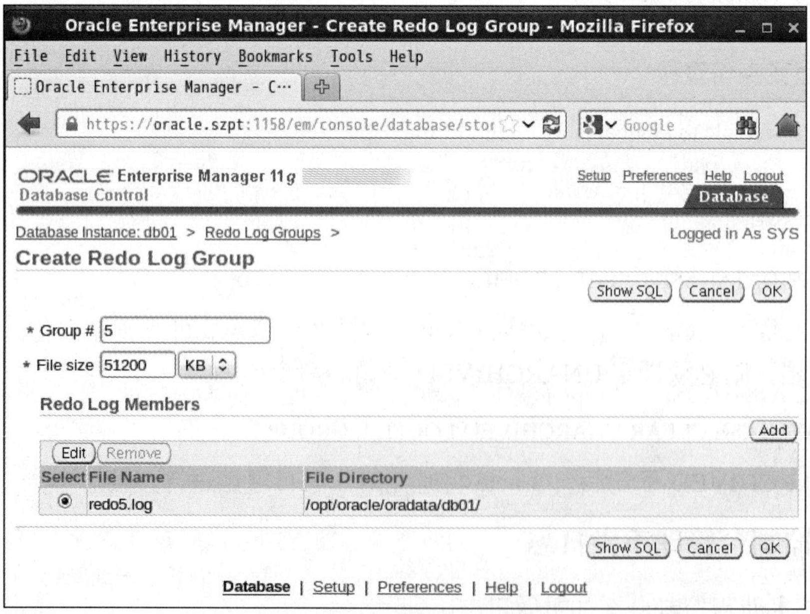

图 7-4　创建日志组

【实例 7-7】使用控制台删除重做日志组。

选择【DB01】→【Server】→【Storage】→【Redo Log Groups】节点，单击要删除的日志组前的 Select 列的单选按钮，选中该日志组，然后单击 Delete 按钮，可以删除已有的日志组。

如果要修改已有的日志组，单击要修改的日志组前的 select 按钮，选中该日志组，然后单击 Edit 按钮，对已有的日志组进行编辑，如图 7-5 所示。

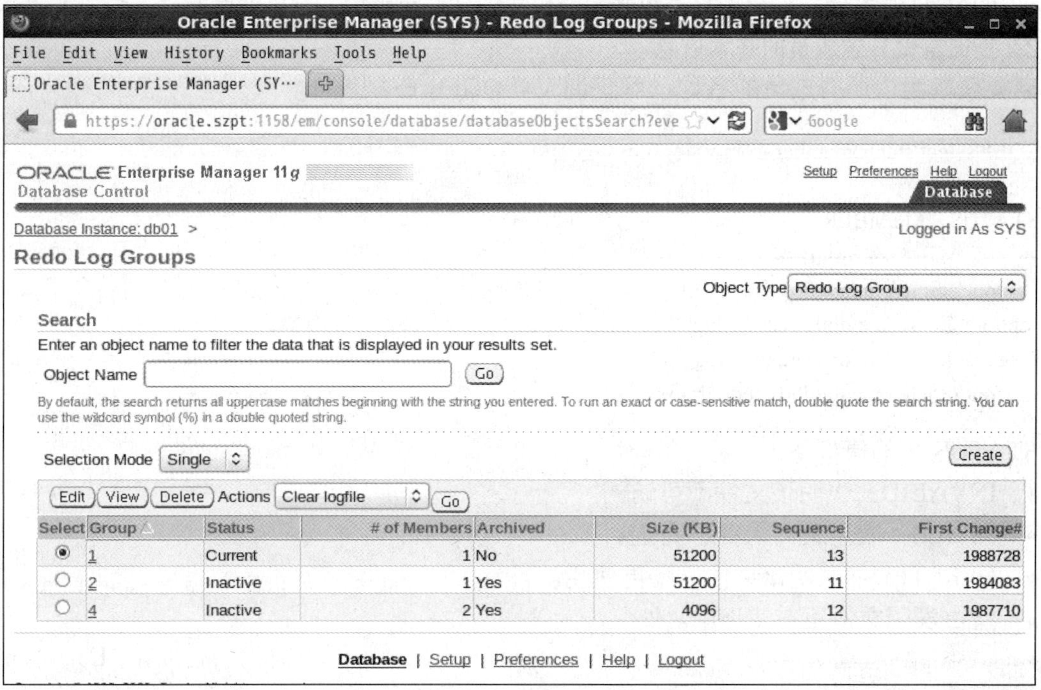

图 7-5　管理日志组

7.2.6 查询日志信息

可以查询以下动态性能视图获取组和成员的信息。

1. 查询重做日志组的基本信息

下面的查询返回控制文件中关于联机重做日志文件的信息。

```
SQL> select group#,sequence#,bytes,members,status from v$log;
    GROUP#  SEQUENCE#      BYTES    MEMBERS     STATUS
---------- ---------- ---------- ---------- ----------
         1         22   52428800          1    CURRENT
         2         21   52428800          1    INACTIVE
         4         20    4194304          2    INACTIVE
```

以下是 STATUS 列的常见值。

- UNUSED：表示从未对联机重做日志文件组进行写入。这是刚添加的联机重做日志文件的状态。
- CURRENT：表示当前的联机重做日志文件组。这说明该联机重做日志文件组是活动的。
- ACTIVE：表示联机重做日志文件组是活动的，但并非是当前联机重做日志文件组。崩溃恢复需要该状态。它可用于块恢复。它可能已归档，也可能未归档。

- CLEARING：表示在执行 ALTER DATABASE CLEAR LOGFILE 命令后正在将该日志重建为一个空日志。日志清除后，其状态更改为 UNUSED。
- CLEARING_CURRENT：表示正在清除当前日志文件中的已关闭线程。如果切换时发生某些故障，如写入新日志标头时发生了输入/输出（I/O）错误，则日志可能处于此状态。
- INACTIVE：表示例程恢复不再需要联机重做文件日志组。它可能已归档，也可能未归档。

2. 查询重做日志成员的基本信息

若要获取组内所有成员的名称，可查询 V$LOGFILE 视图。

```
SQL> select status,member from v$logfile;

STATUS   MEMBER
------- ----------------------------------------
        /opt/oracle/oradata/db01/redo02.log
/opt/oracle/oradata/db01/redo01.log
/opt/oracle/oradata/db01/redo4a.log
        /opt/oracle/oradata/db01/redo4b.log
```

STATUS 列的值如下。

- INVALID：表明该文件不可访问。
- STALE：表示文件内容不完全。
- DELETED：表明该文件已不再使用。
- 空白表明文件正在使用中。

7.3 重做日志的归档

Oracle 数据库可运行在 ARCHIVELOG 模式和 NOARCHIVELOG 模式两种模式下。NOARCHIVELOG 模式只能用于保护实例失败，而不能用于保护介质失败。为了避免数据库物理文件损坏所引起的数据丢失，数据库可运行在 ARCHIVELOG 模式，即所谓的归档模式。

7.3.1 归档日志的作用

Oralce 能够将已经写满的重做日志文件在被覆盖之前保存到指定位置上，被保存的重做日志文件的集合称为“归档重做日志”，该操作过程称为“归档”，根据是否进行归档，数据库可以运行归档模式（ARCHIVELOG）和非归档模式（NOARCHIVELOG）下，归档操作可由 ARCH 后台进程自动完成，也可由 DBA 手工完成。

使用归档日志有以下两个好处。

- 恢复：数据库备份连同联机重做日志文件和归档重做日志文件可共同确保恢复所有已提交的事务处理。
- 备份：可在数据库打开时执行备份。

在 NOARCHIVELOG 模式下，每次联机重做日志文件已满并发生日志切换时，都要覆盖原来联机重做日志文件。直到对重做日志文件组的检查点操作完成后，LGWR 才覆盖该重做日志文件组。

如果数据库配置为在 ARCHIVELOG 模式运行下，那么必须将已满的联机重做日志文件的不活动（INACTIVE）组归档。因为对数据库所做的所有更改都记录在联机重做日志文件内，数据库管理员可以使用数据库物理备份和归档的联机重做日志文件恢复数据库，而不会丢失任何已提交数据。

数据库创建时，缺省为 NOARCHIVELOG 模式。

7.3.2 设置日志归档

如果不知道数据库的日志操作模式，首先应使用以下语句检查。

```
SQL> archive log list;
Database log mode              No Archive Mode
Automatic archival             Disabled
Archive destination            USE_DB_RECOVERY_FILE_DEST
Oldest online log sequence     20
Current log sequence           22
```

通过以上信息得知：数据库处于非归档模式下，自动归档功能被禁用，归档日志存放在 USE_DB_RECOVERY_FILE_DEST 下。

【实例 7-8】查看数据库日志操作模式，然后将数据库改为归档模式。

① 停止 Oracle Server 并装载数据库。

因为只有在数据库处于 MOUNT 状态下才能修改日志操作模式，所以必须首先停止 Oracle Server，然后装载数据库。但需要注意，在停止 Oracle Server 时不能使用 SHUTDOWN ABORT 命令。

```
SQL> shutdown immediate;
Database closed.
Database dismounted.
ORACLE instance shut down.
SQL> startup mount;
ORACLE instance started.
Total System Global Area     835104768 bytes
Fixed Size                   2217952 bytes
Variable Size                608176160 bytes
Database Buffers             222298112 bytes
Redo Buffers                 2412544 bytes
Database mounted.
```

② 修改日志操作模式。

```
SQL> alter database archivelog;
Database altered.
```

③ 打开数据库。

```
SQL> alter database open;
Database altered.
```

④ 查看数据库的归档模式。

```
SQL> archive log list;
Database log mode              Archive Mode
Automatic archival             Enabled
Archive destination            USE_DB_RECOVERY_FILE_DEST
Oldest online log sequence     20
Next log sequence to archive   22
Current log sequence           22
```

修改日志操作模式后，必须重新备份数据库。

当数据库处于 ARCHIVELOG 模式时，在进行日志切换后必须要归档重做日志。因为日志组只有在归档后才能被覆盖，所以如果不归档该日志组，那么当下次切换到该日志组时将会导致 LGWR 处于等待状态。为了避免出现这种情况，必须要及时归档重做日志，归档重做日志有手工归档和自动归档两种方法，当前数据库处于归档模式时，自动归档启用。

【实例 7-9】修改数据库的归档路径为/opt/bak。

① 增加路径。

```
$mkdir -p /opt/bak
```

② 以超级管理员登录，修改参数。

```
SQL> conn sys/oracle as sysdba
Connected.
SQL> alter system set log_archive_dest_1='location=/opt/bak';
System altered.
```

③ 查看数据库的归档模式。

```
SQL> archive log list;
Database log mode              Archive Mode
Automatic archival             Enabled
Archive destination            /opt/bak
Oldest online log sequence     20
Next log sequence to archive   22
Current log sequence           22
```

由此可以看出，数据库的归档路径已变更为/opt/bak 下面。

7.4 综合训练项目

1. 列出现有日志文件的数量和位置，并显示用户数据库所拥有的重做日志文件组及成员的数量。

> 提示
>
> ① 查询动态视图 V$LOGFILE。
>
> ② 使用动态视图 V$LOG。

2．您的数据库是在哪种数据库模式下配置的？是否启用了归档？

提示

① 查询动态性能视图 V$DATABASE。

② 查询动态性能视图 V$INSTANCE。

3．使用以下命名约定，向数据库中每个组添加重做日志文件成员并验证结果。向第 1 组添加成员 log01b.log，向第 2 组添加成员 log02b.log

4．使用以下命名约定在本机数据库中添加重做日志组，该日志组有两个成员，全部位于/opt/oracle 路径下，添加第 6 组 log06a.rdo 和 log06b.rdo，然后验证结果。

5．将第 6 组中的一个成员重命名到/opt/oracle 路径下。（两种方法）

6．保留数据库中的两个日志组，删除其他的。

7.5 练习

1．在为已有的数据库创建多元备份重做日志文件时，数据库应处于（　　）状态。

A．OPEN　　B．SHUTDOWN

C．NOMOUNT　　D．MOUNT

2．要改变数据库的归档模式，数据库应处于（　　）状态下。

A．OPEN　　B．SHUTDOWN

C．NOMOUNT　　D．MOUNT

3．如果某个数据库 LGWR 进程经常会因为检查点未完成而进入等待状态，DBA 应当采取（　　）措施来解决这个问题。

A．增加新的重做日志组

B．为所有的重做日志组增加新的成员

C．手工清除当前的重做日志组内容

D．将数据库置为 NOARCHIVELOG 模式

4. 如果某个数据库拥有两个重做日志组，但是第 2 重做日志组突然损坏（其中所有的成员日志都不可用），这时 DBA 应采取下列（　　）操作。

A．删除原有的第 2 重做日志组，然后再使用 ALTER DATABASE ADD LOGFILE GROUP2 语句建立新的第 2 重做日志组

B．删除所有重做日志组，然后再使用 ALTER DATABASE ADD LOGFILE GROUP 语句建立新的重做日志组

C．使用 ALTER DATABASE CLEAR LOGFILE GROUP 2 语句对第 2 重做日志组进行初始化

D．使用 ALTER DATABASE CLEAR LOGFILE GROUP 2 语句对 2 重做日志组进行初始化，然后删除它，再重建第 2 重做日志组

5．初始化参数 LOG_ARCHIVE_START 的作用是（　　）。

A．设置数据库启动时使用的重做日志组数量

B．设置数据库启动时是否使用自动归档功能

C．设置归档重做日志文件的目标

D．设置数据库启动时是否处于归档模式

6. 如果想查看当前数据库否处于自动归档模式，应当使用下列（　　）命令。

A. ARCHIVE LOG LIST　　B. ARCHIVE LOG ALL

C. ARCHIVE LOG NEXT　　D. ARCHIVE LOG SHOW ALL

7. 每个 Oracle 数据库至少要包含（　　）重做日志文件。

A. 1 个　　B. 2 个　　C. 3 个　　D. 4 个

第8章

表空间的管理

【本章内容】

表空间是数据库的逻辑组成部分，而表空间物理上由一个或多个数据文件组成。本章讲解表空间和数据文件的概念及其关系，并介绍表空间的创建方法和基本的管理操作。

【本章要点】

- 创建表空间。
- 修改表空间的属性。
- 删除表空间。

【关键术语】

Tablespace　表空间
Contention　争用
Offline　脱机
Read-only tablespace　只读表空间
Extent management　区管理
Storage setting　存储子句设置
Datafile　数据文件
Coalescing　合并
Online　联机
Standard block size　标准块大小
Autoextend　自动扩展

8.1 表空间和数据文件

8.1.1 表空间的类型和常用表空间

如果将数据库比喻为一块大空地，那么可以将大块空地划分为若干小块，以便不同的小块空地有不同的用途，如分别用于种植水果、蔬菜和开发房地产，而且划分后更利于对小块空地的管理。表空间与其类似，可以把这小块空地看作是表空间，在不同的表空间中存放不同类型的数据，例如，有专门存放表和索引的表空间，有专门存放还原数据的表空间，还有专门用于存放临时数据的表空间，这些不同类型的表空间，既便于数据库管理，也可以提高数据库系统的运行性能。

表空间是数据库的逻辑组成部分，数据库由一个或多个表空间组成，而表空间则是由一个或多个数据文件组成。一个表空间只能属于一个数据库。

（1）表空间类型

表空间根据类型的不同，分为 SYSTEM 和所有非 SYSTEM 表空间两种。

① SYSTEM 表空间：在创建数据库时，Oracle 将创建 SYSTEM 表空间，所有数据库均需要创建 SYSTEM 表空间，其中包括数据库所需要的数据字典信息。除此之外，还包含一个 SYSTEM 回滚段，如果没有指明滚表空间，所有对数据库所做修改的旧值均存储在 SYSTEM 回滚段中。虽然允许在 SYSTEM 表空间中包含用户数据，但是尽量不要这么做。

② 非 SYSTEM 表空间：除 SYSTEM 表空间以外的所有表空间。它在数据库管理上允许

更多的灵活性，通常建立以下非 SYSTEM 表空间。

Tools：工具表空间，用于管理 Oracle 的工具，如 Oracle Report。

Data：用户数据表空间，用于存储用户数据。

Index：用户索引表空间，用于存储用户的索引数据。

Temp：临时表空间，用于存放临时数据，如排序时的数据。

Undotbs：回滚段表空间，用于存储用户修改前的数据。

（2）使用表空间的优势

- 不同类型的数据存入到不同的表空间中，可以更灵活地管理数据库。
- 可将还原段、临时段、应用程序数据段和应用程序索引段分开存储到不同的表空间中。
- 可根据备份要求将数据分开存储。
- 可将动态数据和静态数据分别存储在不同的表空间中，以利于备份和恢复。
- 可通过分配给用户表空间上的配额，避免某个用户占用表空间太多的存储空间。

（3）常用表空间

数据库至少包含 SYSTEM 表空间和用于存放临时数据的临时表空间（TEMPORARY），以及用于存入数据修改后的旧值的 UNDO 表空间。

【实例 8-1】查询数据库包含的表空间信息。

① 以管理员身份登录。

```
SQL> conn / as sysdba
Connected.
```

② 查询表空间。

```
SQL> select name from v$tablespace;
NAME
---------------------------------------------
SYSTEM
SYSAUX
UNDOTBS1
USERS
TEMP
EXAMPLE
TBS1
7 rows selected.
```

其中，SYSTEM 是系统表空间；UNDOTBS1 是 UNDO 表空间；TEMP 是临时表空间。

8.1.2 表空间和数据文件的关系

数据库、表空间和数据文件是紧密相关的，但它们之间又有着重要区别，其关系如图 8-1 所示。

- Oracle 数据库由一个或多个称为表空间的逻辑存储单元组成。表空间作为一个整体存储数据库中的所有数据，并且一个表空间只能属于一个数据库。数据库的大小是该数据库中所有表空间大小的总和。
- 从物理讲，Oracle 数据库内的每个表空间由一个或多个数据文件组成，并且一个数据文件只能属于一个表空间。表空间的大小是其中所有数据文件大小的总和。这些数据文件与 Oracle 运行所在的操作系统的文件有一样的物理结构。

- 数据库的所有数据都存储在数据文件中，数据库的每个表空间都由这些数据文件组成。例如，最简单的 Oracle 数据库只有一个表空间和一个数据文件。

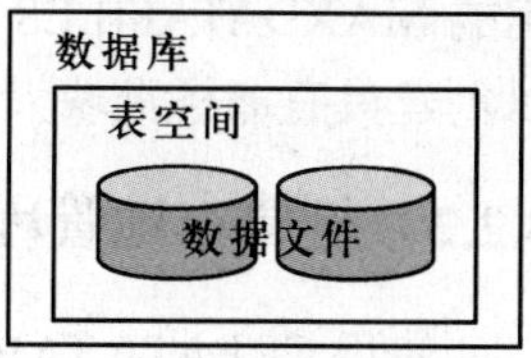

图 8-1　数据库、表空间和数据文件之间的关系

【实例 8-2】查询表空间及数据文件的信息。

① 以管理员身份登录。

```
SQL> conn / as sysdba
Connected.
```

② 查询数据文件。

```
SQL> select file_name,tablespace_name from dba_data_files;
FILE_NAME                                    TABLESPACE_NAME
------------------------------------- ------------------------------------------
/opt/oracle/oradata/db01/users01.dbf          USERS
/opt/oracle/oradata/db01/undotbs01.dbf        UNDOTBS1
/opt/oracle/oradata/db01/sysaux01.dbf         SYSAUX
/opt/oracle/oradata/db01/system01.dbf         SYSTEM
/opt/oracle/oradata/db01/example01.dbf        EXAMPLE
/opt/oracle/oradata/db01/aaa                  TBS1
6 rows selected.
```

在查询结果中，FILE_NAME 列为数据文件的位置和名称；TABLESPACE_NAME 列为对应的表空间名称。

8.1.3　表空间的管理方式

在表空间中区是最小的空间分配单位，对表空间的管理是以区为单位进行的。在表空间内，通过位图管理区。这种管理方式称为本地管理。在本地管理的表空间中，每个数据文件内都维护一个位图，以了解该数据文件内块的空闲或使用状态。位图中的每个位对应于一个块或一组块。其特点是分配了的某个区或释放的某个区可被重新使用时，Oracle 服务器更改位图值以显示块的新状态。因为表空间的存储管理信息保存在表空间的数据文件的头部，而不是保存在表空间外部的数据字典中，所以被称为“本地管理方式”，本地管理是默认设置。

8.2　创建表空间

8.2.1　创建表空间要考虑的因素

在数据库创建完毕，通常可以立即创建所需的非 SYSTEM 表空间。在创建表空间时，除考虑空间数量、对应的数据文件的大小等基本因素外，还要考虑表空间存储管理方式、默认存储参数设置、块大小等问题。

Oracle 数据库本身并不能限制表空间的数目，但是受到数据库所能拥有的数据文件数目的限制，只能创建有限数目的表空间，即所有表空间的数据文件的总和不能超过创建数据库时指定的 MAXDATAFILES 参数的限制。创建的表空间在默认情况下具有标准的块大小，但是也可以创建具有非标准块大小的表空间。

8.2.2 创建本地管理表空间

使用 CREATE TABLESPACE 创建表空间，命令格式如下：

```
CREATE TABLESPACE tablespace
[DATAFILE clause]
[EXTENT MANAGEMENT LOCAL
[AUTOALLOCATE | UNIFORM [SIZE integer [K|M]]]]
```

1. 创建 UNIFORM 本地化管理表空间

使用 UNIFORM 关键字时代表创建表空间的区的大小统一为 SIZE 字节数，以 KB 或 MB 为单位指定区大小，默认大小为 1 MB。

【实例 8-3】创建一个本地管理的表空间 tbs1，区的大小统一为 128 KB。

① 以管理员身份登录。

```
SQL> conn / as sysdba
Connected.
```

② 创建表空间。

```
SQL> create tablespace tbs1
  2  datafile '/opt/oracle/oradata/db01/tbs1a.dbf' size 1M
  3  '/opt/oracle/oradata/db01/tbs1b.dbf' size 1M
  4    extent management local
  5  uniform size 128K;
Tablespace created.
```

当执行了上述命令之后，会创建名为 tbs1 的表空间，并且为该表空间建立两个数据文件 tbs1a.dbf 和 tbs1b.dbf，大小均为 1 MB，表空间的大小为数据文件之和，即 2 MB，并且分配的区尺寸全部为 128 KB。

【练习 8-1】创建本地管理方式的表空间 mytbs，并指定所有区尺寸为 64 KB。

2. 创建 AUTOALLOCATE 本地化管理表空间

当使用 AUTOALLOCATE 选项建立本地管理表空间时，区尺寸由 Oracle 自动分配，用户不能指定空间对象区的大小，并且所有区尺寸均为 64 KB。

【实例 8-4】使用 AUTOALLOCATE 选项创建一个本地管理的表空间 tbs2。

① 以管理员身份登录。

```
SQL> conn / as sysdba
Connected.
```

② 创建表空间。

```
SQL> create tablespace tbs2
  2  datafile '/opt/oracle/oradata/db01/tbs02.dbf' size 1M
  3  extent management local
  4  autoallocate;
Tablespace created.
```

当执行了上述命令之后，会建立名称为 tbs2 的表空间。该表空间大小为 1 MB，并且分配的区尺寸全部为 64 KB。

> **注意**
>
> 也可以不指定 EXTENT MANAGEMENT 子句创建本地管理表空间。在不指定时，默认为 AUTOALLOCATE，即区的尺寸由 Oracle 自动分配。

例如，创建表空间。

```
SQL> create tablespace tbs3
  2  datafile '/opt/oracle/oradata/db01/tbs03.dbf' size 1M;
Tablespace created.
```

当执行了上述命令之后，会建立名称为 tbs3 的本地管理方式的表空间，因为没有指定 EXTENT MANAGEMENT 子句，默认为 EXTENT MANAGEMENT LOCAL AUTOALLOCATE，区尺寸全部为 64 KB。

除了使用命令行方式外，还可以使用控制台创建表空间。

步骤 1：登录控制台。

以 SYSDBA 身份登录控制台

步骤 2：查看表空间的属性。

选择【DB01】→【Server】→【Storage】→【Tablespaces】节点，如图 8-2 所示，Name 列表示表空间的名字，Allocated Size 表示该表空间的大小，Space Used 表示该表空间已占用的大小，

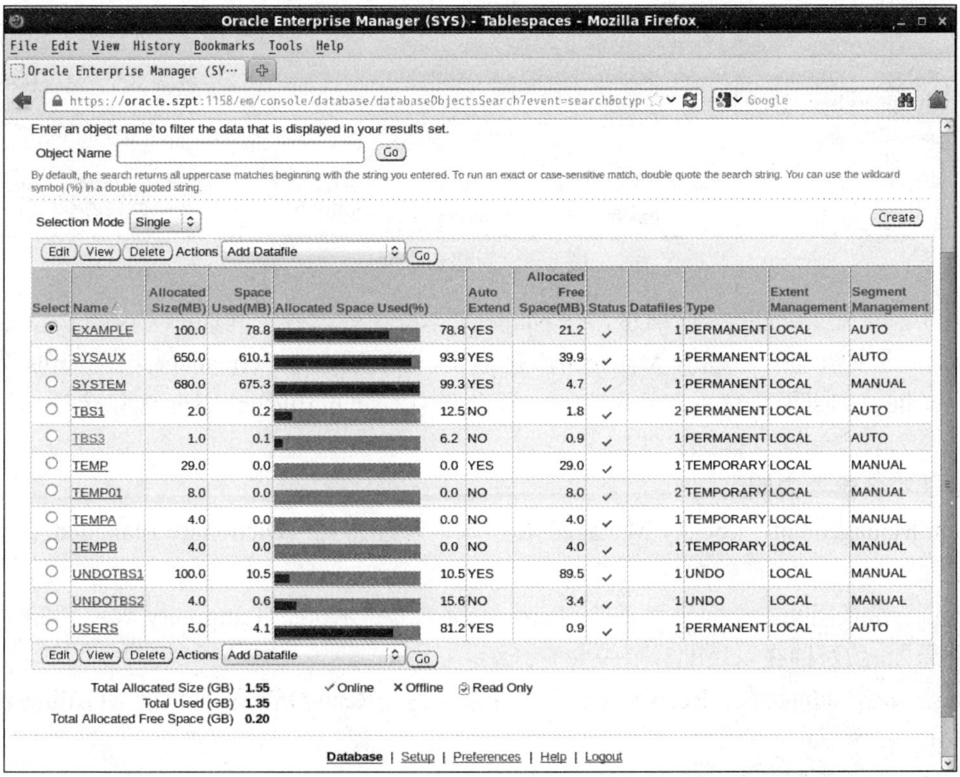

图 8-2　查看表空间的属性

Auto Extented 表示该表空间是否自动扩展，Datafile 表示该表空间的数据文件的大小，Type 表示该表空间的类型，Extent Management 表示区的管理类型，Segment Management 表示段的管理方式。

单击 Create 按钮可以创建新的表空间，如图 8-3 所示。

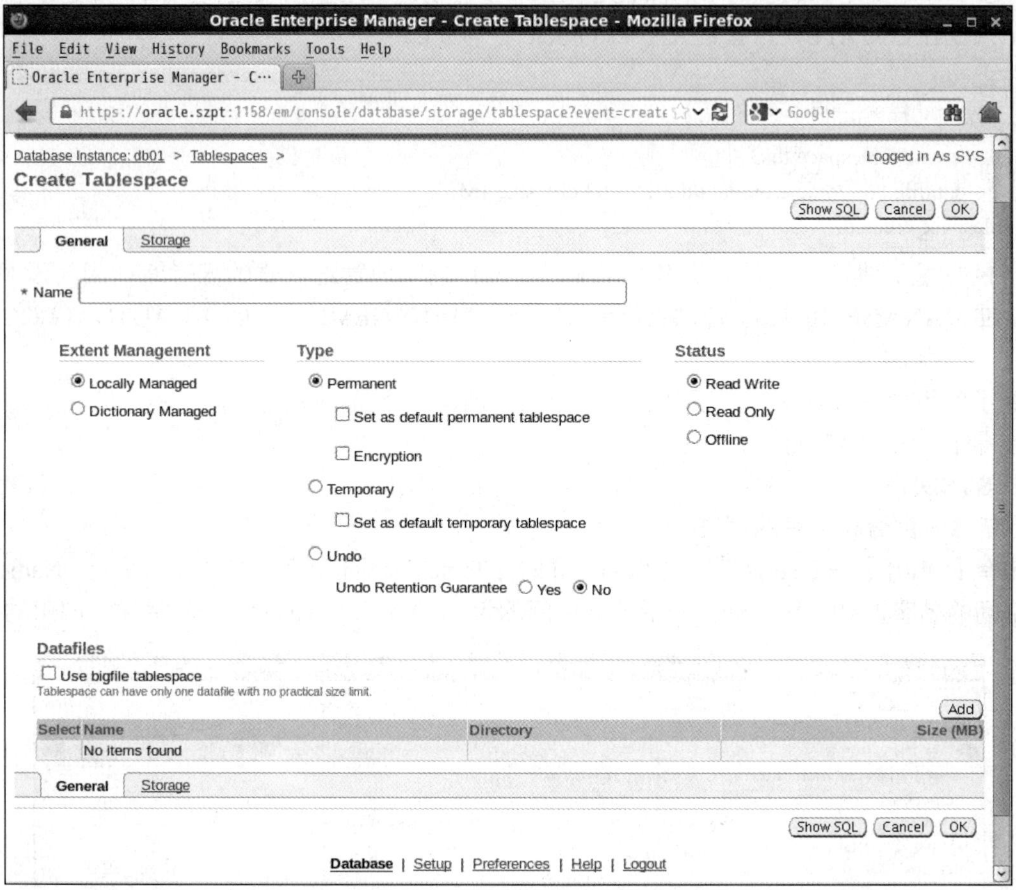

图 8-3 新建表空间

步骤 3：输入表空间的一般信息，在 Name 文本框中输入表空间的名字，如 tbs，在 Extent Management 选项组选中 Locally Managed，在 Typet 选项组选中 Permanent，在 Status 选项组选中 Read Write。如果要创建大文件表空间，那么选中 Use bigfile tablespace 复选项，然后单击 Add 按钮，为表空间增加数据文件。

图 8-3 中各选项说明：

Extent Management：Locally Managed 表示本地管理方式；Dictionary Managed 表示字典管理方式。

Type：创建表空间的类型分为三种，Permanent 表示“永久”；Temporary 表示“临时”；Undo 表示“还原”。后两种在以后的章节中会有介绍。

Status：表空间的状态，Read Write 表示可读可写；Read Only 表示只读；Offline 表示脱机状态。

步骤 4：输入表空间对应数据文件的信息。

如图 8-4 所示，在 File Name 和 File Directory 文本框中分别输入表空间的名称和所包含的数据文件的路径，可输入多个。

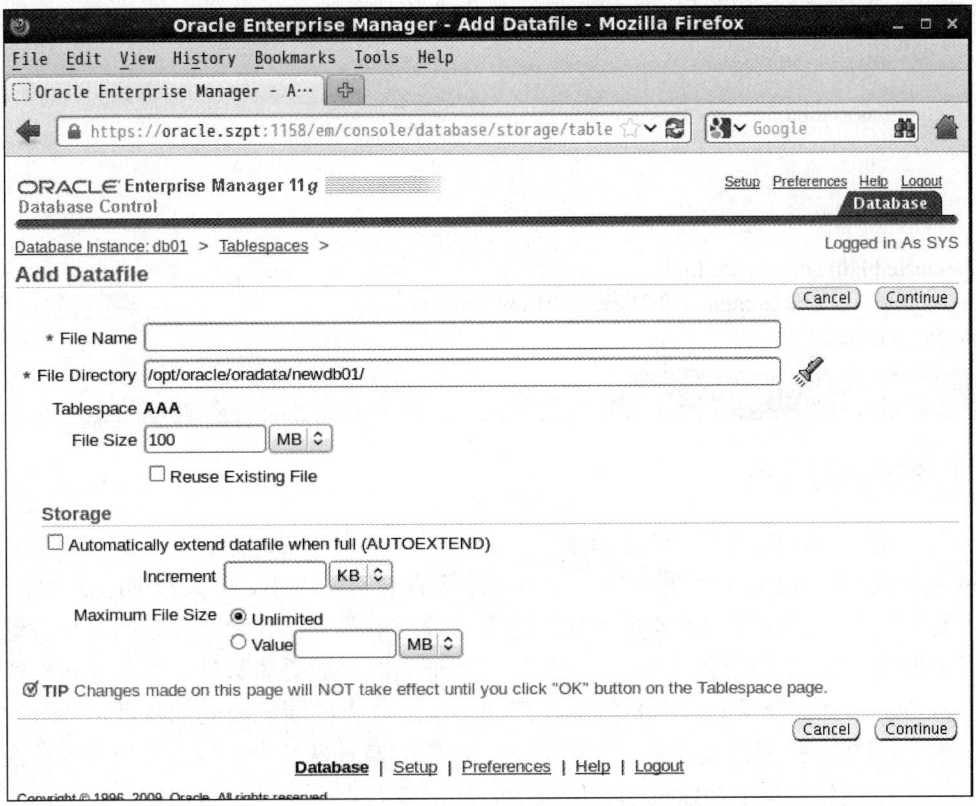

图 8-4　表空间对应的数据文件信息

在 File Size 文本框中输入表空间的大小。

在 Storage 选项组还可以设置文件是否自动扩展等属性，选中 AUTOEXTEND，表示该文件的自动扩展已经打开，可以设置每次扩大的大小，以 KB 或者 MB 为单位，全部设置完成后单击 Continue 按钮。

步骤 5：创建表空间。

单击 OK 按钮，完成表空间的创建。

8.2.3　创建大文件表空间

在 Oracle 10g 以后的版本中，推出了 Bigfile Tablespace 的概念。表空间从 Oracle 10g 以后就分为两个类型，Smallfile Tablespace 和 Bigfile Tablespace。过去一个表空间对应多个数据文件称为 Smallfile Tablespace。

Bigfile Tablespace 与 Smallfile Tablespace 最显著的差别就是一个表空间只能对应一个数据文件。Bigfile Tablespace 虽只对应一个数据文件，但数据文件对应的最大大小大大增加。传统的 Smallfile Datafile 每个文件中最多包括 4 M 个数据块，按照一个数据块为 8 KB 的大小核算，最大文件大小为 32 GB。每个 Smallfile Tablespace 理论上能够包括 1 024 个数据文件，这样计算出来的理论最大值为 32 TB 大小。而 Bigfile Datafile 具有更强大的数据块容纳能力，最多能够

包括 4×10^9 个数据块。同样，按照一个数据块为 8 KB 计算，Bigfile Datafile 的大小为 8 KB$\times4\times10^9$=32 TB。理论上 Small Tablespace 和 Big Tablespace 总容量相同。

【实例 8-5】创建一个 bigfile 类型的表空间 tbs3。

① 以管理员身份登录。

```
SQL> conn / as sysdba
Connected.
```

② 创建表空间。

```
SQL> create bigfile tablespace tbs3
  2  datafile '/opt/oracle/oradata/db01/bigfile01.dbf' size 1G;
Tablespace created.
```

8.3 其他表空间操作

8.3.1 调整表空间大小

如果登录到 Oracle 数据库，并给某表插入数据时，发现在插入数据时总是显示错误信息，但是可以查询该表的数据。这种情况下，可以考虑查看表空间大小，如果数据已占满了表空间，表空间不能分配新的区时用户不能插入数据记录。理想情况下，在建立表空间时就应该规划好其尺寸，以避免出现以上问题。但是，如果表空间不足以存放更多数据，那么 DBA 可以改变表空间的尺寸。然而，如果在 DBA 等到表空间不足时才去扩展表空间的容量，会影响 Oracle 的性能。因此，DBA 需要知道现在的对象多大，对象的增长速度有多快，有规律地检查数据块对象的大小，把注意力集中在快速增长的表上，经常查看表空间中的自由空间，然后主动增加表空间的容量，以提高系统的性能。

表空间物理上表现为一个或多个数据文件，表空间的尺寸即表空间所有数据文件尺寸的总和。因此，表空间的大小由数据文件的个数和数据文件的大小来决定。其可通过以下方法进行调整。

- 更改数据文件的大小。可以使用数据文件 AUTOEXTEND（自动扩展）属性自动调整数据文件的大小，也可以使用 ALTER TABLESPACE 手动调整。
- 使用 ALTER TABLESPACE 命令给表空间添加新的数据文件。

1. 数据文件的自动扩展属性（AUTOEXTEND）

当激活了数据文件的自动扩展选项之后，如果数据占满了数据文件的所有空间，并且该数据文件不能容纳新数据时，系统会自动扩展该数据文件。可以指定数据文件的 AUTOEXTEND 子句启用或禁用数据文件的自动扩展。文件将按指定的增量增加直到达到指定的最大值。使用 AUTOEXTEND 子句具有如下优点：

- 当表空间的空间用尽时无需过多地直接干预。
- 确保应用程序不会由于未能分配区而暂停。

有两种方式可以开启数据文件的自动扩展属性。

（1）在创建数据库时指定数据文件的自动扩展属性

命令格式如下：

```
CREATE TABLESPACE tablespace
DATAFILE filespec [autoextend_clause]
autoextend_clause:== [AUTOEXTEND {OFF|ON[NEXT integer[K|M]]
[MAXSIZE UNLIMITED | integer[K|M]] } ]
```

- AUTOEXTEND OFF：禁用数据文件的自动扩展。
- AUTOEXTEND ON：启用数据文件的自动扩展。
- NEXT：自动扩展时每次分配给数据文件的磁盘空间。
- MAXSIZE：指定允许分配给该数据文件的最大磁盘空间。
- UNLIMITED：将分配给数据文件的磁盘空间设为不受限。

（2）为现有数据文件指定 AUTOEXTEND

命令格式如下：

```
ALTER DATABASE [database]
DATAFILE 'filename'[, 'filename']... autoextend_clause
```

【实例 8-6】 修改表空间 tbs2 的数据文件的属性，设置数据文件为自动扩展。

① 以管理员身份登录。

```
SQL> conn / as sysdba
Connected.
```

② 查询 DBA_DATA_FILES 视图以确定是否启用 AUTOEXTEND。

```
SQL> select file_name,autoextensible from dba_data_files where tablespace_name='TBS2';
FILE_NAME                                                    AUT
------------------------------------------------------------ ---
/opt/oracle/oradata/db01/tbs02.dbf                           NO
```

③ 修改表空间。

```
SQL> alter database datafile '/opt/oracle/oradata/db01/tbs02.dbf' autoextend on next 1M maxsize 10M;
Database altered.
```

④ 查询 DBA_DATA_FILES 视图以确定是否启用 AUTOEXTEND。

```
SQL> select file_name,autoextensible from dba_data_files where tablespace_name='TBS2';
FILE_NAME                                                    AUT
------------------------------------------------------------ ---
/opt/oracle/oradata/db01/tbs02.dbf                           YES
```

如果禁用文件的自动扩展属性，将 on 改变 off 即可。默认情况下，表空间是不允许自动扩展的。

例如：SQL> alter database datafile '/opt/oracle/oradata/db01/tbs02.dbf' autoextend off;

如果使用控制台修改文件的自动扩展属性，步骤如下。

步骤 1：选择【DB01】→【Server】→【Storage】→【Tablespaces】节点，打开如图 8-5 所示界面。

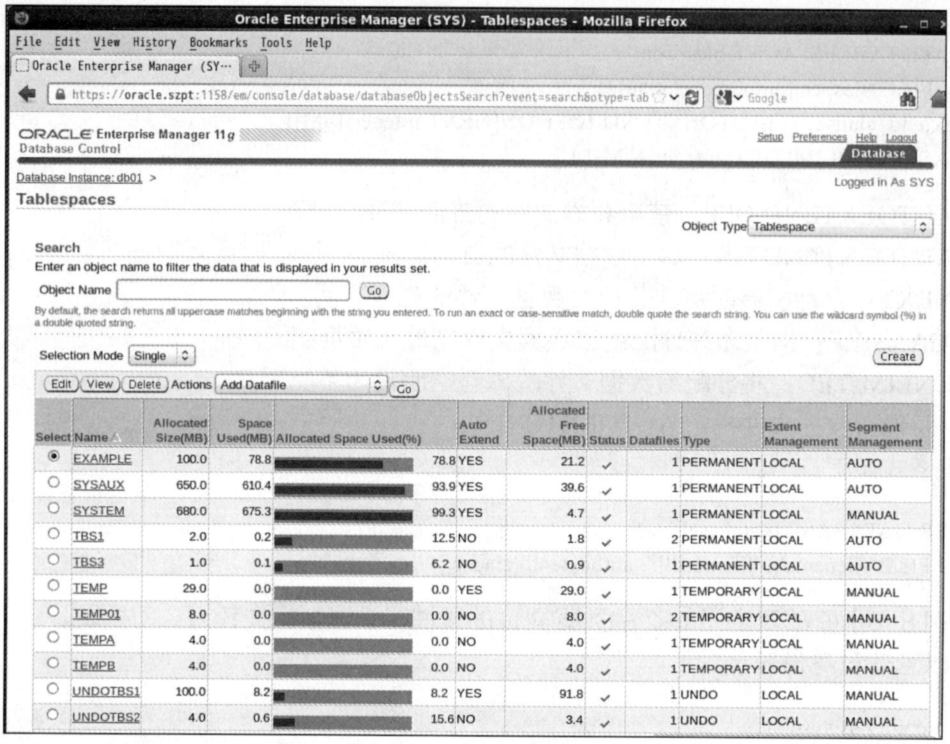

图 8-5　选择表空间

步骤 2：选择要修改的表空间的名字，单击 Edit 按钮，打开如图 8-6 所示界面。

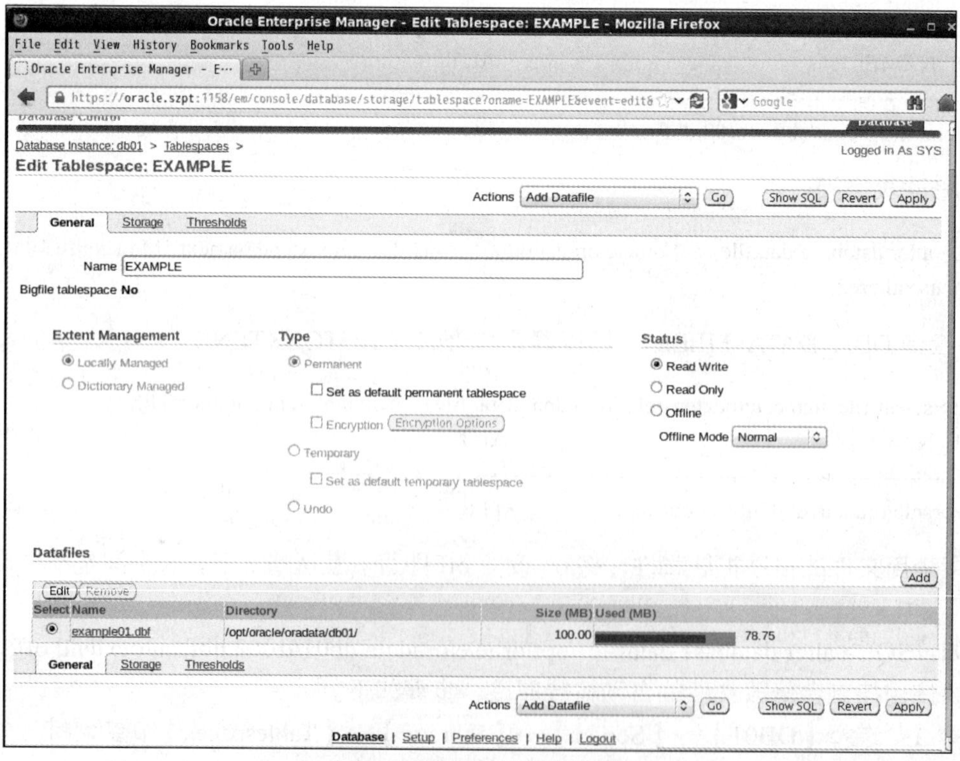

图 8-6　表空间的属性界面

步骤 3：选中要修改的数据文件，单击 Edit 按钮，打开如图 8-7 所示的界面。

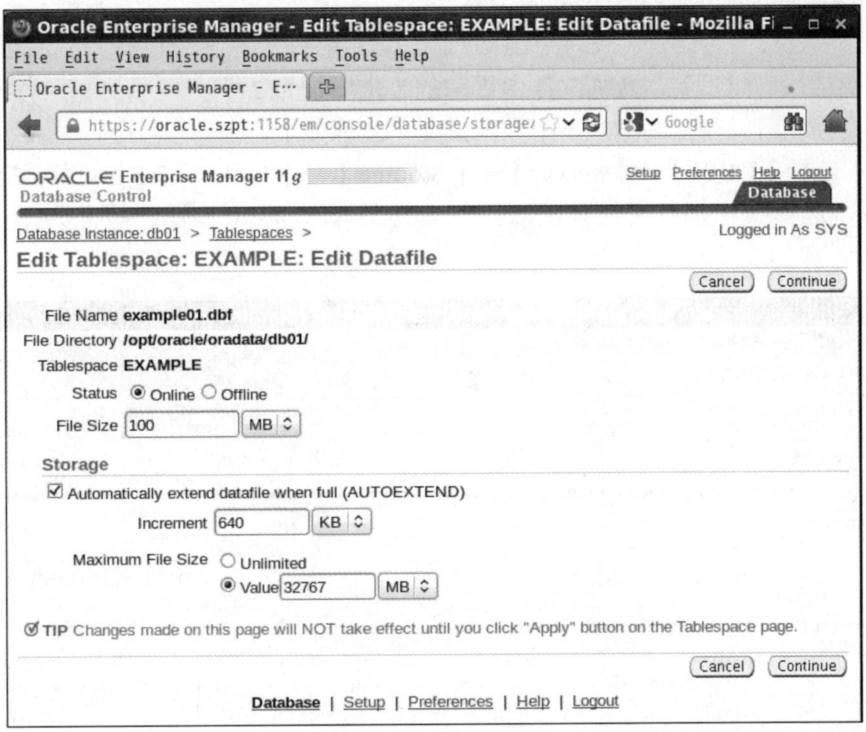

图 8-7　文件属性修改

在 Increment 文本框中输入文件写满后每次的增量，单击 Continue 按钮，然后单击 OK 按钮，即修改成功。

2. 为表空间增加数据文件

可以通过 ALTER TABLESPACE ADD DATAFILE 命令，向表空间添加数据文件以增加分配给表空间的磁盘空间总量。命令格式如下：

```
ALTER TABLESPACE tablespace
ADD DATAFILE    filespec [autoextend_clause]
```

【实例 8-7】 为 tbs2 表空间增加一个数据文件，大小为 2 MB。

① 以管理员身份登录。

```
SQL> conn / as sysdba
Connected.
```

② 增加数据文件。

```
SQL>alter tablespace tbs2 add datafile '/opt/oracle/oradata/db01/tbs02a.dbf'   size 2M;
Tablespace altered.
```

③ 查询 DBA_DATA_FILES 以确认是否增加了数据文件。

```
SQL> select file_name from dba_data_files where tablespace_name='TBS2';
FILE_NAME
```

```
----------------------------------------
/opt/oracle/oradata/db01/tbs02.dbf
/opt/oracle/oradata/db01/tbs02a.dbf
```

通过查询结果可以看到，数据文件由原来的 1 个增加为 2 个。

如果使用控制台为表空间增加一个数据文件，步骤如下。

步骤 1：选择【DB01】→【Server】→【Storage】→【Tablespaces】节点，打开如图 8-8 所示的界面，选择要增加数据文件的表空间，然后单击 Edit 按钮，打开如图 8-9 所示的界面。

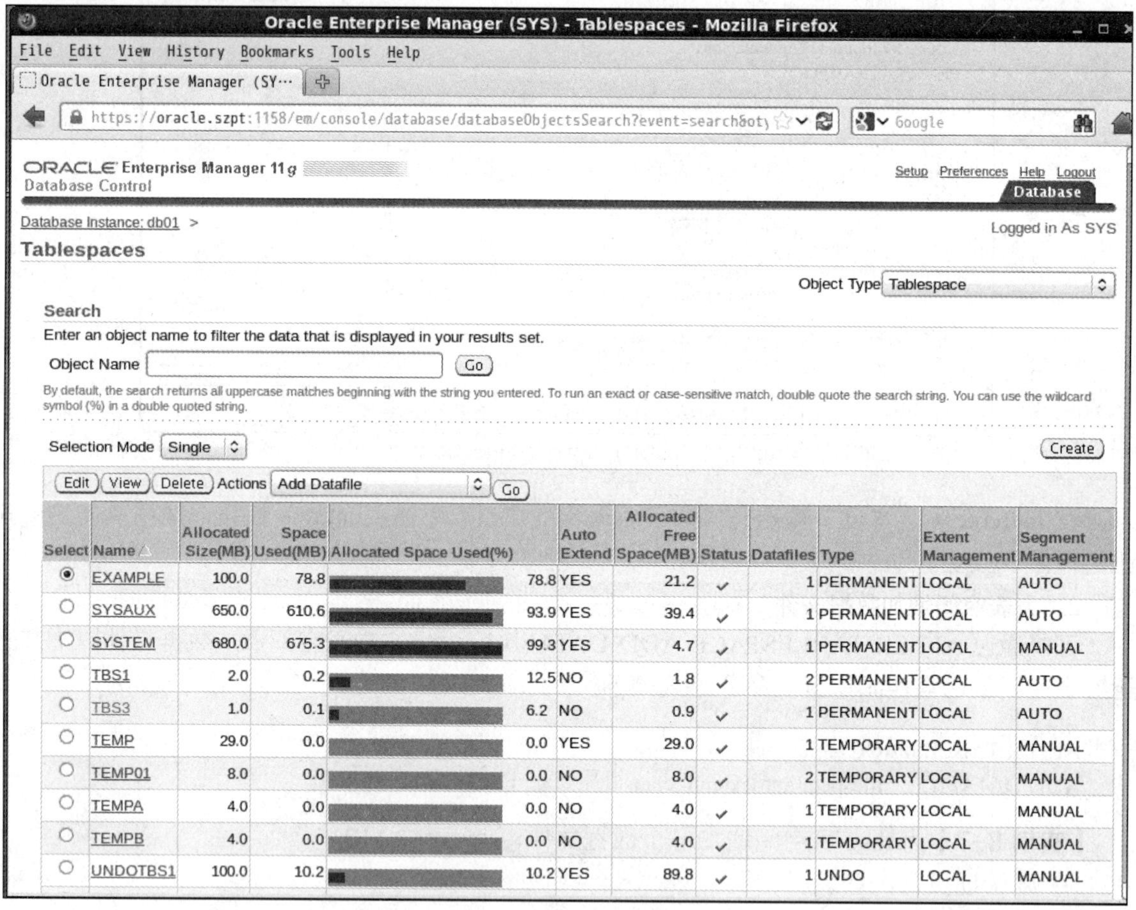

图 8-8 选择所需的表空间

步骤 2：单击如图 8-9 中的 Add 按钮，开始增加数据文件，打开如图 8-10 所示的界面。

步骤 3：如图 8-10 所示，在 File Name 文本框中输入文件名，在 File Directory 文本框中输入路径名，设置文件的大小 File Size 和文件的存储属性 Storage，单击 Continue 按钮。此时，数据文件增加成功。

【思考】① 增加数据文件后 tbs2 表空间的大小是多少，请验证。

② 如果将增加的数据文件改为自动扩展，语句应怎么写？

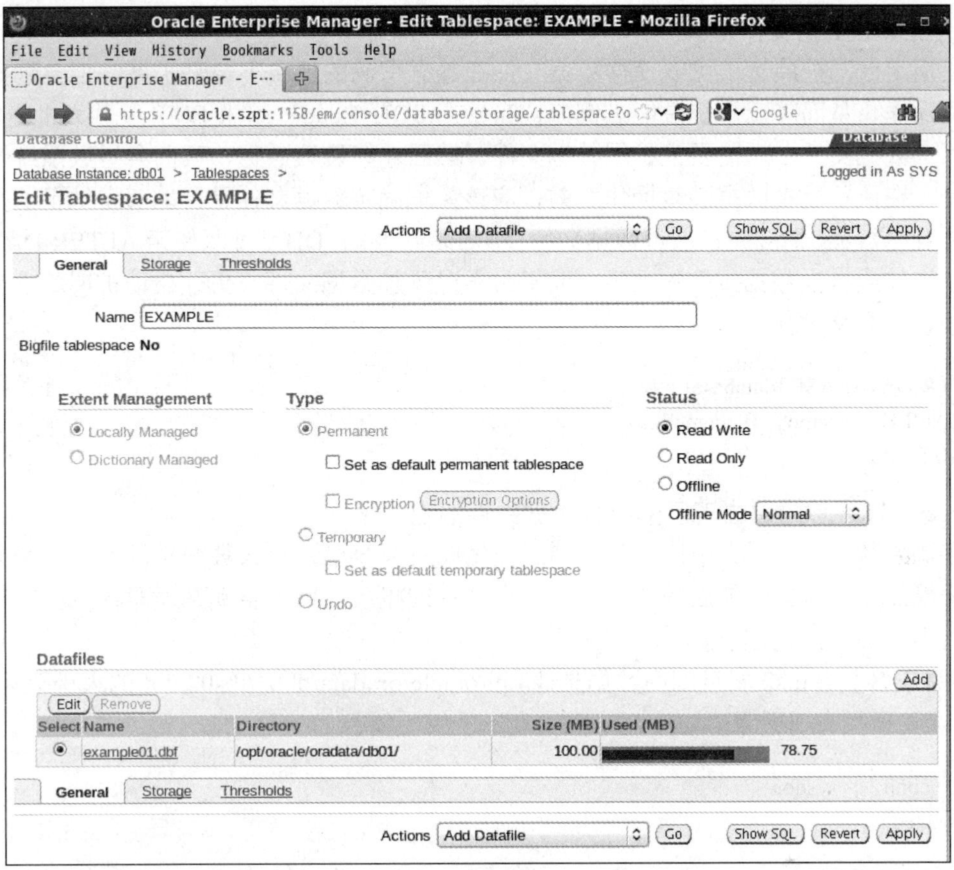

图 8-9　添加数据文件

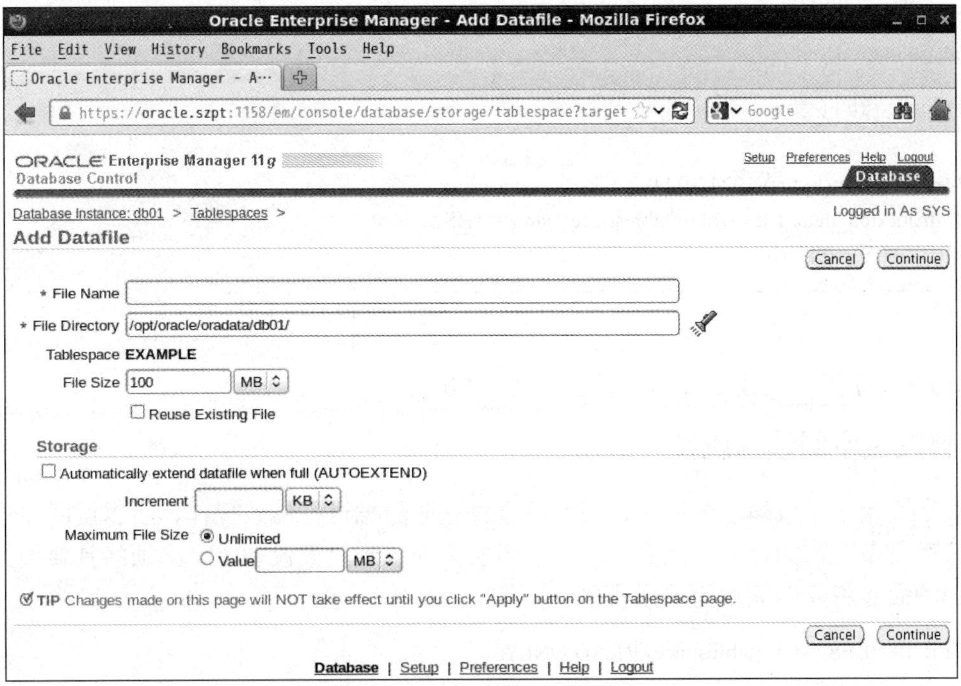

图 8-10　输入文件的属性值

3. 手工修改数据文件大小

尽管指定自动扩展选项可以使得数据文件在数据写满的情况下自动扩展，但自动扩展导致递归空间操作，从而降低系统性能。例如，当使用 SQL*Loader 给表 EMP 装载大批量数据时，在数据写满数据文件之后需要先扩展数据文件，然后才能装载数据，因而会导致系统性能的降低。因此，在执行批量数据装载操作之前，应该首先确定数据文件是否能够容纳足够数据。如果不足以容纳数据，则应先扩展该数据文件，然后装载数据。DBA 可以使用 ALTER DATABASE 命令手动增加或减少数据文件的大小，而不必通过添加数据文件或更改自动扩展属性更改表空间的大小。命令格式如下：

```
ALTER DATABASE [database]
DATAFILE 'filename'[, 'filename']...
RESIZE integer[K|M]
```

Integer：以字节为单位表示的结果数据文件的绝对大小。

如果更改数据文件的大小比实际存储的数据库对象要小，那么数据文件大小只能减少到数据文件内最后一个对象的最后一个块为止，也就是缩减尺寸后表空间必须能容纳已存在的数据对象，否则会提示出错信息。

【实例 8-8】将 tbs2 表空间中数据文件/opt/oracle/oradata/db01/tbs02.dbf 的大小改为 5 MB。

① 以管理员身份登录。

```
SQL> conn / as sysdba
Connected.
```

② 创建表空间。

```
SQL> alter database datafile '/opt/oracle/oradata/db01/tbs02.dbf' resize 5M;
Database altered.
```

③ 查询以确认更改。

```
SQL> select sum(bytes)/1024/1024
  2  from dba_data_files where tablespace_name='TBS2';
SUM(BYTES)/1024/1024
-------------------------------------------------------------------
           7
```

【练习 8-2】重新更改 tbs1 表空间大小为 5 MB。

8.3.2 修改表空间读写属性

当表空间用于存放静态数据时，因为不会对这些数据进行修改操作，所以可以将这些数据存放到只读设备上，如存放到光盘上。为了将表空间放到只读设备上，必须将其转换为只读状态。下面的命令将表空间改为只读模式：

```
ALTER TABLESPACE [tablespace] READ ONLY;
```

执行这条命令时，与该表空间相关的所有事务会自动回滚，过渡状态期间不允许再对该表空间进行任何写入操作。当所有事务处理提交或者回退后，只读命令完成，该表空间置于只读模式。

【实例 8-9】在表空间 tbs2 中创建表 test，将 tbs2 表空间更改为只读状态，验证能否插入数据，能否删除表，再将表空间改为可读可写状态。

① 以管理员身份登录。

```
SQL> conn / as sysdba
Connected.
```

② 创建表。

```
SQL> create table test(name varchar2(20))
  2  tablespace tbs2;
Table created.
```

③ 将表空间改为只读状态。

```
SQL> alter tablespace tbs2 read only;
Tablespace altered.
```

④ 向表中插入一条数据，能否成功，思考其原因。

```
SQL> insert into test values('shen');
insert into test values('shen')
            *
ERROR at line 1:
ORA-00372: file 10 cannot be modified at this time
ORA-01110: data file 10: '/opt/oracle/oradata/db01/tbs02a.dbf'
```

表空间只读后不能执行 DML 操作。

⑤ 删除表，查看能否成功，思考其原因。

```
SQL> drop table test;
Table dropped.
```

⑥ 将表空间改为可读可写状态。

```
SQL> alter tablespace tbs2 read write;
Tablespace altered.
```

由本例可以看出执行了上述命令之后，会将表空间 tbs2 转换为只读状态。此时，用户将只能在该表空间的对象上执行查询操作(SELECT)，而不能执行 DML 或 DDL 操作。但注意，有一种 DDL 操作例外，可以执行 DROP TABLE 或 DROP INDEX 删除该表空间上的表或索引，因为这些命令只影响数据字典（数据字典位于 SYSTEM 表空间）。之所以可以这样操作，是因为 DROP 命令只更新数据字典，而不更新只读表空间上的物理文件。对于本地管理的表空间，删除的段将改为临时段以避免更新位图。将表空间设为只读状态之前，将会引发对表空间的数据文件执行检查点操作。将表空间设为只读可防止对表空间中的数据文件进行任何写操作，因此数据文件可驻留在只读介质上，如 CD-ROM 或一次性写入(WORM) 驱动器。使用只读表空间的好处是可以免去对数据库大量的静态数据执行备份。

要在只读表空间上执行 DML 操作，必须将表空间改为可写状态，可以使用 ALTER TABLESPACE [tablespace] READ WRITE 命令，但是表空间内的所有数据文件都必须联机。

8.3.3 修改表空间的 ONLINE/OFFLINE 属性

通过将一个表空间置于联机或脱机状态来控制表空间的可用性。当表空间处于联机状态时，用户可以访问其中的数据。当某一表空间处于脱机状态时，用户无法访问其数据，但是允许正常访问数据库的其余处于联机的表空间。以下几种情况下，数据库管理员可以让表空间脱机。

- 使数据库的一部分表空间不可用，但允许正常访问数据库的其余表空间。
- 执行脱机表空间备份（尽管表空间可以在联机使用时备份）。
- 在数据库打开时恢复表空间或数据文件。
- 在数据库打开时移动数据文件。

可以使用如下命令对表空间进行脱机和联机操作：

```
ALTER TABLESPACE tablespace
{ONLINE |OFFLINE [NORMAL|TEMPORARY|IMMEDIATE|FOR RECOVER]}
```

NORMAL：将该表空间中所有数据文件内的所有块从 SGA 中写入数据文件并将数据文件关闭，这是默认设置。在使该表空间重新联机之前，无须对其执行介质恢复。尽可能使用 NORMAL 子句。

TEMPORARY：对表空间内的所有联机数据文件执行检查点操作，但是在执行检查点时并不检查数据文件的状态，即使某些文件无法写入检查点，Oracle 也会忽略这些错误。在使用此种表空间重新联机之前，所有脱机文件可能都需要进行介质恢复。

IMMEDIATE：不保证表空间文件可用，而且不执行检查点操作。在使表空间重新联机前，必须对其执行介质恢复操作。

FOR RECOVER：使表空间脱机以进行表空间时间点恢复。

只要数据库打开，数据库管理员就可以使任意一个表空间脱机（SYSTEM 表空间和任何具有活动还原段或临时段的表空间除外）。当一个表空间脱机后，Oracle 服务器将使与之相关联的所有数据文件脱机。

【实例 8-10】将 tbs2 表空间改为脱机状态，并向 test 表中插入一条数据进行验证。

① 以管理员身份登录。

```
SQL> conn / as sysdba
Connected.
```

② 创建表。

```
SQL> create table test(name varchar2(20))
  2  tablespace tbs2;
Table created.
```

③ 将表空间改为只读状态。

```
SQL> alter tablespace tbs2 offline;
Tablespace altered.
```

④ 查询 test 表中的数据，能否成功，思考其原因。

```
SQL> select * from test;
select * from test
              *
ERROR at line 1:
ORA-00376: file 10 cannot be read at this time
ORA-01110: data file 10: '/opt/oracle/oradata/db01/tbs02a.dbf'
```

表空间脱机后不能执行任何操作。

⑤ 将表空间改为联机状态。

```
SQL> alter tablespace tbs2 online;
Tablespace altered.
```

说明：执行查询操作时用户将收到一条错误消息，因为当表空间脱机后，Oracle 不允许有任何 SQL 语句引用该表空间含有的对象，即用户不能访问该表空间。

当表空间脱机或者重新联机后，该事件记录在数据字典和控制文件内。如果关闭数据库时表空间仍然脱机，则当随后数据库装载并重新打开时，该表空间仍保持脱机状态且不会被检查。如果遇到某些错误（例如，当数据库写入程序进程 DBWn 几次试图向某表空间的数据文件写入都失败时），Oracle 实例（Instance）自动将表空间从联机状态切换为脱机状态。

不能设为脱机的表空间有 SYSTEM 表空间、具有活动的还原段的表空间以及默认临时表空间。

当希望访问表空间中的数据（如表、索引等）对象时，表空间必须处于联机状态。

8.3.4 数据文件的脱机与联机

与表空间类似，联机的数据文件也可以被设置为脱机状态。脱机的数据文件对于数据库来说是不可用的，直到它们被恢复为联机状态为止。如果数据文件发生损坏时，Oracle 会自动将这个数据文件设置为脱机状态，并且记录在警告文件中。如果损坏的文件恢复后，需要以手工方式重新将数据文件恢复为联机状态。

将数据文件设置为脱机状态，不会影响表空间的状态，但是反过来，将表空间设置为脱机状态后，属于该表空间的数据文件同时会进入脱机状态。如果想改变数据文件的状态，可以使用 ALTER DATABASE 命令。

其命令格式如下：

```
ALTER DATABASE DATAFILE 数据文件路径文件名
{ONLINE |OFFLINE [NORMAL|TEMPORARY|IMMEDIATE|FOR RECOVER]}
```

8.3.5 数据文件的移动

为了防止数据丢失和减少 I/O 冲突，提高 I/O 性能，应该将数据文件尽可能分布到不同磁盘上，并且尽可能均衡不同磁盘之间的 I/O 操作。移动数据文件一方面是出于性能方面的考虑，另一方面是出于安全性考虑。因此，在实际数据库应用中可能会移动数据文件。移动数据文件有两种方法，一种是使用 ALTER TABLESPACE 命令；另一种是使用 ALTER DATABASE 命令。实际中，具体采用哪种方法取决于表空间类型。

1. 使用 ALTER TABLESPACE 命令

ALTER TABLESPACE 命令格式如下：

```
ALTER TABESPACE tablespace
RENAME DATAFILE 'filename'[, 'filename']...
TO 'filename'[, 'filename']...
```

它仅适用于不含活动还原段或临时段的非 SYSTEM 表空间中的数据文件的移动。源文件名必须与存储在控制文件内的名称匹配，表空间必须脱机，并且 TO 子句后的目标数据文件必须存在。

使用 ALTER TABLESPACE 命令重命名数据文件的步骤如下。

① 使表空间脱机。

② 使用操作系统命令移动或复制文件。

③ 执行 ALTER TABLESPACE RENAME DATAFILE 命令。

④ 使表空间联机。

⑤ 必要时使用操作系统命令删除原来的数据文件。

【实例 8-11】将 tbs2 表空间的/opt/oracle/oradata/db01/tbs02.dbf 数据文件移动到/opt/oracle/oradata/newdb01/tbs02.dbf。

① 以管理员身份登录。

```
SQL> conn / as sysdba
Connected.
```

② 使表空间脱机。

```
SQL> alter tablespace tbs2 offline;
Tablespace altered.
```

③ 使用操作系统命令移动或复制文件。

```
$cd /opt/oracle/oradata/db01/
$ mkdir newdb01
$ mv db01/tbs02.dbf    newdb01/tbs02.dbf
```

以上命令将文件/opt/oracle/oradata/db01/tbs02.dbf 移动到/opt/oracle/oradata/newdb01/tbs02.dbf 下。

④ 执行 ALTER TABLESPACE RENAME DATAFILE 命令。

```
SQL> alter tablespace tbs2 rename datafile  '/opt/oracle/oradata/db01/tbs02.dbf' to '/opt/oracle/oradata/newdb01/tbs02.dbf';
```

```
Tablespace altered.
```

⑤ 使表空间联机。

```
SQL> alter tablespace tbs2 online;
Tablespace altered.
```

⑥ 查询表空间的数据文件。

```
SQL> select file_name from dba_data_files where tablespace_name='TBS2';
FILE_NAME
--------------------------------------------------------------
/opt/oracle/oradata/newdb01/tbs02.dbf
/opt/oracle/oradata/db01/tbs02a.dbf
```

2. 使用 ALTER DATABASE 命令

ALTER DATABASE 命令一般用来移动 SYSTEM 表空间对应的数据文件，但是数据库必须处于已装载状态，且目标数据文件必须存在。其步骤如下。

① 关闭数据库。
② 使用操作系统命令移动文件。
③ 装载数据库。
④ 执行 ALTER DATABASE RENAME FILE 命令。
⑤ 打开数据库。

【实例 8-12】将 SYSTEM 表空间的数据文件移动到/opt/oracle/oradata/newdb01 下。

① 以管理员身份登录。

```
SQL> conn / as sysdba
Connected.
```

② 关闭数据库。

```
SQL> shutdown immediate;
Database closed.
Database dismounted.
ORACLE instance shut down.
```

③ 使用操作系统命令将 SYSTEM 表空间对应的数据文件移动到/opt/oracle/oradata/newdb01 下。

```
$mv db01/system01.dbf newdb01/system01.dbf
```

④ 将数据启动至装载状态。

```
SQL> startup mount;
ORACLE instance started.
Total System Global Area     835104768 bytes
Fixed Size                   2217952 bytes
Variable Size                595593248 bytes
Database Buffers             234881024 bytes
```

```
Redo Buffers                2412544 bytes
Database mounted.
```

⑤ 执行 ALTER DATABASE RENAME FILE 命令。

```
SQL> alter database rename file '/opt/oracle/oradata/db01/system01.dbf' to '/opt/oracle/oradata/newdb01/system01.dbf';
Database altered.
```

⑥ 打开数据库。

```
SQL> alter database open;
Database altered.
```

因为 SYSTEM 表空间无法脱机，必须使用该方法移动 SYSTEM 表空间内的数据文件。使用此命令重命名无法脱机的表空间内的文件。

【练习 8-3】将 SYSTEM 表空间的数据文件移回原来的位置。

8.3.6 重命名表空间

使用命令“alter tablespace 表空间原名 rename to 表空间新名”，可以重命名一个永久或者临时表空间，例如重命名 users 表空间。

```
Alter tablespace tbs_name rename to new_tbs_name;
```

当重命名一个表空间时，数据库将会更新与该表空间相关的在数据字典、控制文件和联机数文件头中相关的信息。数据库不会修改该表空间的 id，所以当重命名一个表空间时，将其作为默认表空间的用户将自动修改过来，可以通过 DBA_USERS 视图来查看。

以下一些情况需要注意。

① Compatible 参数必须为 10.0 或以上，即表明 Oracle 软件的版本号为 10 g 以上才支持表空间重命名。

② SYSTEM 和 SYSAUX 表空间不能重命名。

③ 如果该表空间中有任何一个数据文件处于脱机状态或者表空间处于脱机状态，则不能进行重命名。

④ 如果表空间为只读，则数据文件头不能更新。这不能被认为是 corruption。代替之，它将向警告日志写一些信息，表明数据文件头不能重命名。数据字典和控制文件是可以更新的。

⑤ 如果该表空间是默认临时表空间，则关于数据库特性表被更新，通过 DATABASE_PROPERTIES 视图可以查看。

8.4 删除表空间

当不再需要表空间及其内容时，可以通过下面的 DROP TABLESPACE 命令从数据库中删除表空间。其格式如下：

```
DROP TABLESPACE tablespace
[INCLUDING CONTENTS [AND DATAFILES] [CASCADE CONSTRAINTS]]
```

tablespace：指定要删除的表空间的名称。

INCLUDING CONTENTS：删除表空间内的所有段。

AND DATAFILES：删除关联的操作系统文件。

CASCADE CONSTRAINTS：如果要删除的表空间之外的表引用了该表空间内表的主键和唯一键，则删除这种引用完整性约束。

【实例 8-13】删除表空间 tbs2,system，查看其现象。

① 以管理员身份登录。

```
SQL> conn / as sysdba
Connected.
```

② 删除表空间 tbs2

```
SQL> drop tablespace tbs2 including contents and datafiles;
Tablespace dropped.
```

③ 删除表空间 system

```
SQL> drop tablespace system including contents and datafiles;
drop tablespace system including contents and datafiles
*
ERROR at line 1:
ORA-01550: cannot drop system tablespace
```

说明：表空间 tbs2 中包含一个表段，因此必须带 INCLUDING CONTENTS 子句，即删除表空间的同时删除表空间中的对象，加上 AND DATAFILES 子句可以删除表空间的数据文件。SYSTEM 表空间中包含了多种段且可能引用其他表空间中的主键，因此加了 CASCADE CONSTRAINTS 子句，但是 SYSTEM 表空间是不能删除的。

使用 DROP TABLESPACE 命令须遵守如下原则。

- 如果表空间中包含数据段，必须使用 INCLUDING CONTENTS 选项。当表空间包含许多对象时，该选项可能会生成许多 Undo 数据。
- 删除表空间后，其数据将不再包含在数据库内。
- 在删除表空间时，只删除关联数据库控制文件内的文件指针。操作系统文件仍然存在，如果未使用 AND DATAFILES 子句或数据文件是 OMF（Oracle Managed File），则必须使用适当的操作系统命令明确删除这些文件。
- 即使将表空间切换到只读状态，仍可以删除该表空间以及其中的段。
- 删除表空间之前，建议将表空间脱机，以确保没有事务处理访问该表空间内的任何段。
- 不能删除 SYSTEM 表空间和具有活动段的表空间。

使用控制台也可以删除表空间。其方法如下。

选择【DB01】→【Server】→【Storage】→【Tablespaces】节点，选中要删除的表空间的名称，单击 Delete 按钮。

8.5 获取表空间的相关信息

可以使用下列数据字典视图和动态性能视图获取表空间和数据文件的相关信息。

与表空间相关：DBA_TABLESPACE,V$TABLESPACE。

与数据文件相关：DBA_DATA_FILES,V$DATAFILE。

与临时数据文件相关：DBA_TEMP_FILES,V$TEMPFILE。

【实例 8-14】查询数据文件的基本信息。

① 以管理员身份登录。

```
SQL> CONNECT /  AS SYSDBA
```

② 查询。

```
SQL> SELECT name,file#,status,bytes,checkpoint_change# last_scn
FROM v$datafile;
NAME
----------------------------------------------------------------
      FILE# STATUS          BYTES    LAST_SCN
------------- -------------- ----------------- ------------------
D:\ORACLE\ORADATA\DB01\SYSTEM01.DBF
          1 SYSTEM    419430400      5083126
D:\ORACLE\ORADATA\DB01\UNDOTBS01.DBF
          2 ONLINE    209715200      5083126
D:\ORACLE\ORADATA\DB01\CWMLITE01.DBF
          3 ONLINE     20971520      5083126
```

字段含义如下。

Name：数据文件的名称和位置。

File#：数据文件的绝对编号。

Status：数据文件的状态，有联机、脱机或者属于 SYSTEM 表空间 3 种。

Bytes：数据文件的大小。

Last_scn：数据文件中最后一次写入事务的 SCN。

【实例 8-15】查询表空间 system 的大小。

① 以管理员身份登录。

```
SQL> CONNECT /  AS SYSDBA
```

② 查询。

```
SQL> SELECT sum(bytes) FROM dba_data_files WHERE tablespace_name='SYSTEM';
SUM(BYTES)
-----------------
 419430400
```

还可以通过查看控制台，查询表空间和数据文件的信息。

8.6 综合训练项目

要求：完成表空间和数据文件的维护和查询。写出操作步骤和命令，解释发生的现象。对表空间和数据文件的查询，可以通过 DBA_TABLESPACES、V$TABLESPACE 和 V$DATAFILE

视图。

1. 查看 SYSTEM 表空间的大小是多少，对应的数据文件的路径和名称是什么?

2. 创建本地管理表空间 DATA01，包含大小 1 MB 的一个数据文件，每个区的大小为 64 KB。

3. 向该表空间插入一个新表 TAB1，并插入一行数据。

4. 通过改变数据文件的大小，将表空间 DATA01 大小增加为 2 MB。

5. 将数据文件改为空间自动增长，允许每次自动扩展 500 KB，最大为 5 MB。

6. 将表空间 DATA01 的数据文件移动到一个，新路径下，运行查询验证。

7. 为表空间 DATA01 增加一个新的数据文件，运行查询验证。

8. 改变 DATA01 表空间为只读表空间，删除创建的第 1 个表 TAB1，结果如何?

9. 关闭数据库，将 DATA01 表空间的数据文件改名，模拟数据文件故障，重新启动数据库，说明现象，以及在这种情况下如何打开数据库。

10. 删除表空间 DATA01 和数据文件。

8.7 练习

1. (　　) 表空间不能切换为脱机状态。

A. 临时表空间 temp　　B. 用户表空间 user

C. 索引表空间 index　　D. 系统表空间 system

2. 假如一个表空间只具有一个大小为 100 MB 的数据文件，现需将该数据文件的大小修改为 10 MB，(　　) 方法是正确的。

A. 删除数据文件然后重建

B. 使用带有 RESIZE 子句的 ALTER DATABASE DATAFILE 语句

C. 使用带有 RESIZE 子句的 ALTER TABLESPACE DATAFILE 语句

D. 将数据文件的自动扩展属性设为 ON，这样数据文件会自动缩小

3. 下列关于脱机表空间的说法中，(　　) 是正确的。

A. 任何表空间都可以脱机

B. 可以使用 ALTER DATABASE 语句将脱机的表空改为联机

C. 在表空间脱机时，属于这个表空间的数据文件仍然联机

D. 如果将表空间设置为脱机状态，下次启动数据库时，不会对该表空间的数据文件进行可用性检查

4. DBA 在执行下列语句时返回了错误，DROP TABLESPACE USRES;可能的原因是 (　　)。

A. 该表空间处于联机状态　　B. 该表空间处于脱机状态

C. 该表空间处于只读状态　　D. 该表空间为非空，包含数据库对象

5. 下列 (　　) 方法不可扩大表空间尺寸。

A. 增加数据文件　　B. 设置数据文件的自动扩展属性为 ON

C. 使用 RESIZE 子句扩大数据文件大小　　D. 删除表空间重建

6. 如果标准块的尺寸为 8 KB，若想创建一个数据块为 16 KB 的表空间，需要指定 (　　) 初始化参数。

A. DB_8k_CACHE_SIZE　　B. DB_16k_CACHE_SIZE

C. UNDO_MANAGEMENT　　D. DB_CREATE_FILE_DEST

第 9 章

临时表空间与UNDO表空间管理

【本章内容】

临时表空间和UNDO表空间是用于存储临时数据和还原数据的特殊表空间。在发生实例故障时，UNDO段用来对数据进行恢复。本章介绍这两种特殊表空间的管理。

【本章要点】

- 临时表空间的管理。
- 进行自动还原管理。
- 创建和配置UNDO段。
- 从数据字典获取UNDO段信息。

【关键术语】

Tempfile 临时文件

Automatic space management 自动空间管理

Snapshot too old 快照太旧

Undo segment 回滚段

Temporary tablespace 临时表空间

Read consistency 读一致性

Transaction 事务

9.1 临时表空间管理

9.1.1 临时表空间

当用户执行CREATE INDEX、SELECT DISTINCT和SELECT GROUP BY等命令时，Oracle服务器就会在内存中（排序区中，大小由初始化参数SORT_AREA_SIZE确定）执行排序。如果排序所需空间大于内存中的可用空间，则将中间结果写入到磁盘上。临时段用来存储这些中间结果。假定某表的数据为7788、7235、8769、2020、8986，那么，当使用ORDER BY子句进行排序时，会返回数据2020、7235、7788、8769、8986，这些数据被称为临时数据，这些数据存放到临时段中。通过指定专门用于排序段的临时表空间，可以能够使带有排序等操作的SQL语句获得更高的执行效率。如果创建了专门的临时表空间，Oracle就可以不必在其他的表空间中为排序操作分配临时段，这样不仅可以实现临时数据的集中化管理，而且不影响其他表空间的使用效率。

在临时表空间内只存储临时数据，不能存放永久数据库对象。多个用户可以共用一个临时表空间。当实例中有排序操作时，Oracle会在临时表空间中分配临时段，这个排序段通过分配更多的区来扩展，直到段大小等于或者大于该实例上运行的所有活动排序的存储要求总和。

与普通表空间类似，在Oracle中可以创建字典管理方式的临时表空间，也可以创建本地管理方式的临时表空间。但是推荐使用本地管理的临时表空间。

9.1.2 创建本地管理的临时表空间

在创建数据库时，会自动建立一个名为 TEMP 的本地管理方式临时表空间，本地管理方式的特点完全适合于临时表空间的需求，由于这种方式的临时表空间在使用过程中不会产生任何回退或重做记录，也具有创建方式简单、运行效率高的特点。本地管理方式的临时表空间所对应的数据文件称为临时数据文件，与普通数据文件相比，临时数据文件（Tempfile）不能设置为只读状态，不能通过 ALTER DATABASE 语句进行修改，Tempfile 始终设为 NOLOGGING 模式，无法重命名 Tempfile，Tempfile 对于只读数据库是必需的，介质恢复时不恢复 Tempfile。

要创建本地管理方式的临时表空间，必须使用 CREATE TEMPORARY TABLESPACE 命令，且区的分配管理方式只能是 UNIFORM，而不能使用 AUTOALLOCATE，这样才能保证不会在临时段中产生过多的存储碎片。

若要优化临时表空间内的排序性能可将 UNIFORM SIZE 的值设为 SORT_AREA_SIZE 参数的整数倍。

【实例 9-1】创建临时表空间 temp01。

① 以管理员身份登录。

```
SQL> conn sys/oracle as sysdba
Connected.
```

② 创建临时表空间 temp1。

```
SQL> create temporary tablespace temp01
  2   tempfile '/opt/oracle/oradata/db01/temp011.dbf' size 4M;
Tablespace created.
```

对于本地管理方式的临时表空间，ALTER TABLESPACE 命令的作用仅仅是为临时表空间添加新的临时数据文件，而不能使用它对临时表空间进行其他任何修改。

【实例 9-2】为临时表空间 temp01 增加一个新的临时数据文件。

① 以管理员身份登录。

```
SQL> conn sys/oracle as sysdba
Connected.
```

② 增加数据文件。

```
SQL> ALTER TABLESPACE temp01
ADD TEMPFILE   '/opt/oracle/oradata/db01/temp012.dbf'   SIZE 4M REUSE;
Tablespace altered.
```

说明：REUSE 选项代表如果磁盘上存在'/opt/oracle/oradata/db01/temp012.dbf'临时数据文件，则删除并重建该临时文件。

9.1.3 默认临时表空间

使用 CREATE DATABASE 命令创建数据库未使用 TEMPORARY TABLESPACE 子句来指定默认临时表空间时，分配给所有用户的临时表空间是 SYSTEM 表空间。此时，alert_<sid>.log 中会记录一条警告消息，指出 SYSTEM 表空间是默认临时表空间。在创建数据库期间创建默认临时表空间可防止将 SYSTEM 表空间用作临时空间。创建数据库后，可通过创建临时表空间然后改变数据库设置默认临时表空间。默认临时表空间可通过使用下列命令随时进行更改。

```
ALTER DATABASE DEFAULT TEMPORARY TABLESPACE    ***;
```

更改默认临时表空间后，分配到该默认临时表空间的所有用户将被重新分配到新的默认表空间。

【实例 9-3】设置临时表空间 temp01 为默认临时表空间。

① 以管理员身份登录。

```
SQL> conn sys/oracle as sysdba
Connected.
```

② 设置默认临时表。

```
SQL> alter database default temporary tablespace temp01;
Database altered.
```

③ 查询以确定数据库的默认临时表空间。

```
SQL> select    property_value from database_properties where property_name='DEFAULT_TEMP_TABLESPACE';
PROPERTY_VALUE
--------------------------------------------------------------------------------
TEMP01
```

临时表空间跟其他表空间一样进行管理，但是由于临时表空间的特殊性，在使用时有如下限制。

- 不能删除默认临时表空间。只有指定了一个新的默认临时表空间后，才能删除旧的默认临时表空间。必须使用 ALTER DATABASE 命令才能将默认临时表空间更改为新的默认值。旧的默认临时表空间仅在新的默认临时表空间可用时才会被删除。分配到旧的默认临时表空间的用户将被自动重新分配到新的默认临时表空间。
- 无法更改默认临时表空间的类型。由于默认临时表空间必须是 SYSTEM 表空间或临时表空间，因此无法将默认临时表空间更改为永久类型。
- 无法脱机默认临时表空间。使表空间脱机后，例如在进行脱机备份、维护或更改使用该表空间的应用程序时，其他用户将无法使用对应的这部分数据库内容。由于上述情况都不适用于临时表空间，因此无法使默认临时表空间脱机。

9.1.4 创建临时表空间组

在 Oracle 10g 以后的版本中，可以创建多个临时表空间，并把它们组成一个临时表空间组，这样应用数据用于排序时可以使用组里的多个临时表空间，一个临时表空间组至少有一个临时表空间，其最大个数没有限制，组的名称不能和其中某个表空间的名称相同。

临时表空间组是在创建临时表空间时通过指定 GROUP 字句创建的，如果删除组中的全部临时表空间,那么这个组也将消失。

可以将一个表空间从一个组移动另一个组，或是从一个组中删除临时表空间，或是往组里添加新的表空间。

使用临时表空间组，有如下优点。

- 数据库层面可以同时指定多个临时表空间，避免当临时表空间不足时所引起的磁盘排序问题。

- 当一个用户同时有多个会话时，可以使其使用不同的临时表空间。
- 并行操作中，不同的从属进程可以使用不同的临时表空间。

【实例 9-4】设置临时表空间组 group1 为默认临时表空间。

① 以管理员身份登录。

```
SQL> conn sys/oracle as sysdba
Connected.
```

② 新建一个临时表空间组 group1，包含两个临时表空间 tempa 和 tempb。

```
SQL> create temporary tablespace tempa
  2  tempfile '/home/oracle/temp1.dbf' size 4m tablespace group group1;
Tablespace created.
SQL> create temporary tablespace tempb
  2  tempfile '/home/oracle/temp2.dbf' size 4m tablespace group group1;
Tablespace create.
```

③ 设置默认临时表。

```
SQL> alter database default temporary tablespace group1;
Database altered.
```

④ 查询并确定数据库的默认临时表空间。

```
SQL> select  property_value from database_properties where property_name='DEFAULT_TEMP_TABLESPACE';
PROPERTY_VALUE
--------------------------------------------------------------------------------
GROUP1
```

【实例 9-5】使用控制台增加临时表空间组。

① 打开控制台，选择【DB01】→【Server】→【Storage】→【Temporary Tablespace Groups】节点，打开如图 9-1 所示的界面。

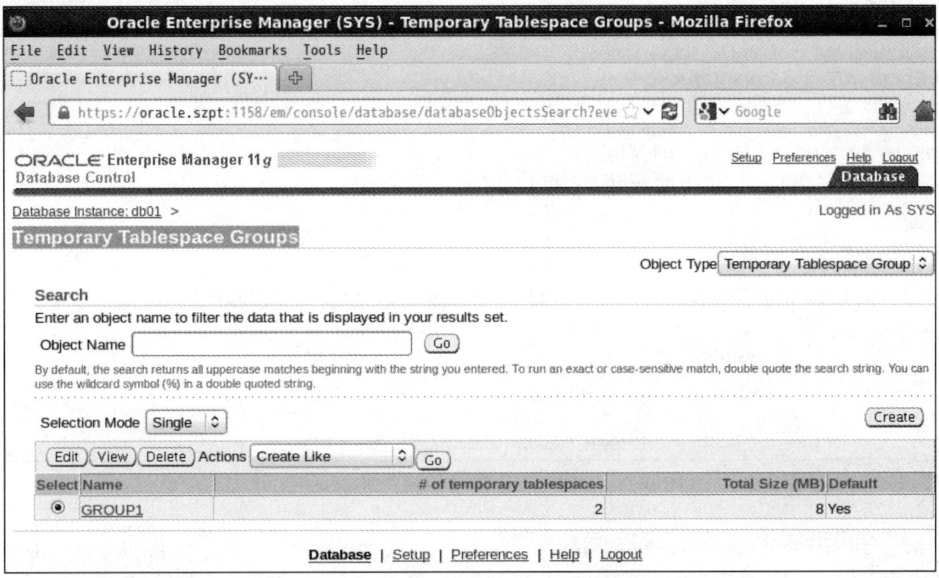

图 9-1 查看临时表空间组

从图 9-1 中可以看出，现在系统中有一个名称为 GROUP1 的临时表空间组，组中包含两个临时表空间。

单击 Create 按钮，可以创建新的临时表空间组，打开如图 9-2 所示的界面，在 Name 文本框中输入新建的表空间组的名称，单击 Add 按钮，打开如图 9-3 所示界面。

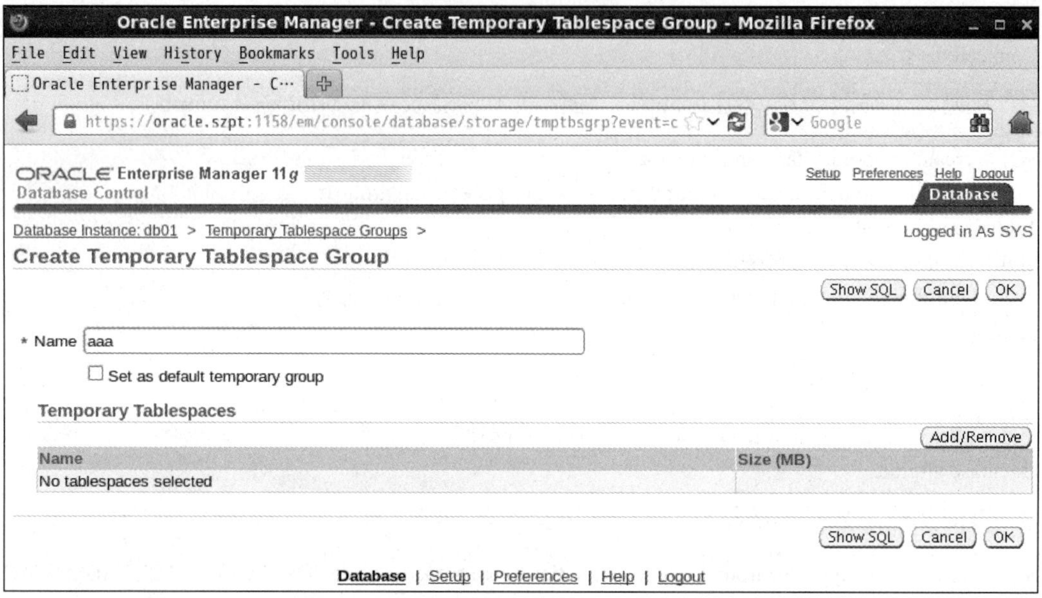

图 9-2　新建表空间组

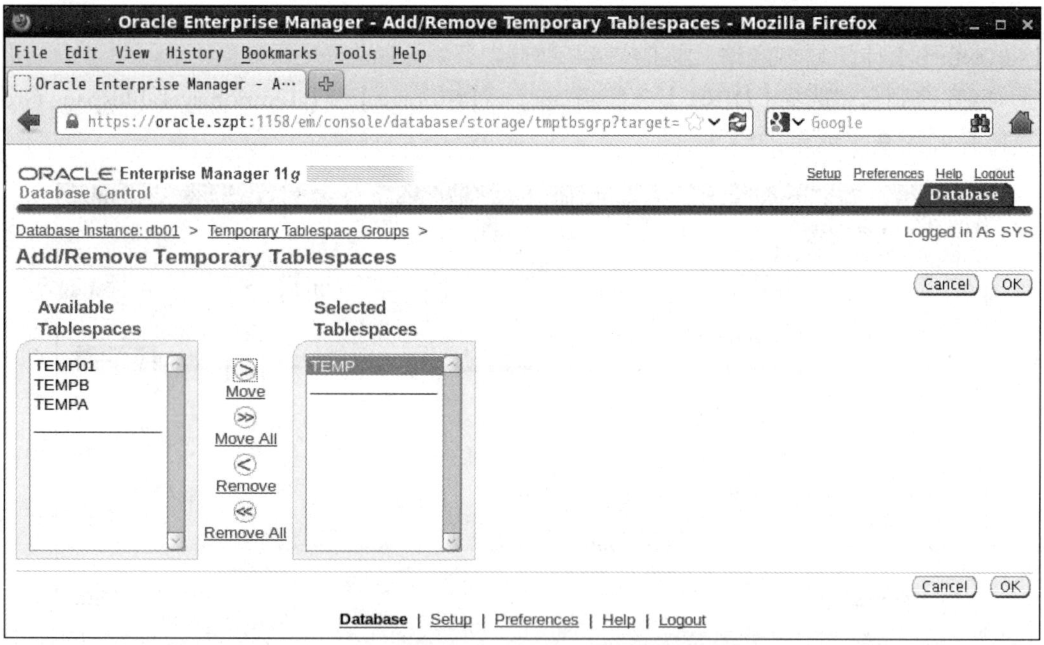

图 9-3　向表空间组增加新的临时表空间

② 向表空间组中添加临时表空间。

选择需要增加到临时表空间组的临时表空间，单击 Move 按钮，选择完成后，单击 OK 按钮确认将临时表空间增加到临时表空间组中。

9.2 UNDO 段的作用

RDBMS（关系数据库管理系统）必须要提供一致性的数据，以确保不会丢失数据或导致数据混乱。例如，当用户去银行取款时，需要在用户储蓄账户上减去取款额，而在银行支出账户上增加取款额，以使收支平衡。当使用关系数据库处理以上过程时，储蓄账户、支出账户分别对应于数据库表。当用户提款时，分别会在储蓄账户表、支出账户表上使用 UPDATE 语句执行增减款操作，最终提交事务，以确保收支平衡。设想一下，假设当在储蓄账户上减去取款额之后，因为机器断电导致数据库停止工作，怎么办?用户可能会想这会导致收支不平衡，而事实上是不会的，因为关系数据库会通过事务（Transaction）实现数据的一致性。原理是：断电时事务尚未完成，所以将来在启动数据库时系统会自动回退未提交的操作，并最终保证数据的一致性。从数据库的角度看,如果储蓄账户执行了 UPDATE 操作后出现断电，那么，当重新启动数据库时，系统会自动执行还原操作，将修改的数据恢复成原有数据。此时大家可能会问，那么原有数据存放在哪儿了呢？当执行 INSERT、UPDATAE、DELETE 等 DML 操作时，服务器进程会将原有数据（称为 UNDO 数据）存放到 UNDO 段中，UNDO 段是专门用于存储还原数据的段。图 9-4 为还原段示意图。

UNDO 数据也被称为回滚（ROLLBACK）数据，用于确保数据的一致性。当执行 DML 操作(INSERT、UPDATE、DELETE 等)时，操作前的数据被称为 UNDO 记录。例如，当执行“UPDATE emp SET sal=1000 WHERE empno=7788”语句时，假定雇员 7788 原有工资为 800，原有数据 800 就是 UNDO 数据，并且该数据会被存放到还原段中，而新数据 1000 则会存放到 EMP 数据段中。还原段用于在进程更改数据库中的数据时保存数据的旧值（可能还原的数据）。它按数据被修改之前的原样存储数据的位置及数据本身。许多并发事务处理可以写入一个还原段。

还原段有如下几个用途（如图 9-5 所示）：

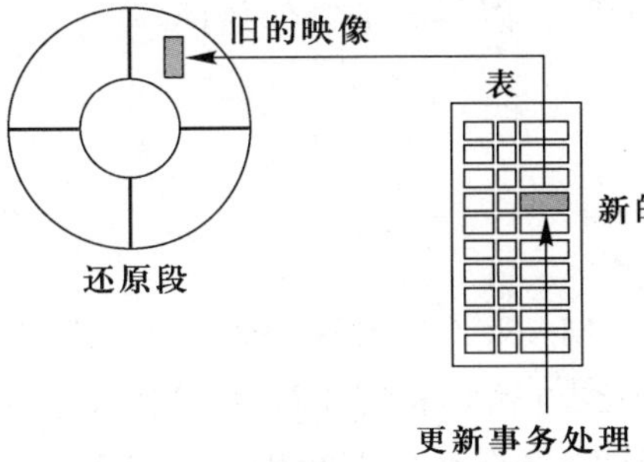

图 9-4　还原段示意图

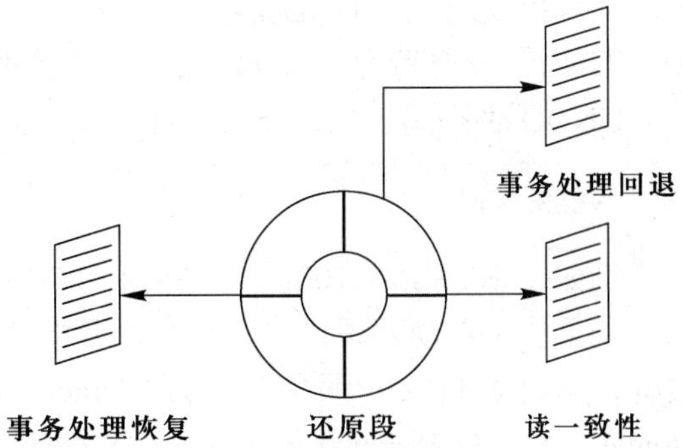

图 9-5　还原段的用途

（1）事务处理回退

当某事务处理修改表中某行时，被修改的列的旧值（要还原的数据）将存储在还原段中，新数据被存入到数据段中。如果将该事务处理回退，即执行 ROLLBACK 命令，则 Oracle 服务器通过将还原段中的值写回到该行来恢复原始值。例如，用户 A 在执行了语句“UPDATE emp SET sal=1000 WHERE empno=7733”后发现应该修改 7868 号雇员的工资而不是 7733 号雇员的工资，那么通过执行“ROLLBACK”语句可以取消事务，此时系统将回滚段中的 UNDO 数据

800 从 UNDO 段中又写回数据段中。

（2）事务处理恢复

事务恢复是由 ORACLE SERVER 自动完成的。如果实例在事务处理正在进行时失败（INSTANCE FAILURE），那么 Oracle 服务器需要在数据库再次打开时回退所有未提交的事务。这种回退操作是事务处理恢复的一部分。之所以有可能恢复事务处理，原因在于对还原段所做的更改同样受重做日志文件的保护。

（3）读一致性

当用户检索数据库数据时，Oracle 服务器总是使其用户只能看到被提交过的数据（读取提交）或者特定时间点的数据（SELECT 语句时间点），这样可以确保数据的一致性。读一致性是由 Oralce 服务器提供的，并且该特征是通过 UNDO 记录来实现的。还原段中的旧值（要回退的数据）用于保证数据的读一致性。Oracle 服务器保证一条语句所看到的数据来自一致的时间，即使其他事务处理修改了该数据。

例如，当 Oracle 服务器开始执行 SELECT 语句时，首先确定当前系统更改号（SCN），并确保这个 SCN 之前未提交的任何修改不会被这条语句处理。如果在这次查询开始时某行有未提交的数据更改，Oracle 服务器会从还原段检索这些更改的旧值，并显示该旧值，如图 9-6 所示。

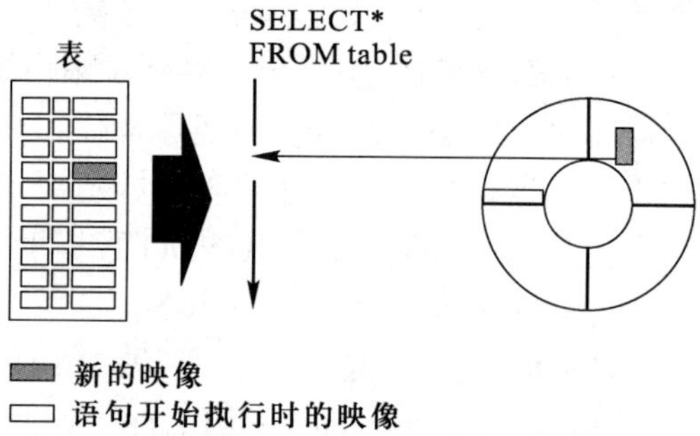

图 9-6　读一致性

9.3　自动 UNDO 空间管理

管理 UNDO 数据有两种方法，一种是自动管理模式，通过 UNDO 表空间可以自动管理 UNDO 数据，另一种是手工管理方式，即使用 UNDO 段管理 UNDO 数据。顾名思义，UNDO 表空间是指专门存放 UNDO 数据的表空间，并且只能存放回滚段而不能存放其他的数据段。当使用 UNDO 表空间时，Oracle 会自动在该表空间上建立还原段，以供事务操作使用。

UNDO 表空间上的还原段，按以下方式命名：

```
_SYSSMUn$
```

例如，_SYSSMU10$、_SYSSMU11$等。

如果使用自动管理模式，则必须要将初始化参数 UNDO_MANAGEMENT 设置为 AUTO。这样，当启动 Oracle 服务器之后，Oracle 会使用 UNDO 表空间自动管理 UNDO 数据，并且 Oracle 自动选择第一个可用的 UNDO 表空间存放 UNDO 数据。在有多个 UNDO 表空间时，可以通过设置初始化参数 UNDO_TABLESPACE 选择使用的 UNDO 表空间。但是如果没有 UNDO 表空间可用，则 Oracle 会使用 SYSTEM 还原段存放 UNDO 记录。

9.3.1　UNDO 空间管理参数

自动 UNDO 空间管理模式相关的初始化参数有以下几个。

（1）UNDO_MANAGEMENT

该参数用于指定数据库 UNDO 数据的管理模式。该参数可以设置为 AUTO 和 MANUAL

这两个值中的任一个值，并且必须在初始化参数文件中设置。UNDO_MANAGEMENT 不能在数据库启动后进行动态更改。AUTO 模式可以将数据库设置为自动还原管理，并需要 UNDO 表空间。在 MANUAL 模式（默认值）下，可以根据需要在数据库中创建和管理还原段，这与以前的 Oracle 服务器版本中的操作相同。如果数据库中只有一个 UNDO 表空间，并且将 UNDO_MANAGEMENT 设置为 AUTO，则 UNDO_TABLESPACE 参数是可选的，Oracle 服务器将自动选择 UNDO 表空间。

（2）UNDO_TABLESPACE

该参数用于指定在自动管理模式下要使用的 UNDO 表空间。此参数可以在初始化文件中设置，或使用 ALTER SYSTEM 命令来动态改变。语句如下：ALTER SYSTEM SET UNDO_TABLESPACE= UNDOTBS;

（3）UNDO_SUPPRESS_ERRORS

使用该参数，用户可以避免在自动还原管理模式下执行手动还原管理模式操作（例如，ALTER ROLLBACK SEGMENT ONLINE）时出现错误。通过设置这个参数，用户可以在将所有应用程序和脚本转换成自动还原管理模式前使用还原表空间功能。例如，如果有一个使用 SET TRANSACTION USE ROLLBACK SEGMENT 语句的应用程序，则可以向该应用程序添加语句 ALTER SESSION SET UNDO_SUPPRESS_ERRORS =true，以避免 ORA-30019 错误。ORA-30019 错误为在自动还原模式下执行了非法的回退段。

（4）UNDO_RETENTION

该参数用于指定保留 UNDO 数据的时间，以便提供读一致性，默认值为 900 s。如果执行查询的时间很长，尽可能保留更多的还原数据，但是需要 UNDO 表空间的数据文件也越大。以秒为单位定义的 UNDO_RETENTION 参数可以在初始化文件中设置，或使用 ALTER SYSTEM 命令来动态修改。

【实例 9-6】更改初始化参数 UNDO_RETENTION。

① 以管理员身份登录。

```
SQL> conn sys/oracle as sysdba
Connected.
```

② 查看 UNDO_RETENTION 设置，可见还原数据的保留时间为 900 s（15 min）。

```
SQL> show parameter undo_retention
NAME                                 TYPE        VALUE
------------------------------------ ----------- ------------------
undo_retention                       integer     900
```

③ 修改 UNDO_RETENTION 为 600 s（可以使还原数据保留 10 min）

```
SQL> alter system set undo_retention=600;

System altered
```

如果 UNDO 表空间设置得太小，则即使设置了 UNDO_RETENTION，仍不能按指定的时间保留还原数据。Oracle 服务器使用一种算法在 UNDO 表空间内分配空间，例如有新的事务产生，如果没有空闲的 UNDO 空间，Oracle 就会使用不活动的旧事务未过期的还原段空间来为新事务分配还原段。

9.3.2 创建 UNDO 表空间

自动还原管理需要一个 UNDO 表空间。虽然数据库中可能有多个 UNDO 表空间，但只能有一个 UNDO 表空间处于活动状态。创建 UNDO 表空间有两种方法，一种是创建数据库时创建；另一种是使用 CREATE UNDO TABLESPACE 命令创建。需要注意，在 UNDO 表空间上不能建立任何数据对象（表、索引、簇）。

1. 创建数据库时创建 UNDO 表空间

可以在创建数据库时一起创建 UNDO 表空间，方法是在 CREATE DATABASE 命令中添加一个子句。其格式是在 CREATE DATABASE 命令中添加一个子句：

```
UNDO TABLESPACE UNDOTBS1
DATAFILE '/opt/oracle/oradata/db01/undotbs01.dbf ' SIZE 20M
AUTOEXTEND ON
```

其中，UNDO TABLESPACE 用于指定 UNDO 表空间名；而 DATAFILE 则用于指定 UNDO 表空间所对应的数据文件。

但是，在创建数据库期间，如果将 UNDO_MANAGEMENT 参数设置为 AUTO，并在 CREATE DATABASE 语句中省略了 UNDO 表空间子句，那么 Oracle 服务器将创建一个名为 SYS_UNDOTBS 的 UNDO 表空间，其对应数据文件的大小取决于操作系统，并且将数据文件的 AUTOEXTEND 属性设置为 ON。

2. 命令行创建 UNDO 表空间

使用 CREATE UNDO TABLESPACE 命令可以创建新的 UNDO 表空间。但是 CREATE UNDO TABLESPACE 命令只能指定 DATAFILE 子句，而不能指定 DEFAULT STORAGE 子句。

【实例 9-7】创建一个名为 undotbs2 的 UNDO 表空间。

① 以管理员身份登录。

```
SQL> conn sys/oracle as sysdba
Connected.
```

② 创建新的 UNDO 表空间。

```
SQL> create undo tablespace undotbs2
  2  datafile '/opt/oracle/oradata/db01/undotbs2.dbf' size 4M;

Tablespace created.
```

执行上述命令后，创建一个名为 undotbs2 的 UNDO 表空间，该表空间包含一个 undotbs2.dbf 的数据文件，大小为 4 MB。如果希望在 undotbs2 表空间上创建 TEST 表，会返回错误信息，因为在 UNDO 表空间上不能创建任何的数据对象，包括表、索引、簇、函数、过程、包等。

【练习 9-1】创建另一个 UNDO 表空间。

9.3.3 切换 UNDO 表空间

一个 Oracle 数据库可以包含多个 UNDO 表空间，但同一时刻一个实例只能使用一个 UNDO 表空间。初始化参数 UNDO_TABLESPACE 用于指定实例所要使用的 UNDO 表空间，因为该参数是一个动态参数，所以可以动态切换 UNDO 表空间。

【实例 9-8】将数据库的 UNDO 表空间设置为 UNDOTBS2。

① 以管理员身份登录。

```
SQL> conn sys/oracle as sysdba
Connected.
```

② 查看当前 UNDO 表空间，当前 UNDO 表空间为 UNDOTBS1。

```
NAME                                 TYPE        VALUE
------------------------------------ ----------- --------------------------
undo_tablespace                      string      UNDOTBS1
```

③ 切换 UNDO 表空间为 UNDO 表空间 UNDOTBS2。

```
SQL> alter system set undo_tablespace=undotbs2;
System altered.
```

> **注意**
> 一个实例中可以存在多个 UNDO 表空间，但一次只能将一个 UNDO 表空间分配给某个数据库，即只有一个 UNDO 表空间处于活动状态。

在出现以下情况时，如果切换 UNDO 表空间，会发出错误信息。

- 要切换的表空间不存在。
- 切换表空间不是 UNDO 表空间。
- UNDO 表空间正在由另一个实例使用。

在成功地切换 UNDO 表空间后，任何新开始的事务都将在新的 UNDO 表空间中保存还原记录，但旧的 UNDO 表空间中可能保留有当前未提交的事务还原记录，这时，旧的 UNDO 表空间不会立即进入脱机状态，它将先进入“悬挂脱机状态”（Pending Offline）。在这种状态下，当前未提交的事务仍使用旧的 UNDO 表空间，但是新事务的还原记录不允许保留在旧的 UNDO 表空间中。直到当前未提交的事务全部结束后，旧的 UNDO 表空间才进入脱机状态。

9.3.4 修改 UNDO 表空间

使用 ALTER TABLESPACE 命令，可以对 UNDO 表空间进行更改。改变 UNDO 表空间时，服务器为下列子句提供支持。

- ADD DATAFILE：为 UNDO 表空间增加新的数据文件。
- RENAME：对 UNDO 表空间的所属数据文件更名。
- DATAFILE [ONLINE|OFFLINE]：UNDO 表空间的所属数据文件联机或脱机。
- BEGIN BACKUP：UNDO 表空间进入备份状态。

- END BACKUP：结束 UNDO 表空间的备份状态。

如果需要为 UNDO 表空间增加更多的存储空间，可通过添加新数据文件或者修改已有的数据文件大小的方式为它增加空间。

9.3.5 删除 UNDO 表空间

与普通表空间一样，使用 DROP TABLESPACE 命令，可以删除 UNDO 表空间。例如，删除表空间 UNDOTBS2 可以使用如下命令：

```
DROP TABLESPACE UNDOTSB2;
```

只有在 UNDO 表空间没有被数据库使用时才可以删除它。此外，如果 UNDO 表空间中包含有任何未完成的事务还原记录（如某个事务被意外中止，但还没有被恢复），则不能使用 DROP TABLESPACE 命令删除表空间。

例如，如果表空间 UNDOTBS2 是数据库当前活动的 UNDO 表空间，并且将被删除，那么在删除该表空间前必须将活动 UNDO 表空间切换到其他 UNDO 表空间上，如 UNDOTBS1。然后还要等待表空间内的所有事务处理都已完成后，才能删除它。要确定是否存在任何一个活动的事务处理，可使用以下查询显示 UNDOTBS2 活动的还原段。

```
SELECT a.name,b.status
FROM v$rollname a, v$rollstat b
WHERE a.name IN ( SELECT segment_name
FROM dba_segments
WHERE tablespace_name = 'UNDOTBS2')
AND a.usn = b.usn;
```

如果 STATUS 列即状态为“PENDING OFFLINE”，则说明表空间中的某个还原段仍包含活动的事务处理。如果查询没有返回任何行，则表明所有事务处理均已完成，并且可以使用以下命令删除该表空间。

DROP TABLESPACE UNDOTBS2;

切换到另一个 UNDO 表空间后，Oracle 服务器可以引用原来的 UNDO 表空间为查询提供读一致性。当原来的 UNDO 表空间无法再提供读一致性后，需要该 UNDO 表空间中信息的查询就会收到以下错误：ORA-1555 快照已过期。

【实例 9-9】删除活动 UNDO 表空间 UNDOTBS2。

① 以管理员身份登录。

```
SQL> CONNECT /   AS SYSDBA
已连接。
```

② 启动另一个 SQL*Plus，以 SCOTT 账户登录，并执行 UPDATE 操作。

```
SQL> conn scott/tiger;
Connected.
SQL> update emp set sal=5000 where empno=7788;
1 row updated.
```

③ 切换到 UNDO 表空间。

```
SQL> alter system set undo_tablespace=undotbs1;
System altered.
```

④ 查询 UNDOTBS2 表空间中是否包含活动事务。

```
SQL> select   a.name,b.status from v$rollname a, v$rollstat b
where   a.name in ( select segment_name   from dba_segments
where tablespace_name ='UNDOTBS2') and a.usn = b.usn;
NAME                                    STATUS
----------------------------------------- ------------------------------
_SYSSMU20_3398414837$                    PENDING OFFLINE
```

返回的结果说明 UNDOTBS2 中还有活动还原段，原因是 SCOTT 用户会话中的修改操作还没有结束。

⑤ 结束用户事务。

在 SCOTT 用户会话中执行 COMMIT 或 ROLLBACK 命令结束事务，等待事务处理完毕再执行删除。

```
SQL> rollback;
Rollback complete.
```

⑥ 删除 UNDOTBS2 表空间（可能有延迟）。

```
drop tablespace undotbs2 including contents and datafiles;
Tablespace dropped.
```

9.4 综合训练项目

要求：假定当前的 UNDO 数据管理方式为自动，完成 UNDO 空间的维护和查询。写出操作步骤和命令，解释发生的现象。

1. 以用户 SYS 的身份进行连接，查看当前系统的默认临时表空间。
2. 新建一个临时表空间 temp02，将系统默认临时表空间设置为 temp02。
3. 看当前的 UNDO 数据管理方式和 UNDO 表空间的名称。
4. 设置 UNDO_RETENSION 为 30 min。
5. 创建新的 UNDO 表空间 UNDOTEMP，大小为 15 MB。
6. 切换到新的 UNDO 表空间 UNDOTEMP。

9.5 练习

1. UNDO 数据的自动管理方式下（　　）。

A. 将使用 SYSTEM 表空间的还原段存储还原数据

B. 使用 UNDO 表空间统一存储还原数据

C. 用户需创建还原段来存储还原数据

D. 无需 UNDO 表空间，全部由 Oracle 自动管理

2. 利用（　　）参数可以设置撤销空间的管理方式。

A. UNDO_RETENTION　　B. UNDO_MANAGEMENT

C. UNDO_SUPPRESS_ERRORS　　D. UNDO_TABLESPACE

3. 撤销表空间不能执行（　　）操作。

A. CREATE TABLE　　B. DROP TABLESPACE

C. RENAME DATAFILE　　D. BEGIN BACKUP

4. 下列选项中，（　　）不是还原段的作用。

A. 读一致性　　B. 事务处理回退

C. 事务处理恢复　　D. 存储数据库对象

5. 如果 UNDO 空间有活动事务，那么（　　）。

A. 不能切换到新的 UNDO 空间

B. 需要活动事务结束后才能切换

C. 可以切换，切换后还原段移动到新的 UNDO 表空间

D. 可以正常切换，切换后还原段保留在旧的 UNDO 表空间

第 10 章

数据库用户与权限管理

【学习目标】

Oracle 数据库用户是数据库安全机制的一种。本章主要内容是介绍 Oracle 数据库用户、模式（Schema）的概念，数据库用户的身份验证机制，以及如何创建和管理数据库用户。

【本章要点】

- 创建数据库用户。
- 修改和删除数据库用户。
- 获取数据库用户信息。

【关键术语】

Schema　模式	Quota　配额
Database authentication　数据库验证	Operating system authentication　操作系统验证

10.1　用户与安全

10.1.1　数据的安全访问

Oracle 数据库的安全包括在对象级控制数据库访问和使用的机制，这是通过数据库用户来实现的，数据库用户是定义在数据库中的一个名称，它是存取数据库中信息的通道，是 Oracle 数据库的基本访问控制机制。数据安全策略决定哪个用户访问特定模式对象，在对象上允许每个用户的特定类型操作。用户在访问 Oracle 数据库时必须提供一个数据库账户，只有合法身份的用户才能够访问数据库。

在 Oracle 数据库中，每个数据库用户有一系列安全属性，如图 10-1 所示。

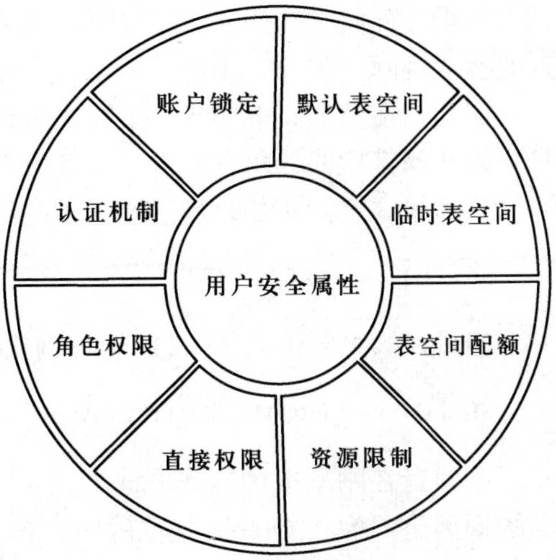

图 10-1　用户安全属性

各属性的含义如下。

- 认证机制：指明用户连接到数据库时的身份验证方式。
- 账户锁定：指明用户是否被锁定，当用户被锁定后，该用户将无法连接到数据库。
- 默认表空间：当用户创建数据库对象时，如果没有显式地指定对象所处的表空间，Oracle 把对象存放在用户的默认表空间中。
- 临时表空间：用户的一些操作（如排序）需要存放临时数据的地方，Oracle 将把临时数据存放到用户的临时表空间中。

- 表空间配额：指明用户在某个表空间中所能使用的存储空间大小。
- 资源限制：每个用户有一个唯一的概要文件，在文件中设置了用户的资源限制和口令策略。
- 直接权限：直接分配给用户的权限。
- 角色权限：权限不是直接分配给用户的，而是先分配给角色，然后把角色再分配给用户，这是用户获取权限的另一种方式。

为了防止数据库用户未经授权使用，每个用户在连接到数据库时都需要进行身份验证，Oracle 提供了 3 种身份验证方式，分别是数据库验证、操作系统验证和网络验证。

数据库验证表示用户名和口令的验证由 Oracle 完成，用户在连接数据库时必须同时提供用户名和口令。采用数据库验证具有以下优点。

① 用户账户及其身份验证信息全部存储在数据库中，验证由 Oracle Server 完成，而不需要借助数据库外的任何控制。

② 当使用数据库验证时，Oracle 提供了严格的口令管理特征以加强口令的安全性，如账户锁定、口令有效期以及口令长度、复杂度等。

③ 易于管理。

操作系统验证也是一种常用的验证方式，在操作系统验证方式下，Oracle 将使用操作系统自身的验证机制来判断用户的身份。

网络验证指口令管理和用户验证由网络服务完成，如 Oracle Advanced Networking Option。

身份验证方式是在创建用户时确定的，可以根据需要随时修改验证方式。本书只介绍数据库验证和操作系统验证的用户的管理。

10.1.2 数据库模式对象

模式是一系列对象的集合。一个模式只能够被一个数据库用户所拥有，并且模式的名称与该用户的名称相同。Oracle 数据库中的每个用户都拥有一个唯一的模式，其所创建的所有模式对象都保存在自己的模式中。模式对象的类型有表、索引、簇、触发器、PL/SQL、序列、同义词、视图、存储过程和存储函数等，当然，Oracle 中并不是所有的对象都是模式对象，非模式对象有表空间、用户、角色、回滚段和概要文件。

当用户在数据库中创建一个模式对象后，这个模式对象默认地属于该用户的模式。一个用户可以访问其模式的所有对象，但其他用户要访问另一个模式的对象时，必须在对象名前加上它所属的模式名。例如，用户 SCOTT 检索其模式的表 EMP 时，可以直接执行语句：

```
SELECT  *  FROM  EMP;
```

但是，如果要访问 SMITH 模式的 CLASS 表时，则必须执行语句：

```
SELECT  *  FROM  SMITH.CLASS。
```

初学者在刚刚接触模式概念时，常常不清楚数据库用户与模式之间的区别。造成这种情况的原因是因为在 Oracle 数据库中，模式与数据库用户是一一对应，每个数据库用户都拥有一个与其用户名相同的模式。因此，在 Oracle 数据库中，模式与用户两个概念的差别很小，经常可以替换。例如，“用户 A 拥有 TEMP 表”和“模式 A 拥有 TEMP 表”两句话的意义是相同的。因此不必在语言上完全区分模式与用户，但是，一定要清楚模式与用户是两个完全不同的概念。

10.1.3 创建用户操作

使用 CREATE USER 语句可以创建一个新的数据库用户，执行该语句的用户必须具有 CREATE USER 系统权限。在创建用户之前，首先要确认该用户的一些信息，如用户名称、该用户采用的验证方式、用户的默认表空间和临时表空间、允许用户在表空间中使用的空间配额。

使用 CREATE USER 语句创建用户的语法如下。

```
CREATE USER user
IDENTIFIED {BY password | EXTERNALLY}
[ DEFAULT TABLESPACE tablespace ]
[ TEMPORARY TABLESPACE tablespace ]
[ QUOTA {integer [K | M ] | UNLIMITED } ON tablespace
[ QUOTA {integer [K | M ] | UNLIMITED } ON tablespace
]...]
[ PASSWORD EXPIRE ]
[ ACCOUNT { LOCK | UNLOCK }]
[ PROFILE { profile | DEFAULT }]
```

各参数含义如下。

- USER：用于指明用户名。
- IDENTIFIED 用于指明验证方式。
- BY password：指定用户在登录时需通过数据库验证，必须提供口令。
- EXTERNALLY：指定用户需通过操作系统验证。
- GLOBALLY AS：指定对用户进行全局验证。
- DEFAULT TABLESPACE：用于指定用户的默认表空间。当用户建立数据对象（表、索引簇）时，如果不指定 TABLESPACE 子句，那么 Oracle 会自动在默认表空间上为这些数据对象分配空间。如果在建立用户时不指定 DEFAULT TABLESPACE 子句，则会将 SYSTEM 表空间作为其默认表空间。
- TEMPORARY TABLESPACE：用于指定用户的临时表空间。当该用户执行排序操作时，一些临时数据将会存放到临时表空间中。如果不指定该子句，将使用数据库的默认临时表空间（在创建数据库时指定），如果没有为数据库设置默认临时表空间，则会使用 SYSTEM 表空间作为用户的临时表空间，这种情况应当避免发生。
- QUOTA：用于指定表空间配额，即用户对象可占用表空间的总计空间。分配配额时可以以 KB 或 MB 作为单位，也可以指定 UNLIMITED，表示配额不受限制。如果不指定配额，用户将无法使用表空间存放数据库对象。临时表空间不需要指定配额。
- PASSWORD EXPIRE：强制用户在使用 SQL*Plus 登录到数据库时重置口令（该选项仅在用户通过数据库进行验证时有效）。

- ACCOUNT LOCK/UNLOCK：可用于显式锁定或解除锁定用户账户（UNLOCK 为缺省设置）
- PROFILE：用于控制资源使用和指定用户的口令控制机制。

以下是数据库验证和操作系统验证两种验证方式的用户的创建案例。

【实例 10-1】创建一个数据库验证用户，同时为它指定口令、默认表空间、临时表空间、空间配额，并要求用户登录后更改口令。

① 以管理员身份登录。

```
SQL> conn sys/oracle as sysdba
Connected.
```

② 创建用户。

```
SQL>   create user u01
  2  identified by u1234
  3  default tablespace users
  4  temporary tablespace temp
  5  quota 1M on users
  6  password expire;
User created.
```

③ 为用户授基本权限。

```
SQL> grant connect,resource to u01;
Grant succeeded.
```

④ 使用新用户登录数据库。

```
SQL> conn u01/u1234
ERROR:
ORA-28001: the password has expired
Changing password for u01
New password:
Retype new password:
Password changed
Connected.
```

说明：本例创建的新用户名为 u01，口令为 u1234，默认的表空间为 users，临时表空间为 temp。在 users 表空间上的空间使用配额为 1 MB。PASSWORD EXPIRE 指明用户首次登录后，要立即进行口令修改，修改口令时，需输入 2 次相同的新口令，口令修改过程中，不显示输入的口令。

新用户创建后，不能立即登录到数据库，因为它还不具有 CREATE SESSION 权限。因此，在建立新用户后，要使用 GRANT 语句为其授予 CREATE SESSION 权限，该权限允许用户登录数据库，在本例中，授予用户 CONNECT 角色和 RESOURCE 角色，该角色包含 CREATE SESSION 权限。

【练习 10-1】创建一个新的表空间，创建数据库验证用户 u03，使用新的表空间作为默认表空间，并允许用户无限制使用该表空间。

10.1.4 其他用户操作

1. 修改用户

在创建用户以后，可以使用 ALTER USER 命令对用户进行修改，修改用户一般是由 DBA 来完成的，如果要以其他用户身份修改用户，那么该用户必须具有 ALTER USER 系统权限。利用 ALTER USER 命令可以修改用户的各种信息，如口令、默认表空间、临时表空间、配额和概要文件等。

【实例 10-2】修改用户。

① 用户 u2 修改自己的口令。

```
SQL> alter user u01 identified by u11;
User altered.
```

② 修改 SCOTT 用户在 users 表空间上的配额为 1MB。

```
SQL> alter user scott quota 1M on users;
User altered.
```

【练习 10-2】对用户进行修改，要求用户 u02 登录后更改口令。

2. 删除用户

删除用户是 DBA 使用 DROP USER 命令来完成的；如果要以其他用户身份删除用户，则要求该用户必须具有 DROP USER 系统权限。当删除了用户之后，Oracle 会从数据字典中删除用户、模式及其所有模式对象的信息。删除用户的语法如下：

```
DROP USER user [CASCADE]
```

参数 CASCADE 表示删除用户模式中包含的模式对象，如果要删除的用户模式中包含模式对象，必须带有该参数，否则会出现如下错误信息。

```
ERROR 位于第 1 行:
ORA-01922: 必须指定 CASCADE 以删除'u01'
```

如果用户当前正连接到数据库，则不能删除该用户。必须先用 ALTER SYSTEM KILL SESSION 语句终止其会话，然后再用 DROP USER 将用户删除。

【实例 10-3】删除用户 csi。

```
SQL> drop user u01 cascade;
User dropped.
```

这样就把用户 u01 及其拥有的所有表、索引等模式对象一起删除了。

3. 查看用户信息

当建立用户时，Oracle 会将用户信息存放到数据字典中。通过查询数据字典 DBA_USERS，可以显示用户的详细信息，包括用户名、账户状态、默认表空间以及临时表空间等信息。

DBA_TS_QUOTAS 数据字典视图可以显示用户的表空间配额信息。

【实例 10-4】查询 SCOTT 用户的临时表空间和默认表空间。

① 以管理员身份登录。

```
SQL> conn sys/oracle as sysdba
Connected.
```

② 查询 SCOTT 用户的临时表空间和默认表空间。

```
SQL> select temporary_tablespace,default_tablespace
from dba_users where username='SCOTT';
TEMPORARY_TABLESPACE              DEFAULT_TABLESPACE
----------------------------------------------- -------------------------------------
TEMP                                 USERS
```

表空间配额限制了用户在某个表空间上可使用的最大空间。如果表空间配额不足，那么当在表空间上创建对象时经常会显示如下错误信息。

```
ERROR 位于第 1 行:
ORA-01536: 超出表空间'USERS'的空间限量
```

可以使用数据字典 dba_ts_quotas 定期监视用户空间配额。

【实例 10-5】查看用户 SCOTT 的表空间配额。

① 以管理员身份登录。

```
SQL> conn sys/oracle as sysdba
Connected.
```

② 查询信息。

```
SQL> select tablespace_name,bytes/1024/1024||'M',max_bytes/1024/1024||'M'
  2  from dba_ts_quotas where username='SCOTT';

TABLESPACE_NAME              BYTES/1024/1024||'M'     MAX_BYTES/1024/1024||'M'
---------------------------------------- -------------------------------- ------------------------------------
USERS                         .3125M                     1M
```

这里 BYTES 表示用户数据对象已占用空间的大小，MAX_BYTES 则表示用户数据对象可占用的空间的大小。

10.1.5 利用控制台管理用户

可以利用控制台对用户进行管理，如创建用户、修改用户的属性信息、删除用户等操作。

步骤 1：新建一个用户。

选择【DB01】→【Server】→【Security】→【Users】节点，如图 10-2 所示，如果想要创建新用户，单击 Create 按钮，打开如图 10-3 所示的界面。

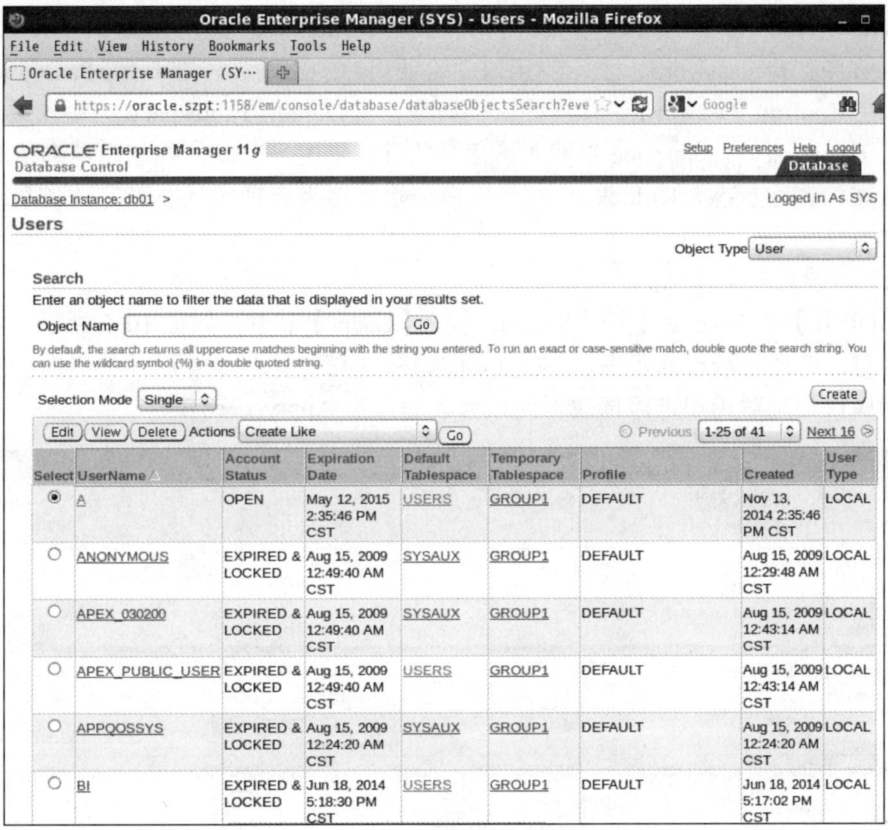

图 10-2 显示用户属性界面

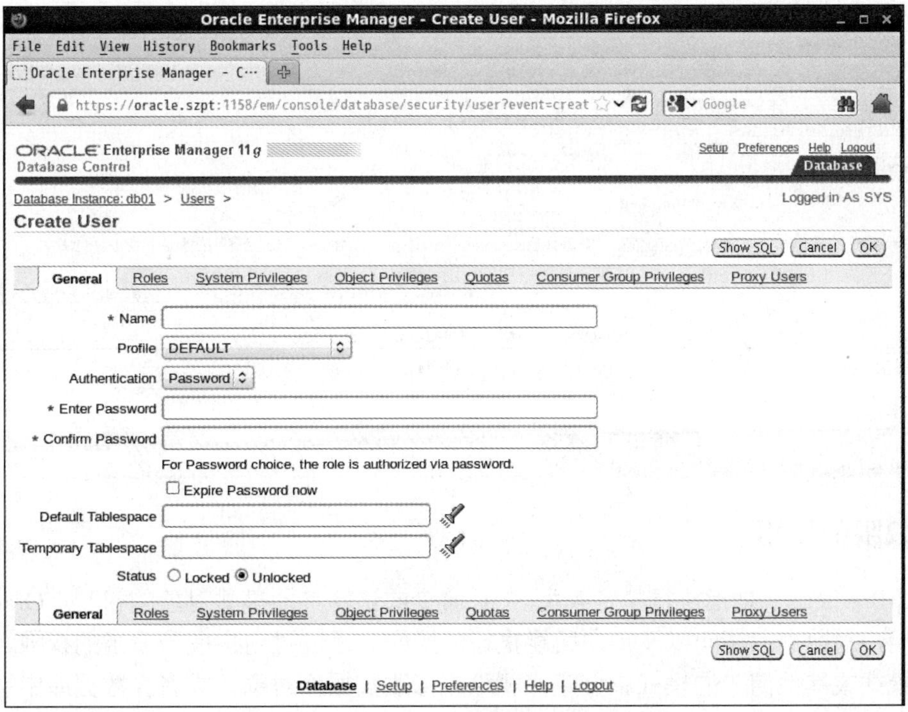

图 10-3 创建新用户界面

在 Name 中输入要创建的用户的名字，在 Profile 中选择用户默认的配置文件，在 Authentication 中选择 Password，表示使用口令验证用户的正确性，在 Enter Password 中输入用户的口令，在 Confirm Password 中输入确认的口令，在 Default Tablespace 中输入该用户的默认表空间，在 Temporary Tablespace 中输入该用户的默认临时表空间，在状态中选择 locked 表示用户初始状态为锁定状态，Unlocked 表示用户初始状态为未锁定状态，完成信息输入后单击 OK 按钮。

步骤 2：修改用户的信息。

选择【DB01】→【Server】→【Security】→【Users】节点，如图 10-2 所示，如果想要修改用户的信息，选择要修改的用户，单击 Edit 按钮，打开如图 10-4 所示的界面。按步骤 1 中所示的用户属性信息对用户进行修改，完成修改后单击 Apply 按钮保存。

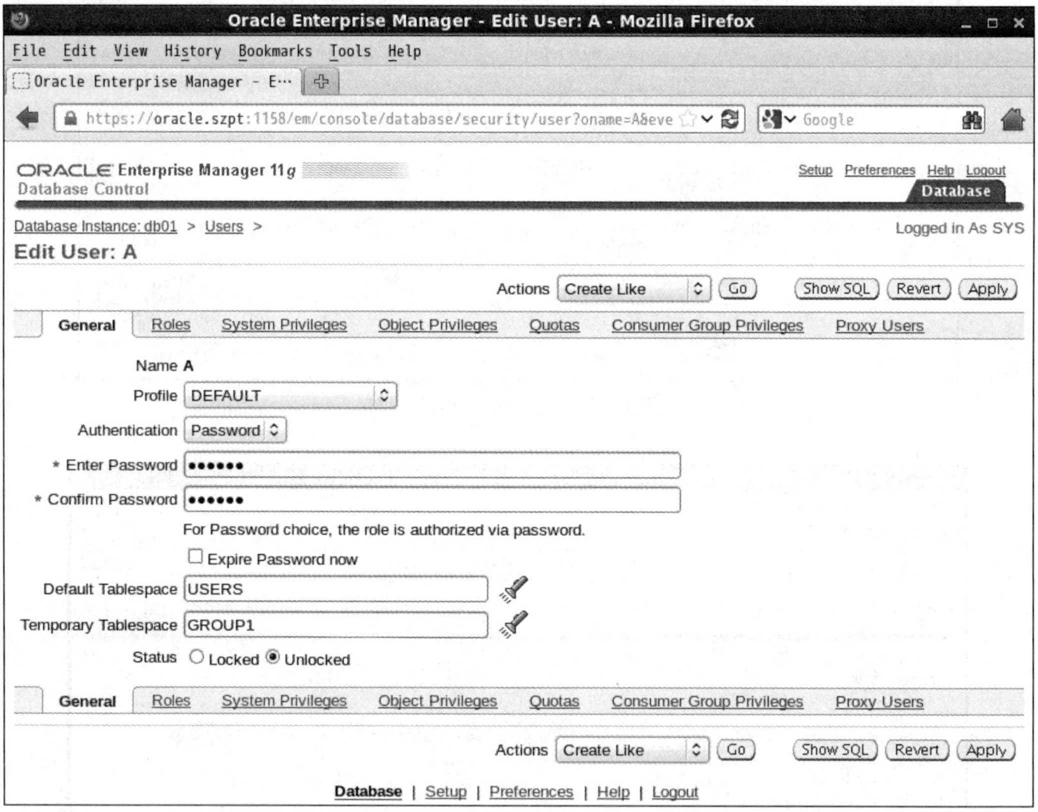

图 10-4　修改用户的属性信息

10.2　Oracle 权限概述

10.2.1　权限的作用

权限（Privilege）是指执行特定类型 SQL 命令或访问其他模式对象的权利。Oracle 使用权限来控制用户对数据的访问以及用户所能执行的操作。通过对用户授予适当的权限，用户能够在自己的模式或其他用户的模式中创建、删除或修改数据库对象，或者在数据库中执行某些特定的操作。简言之，用户所具有的权限决定了其能够访问的数据和执行的操作。

权限可以通过以下两种方式授予用户。

- 直接将权限授予用户。
- 首先将权限授予角色，然后再将角色授予用户。

10.2.2 权限的分类

在 Oracle 中，权限一共可以分为系统权限和对象权限两类。

系统权限是在数据库级别执行某种操作，它用于控制用户可以执行的一个或一类数据库操作，如连接数据库的权限、创建表的权限等。

对象权限是针对某个特定的模式对象执行各种操作的权力，如从其他用户的表中查询信息、执行其他用户的存储过程等。

10.2.3 系统权限管理

1. 系统权限分类

在 Oracle 中总共包含超过 100 种不同的系统权限，每种系统权限都为用户提供了执行某一种或某一类型特定的数据库操作的能力。系统权限可以分为如下 3 类。

① 针对系统级别或者数据库级别的操作，如 CREATE SESSION 系统权限允许用户连接到数据库，CREATE TABLESPACE 系统权限允许用户创建表空间。

② 允许用户在自己模式内的对象管理，如 CREATE TABLE 系统权限，允许用户在自己模式内创建表。

③ 允许用户在任何模式内的对象管理，如 CREATE ANY TABLE 系统权限，允许用户在任何模式内创建表。

2. 常用系统权限

表 10-1 列出了最常用的一些系统权限。

表 10-1 常用系统权限

系 统 权 限	作 用
CREATE ANY INDEX	创建任何模式的索引
ALTER ANY INDEX	修改任何模式的索引
DROP ANY INDEX	删除任何模式的索引
CREATE TABLE	创建自己模式的表
CREATE ANY TABLE	创建任何模式的表
ALTER ANY TABLE	修改任何模式的表
DROP ANY TABLE	删除任何模式的表
SELECT ANY TABLE	查询数据库内的任何表
UPDATE ANY TABLE	修改数据库内的任何表
DELETE ANY TABLE	删除数据库内的任何表
CREATE SESSION	连接到数据库
ALTER SESSION	修改数据库连接

续表

系统权限	作用
RESTRICTED SESSION	限制数据库连接
CREATE TABLESPACE	创建表空间
ALTER TABLESPACE	修改表空间
DROP TABLESPACE	删除表空间
UNLIMITED TABLESPACE	无配额限制使用表空间

有几点需要注意的，在系统权限中没有 CREATE INDEX 权限，因为 CREATE TABLE 权限中已经包含了 CREATE INDEX 权限；在 CREATE TABLE、CREATE PROCEDURE 和 CREATE CLUSTER 权限中已经包含了删除这些对象的权限；UNLIMITED TABLESPACE 系统权限不能授予角色；要使用 truncate 命令删减其他模式的表，用户必须具有 DROP ANY TABLE 系统权限。

3. 系统权限的授予和回收

（1）系统权限授予

系统权限可以被授予用户、角色或 PUBLIC 公共用户组。PUBLIC 是一个在创建数据库时自动建立的用户组，如果将权限授予 PUBLIC 用户组，数据库的任何用户都将具有该权限。

使用 GRANT 语句可以授予系统权限，GRANT 命令由 DBA 来完成的。如果要以其他用户身份授予系统权限，那么要求用户必须具有 GRANT ANY PRIVILEGE 系统权限或用户在得到该权限时具有转授系统权限的选项 WITH ADMIN OPTION。

GRANT 语句的语法如下：

```
GRANT {system_privilege }[, {system_privilege } ]...TO {user | role | PUBLIC}[, {user | role | PUBLIC} ]...
[WITH ADMIN OPTION]
```

其中参数 WITH ADMIN OPTION 表示被授权的用户可以把该系统权限再授给其他用户。

【实例 10-6】创建用户 u01 并授予相应的权限，使 u01 用户连接数据库服务器并具有创建表的权限。

① 以管理员身份登录。

```
SQL> conn sys/oracle as sysdba
Connected.
```

② 创建用户。

```
SQL> create user u01
  2  identified by u1234
  3  default tablespace users
  4  temporary tablespace temp
  5  quota 1M on users;
User created.
```

③ 使用 u01 用户连接到数据库服务器，不能成功，是因为没有相应的权限。

```
SQL> conn u01/u1234;
ERROR:
```

```
ORA-01045: user U01 lacks CREATE SESSION privilege; logon denied
Warning: You are no longer connected to ORACLE.
```

④ 授予权限。

```
SQL> conn sys/oracle as sysdba
Connected.
SQL>  grant create session,create table to u01;
Grant succeeded.
```

⑤ 使用 u01 用户连接数据库服务器并创建表。

```
SQL> conn u01/u1234;
Connected.
SQL> create table test(a int);
Table created.
SQL> insert into test values(1);
1 row created.
```

在将系统权限 CREATE SESSION 授予给 u01 用户后，该用户可以连接 Oracle 服务器，将 CREATE TABLE 授予用户 u01 用户之后，该用户就可以执行建表操作了。

【练习 10-3】 新建 u02 用户，并授予连接数据库和创建表的权限。

Oracle 中有 SYSDBA 和 SYSOPER 两个特殊权限，具有该权限的用户能执行数据库维护操作，如启动和关闭 Oracle Server、建立数据库、备份和恢复等任务。

权限 SYSDBA 自动包含了 SYSOPER 的所有权限，另外还具有建立数据库以及执行不完全恢复的权限，而 SYSOPER 则不能执行这两项操作。

表 10-2 列出了 SYSDBA 和 SYSOPER 的区别。

表 10-2　SYSDBA 和 SYSOPER 的区别

权　限	区　别
SYSOPER	STARTUP
	SHUTDOWN
	ALTER DATABASE OPEN | MOUNT
	ALTER DATABASE BACKUP CONTROLFILE TO
	RECOVER DATABASE
	ALTER DATABASE ARCHIVELOG
	RESTRICTED SESSION
SYSDBA	SYSOPER PRIVILEGES WITH ADMIN OPTION
	CREATE DATABASE
	ALTER TABLESPACE BEGIN/END BACKUP
	RESTRICTED SESSION
	RECOVER DATABASE UNTIL

（2）系统权限回收

回收系统权限是使用 REVOKE 命令来完成的。在收回了用户所具有的系统权限之后，用户将不能执行该系统权限所对应的 SQL 命令。收回系统权限一般是由 DBA 用户来完成的，但如果要以其他用户身份收回系统权限，那么要求用户必须具有 GRANT ANY PRIVILEGE 系统权限或转授系统权限的选项 WITH ADMIN OPTION。

【实例 10-7】回收用户 u01 的创建表的权限。

回收权限。

```
SQL> conn sys/oracle as sysdba
Connected.
SQL> revoke create table from u01;
Revoke succeeded.
```

当回收用户 aaron 的 CREATE TABLE 系统权限之后，该用户将不能创建表了。

【练习 10-4】回收用户 u02 的连接数据库和创建表的权限。

在使用 GRANT 授权时可以带有 WITH ADMIN OPTION 参数，表明得到权限的用户可以把该权限再授给其他用户。

【实例 10-8】授予用户 u01 有连接数据库和创建表的权限，要求带 WITH ADMIN OPTION 参数，并验证该参数。(事行创建好两个新用户 u01、u02，这两个用户没有任何权限。)

① 以管理员身份登录，管理员授予系统权限，并允许传递。

```
SQL> conn sys/oracle as sysdba;
Connected.
SQL> grant create session,create table to u01 with admin option;
Grant succeeded.
```

② 以 u01 用户登录，授予用户 u02 连接数据库和创建表的权限。

```
SQL> conn u01/u1234;
Connected.
SQL> grant create session,create table to u02;
Grant succeeded.
```

③ 验证权限：以 u02 用户登录并创建一个表。

```
SQL> conn u02/u1234;
Connected.
SQL> create table test(a int);
Table created.
```

因为 u01 在得到连接数据库和创建表的权限时带有了 WITH ADMIN OPTION 参数，所以它也可以把该权限授予其他用户。

这样用户 u02 也具有了连接数据库和创建表的权限。如图 10-5 所示示意性地给出了授权过程。

系统权限在回收时不会被级联回收。在前面的例子中，sys 用户授予用户 u01 具有 CREATE TABLE 系统权限，用户 u01 又把 CREATE TABLE 系统权限授予了 u02 用户，当 sys 收回 u01 的 CREATE TABLE 系统权限时，不会收回 u02 的系统权限，因为系统权限不会被级联收回，如图 10-6 所示。

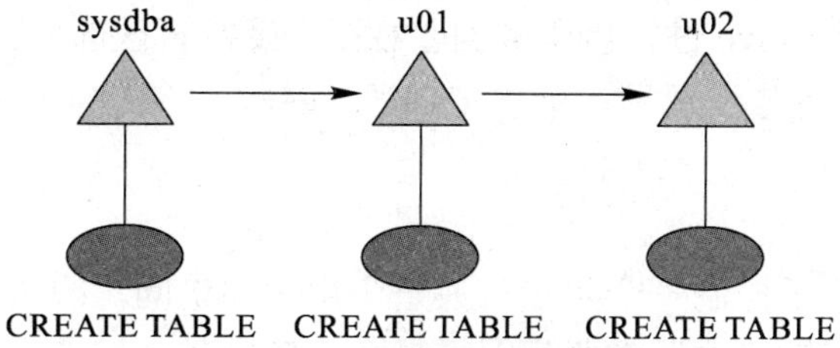

图 10-5　系统权限的级联授予

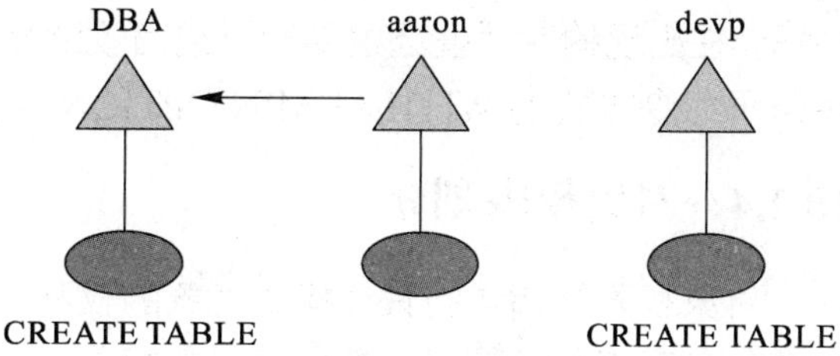

图 10-6　系统权限的不会级联回收

【实例 10-9】回收用户 u01 的创建表的权限。

① 以管理员身份登录，并回收权限。

```
SQL> conn sys/oracle as sysdba
Connected.
SQL> revoke create table from u01;
Revoke succeeded.
```

② 以 u02 用户登录，新建一个表。

```
SQL> conn u02/u1234;
Connected.
SQL> create table test1(a int);
Table created.
```

当 sys 收回了 u01 的 CREATE TABLE 系统权限后，用户 u02 仍然具有 CREATE TABLE 系统权限。

4. 使用控制台管理系统权限

选择【DB01】→【Server】→【Security】→【Users】节点，如图 10-7 所示，如果想要修改用户的信息，选择要修改的用户，单击 Edit 按钮，打开如图 10-7 所示的界面，选择 System Privileges 标签页，出现该用户被直接授予的系统权限。如果希望修改系统权限，点击 “Edit List”

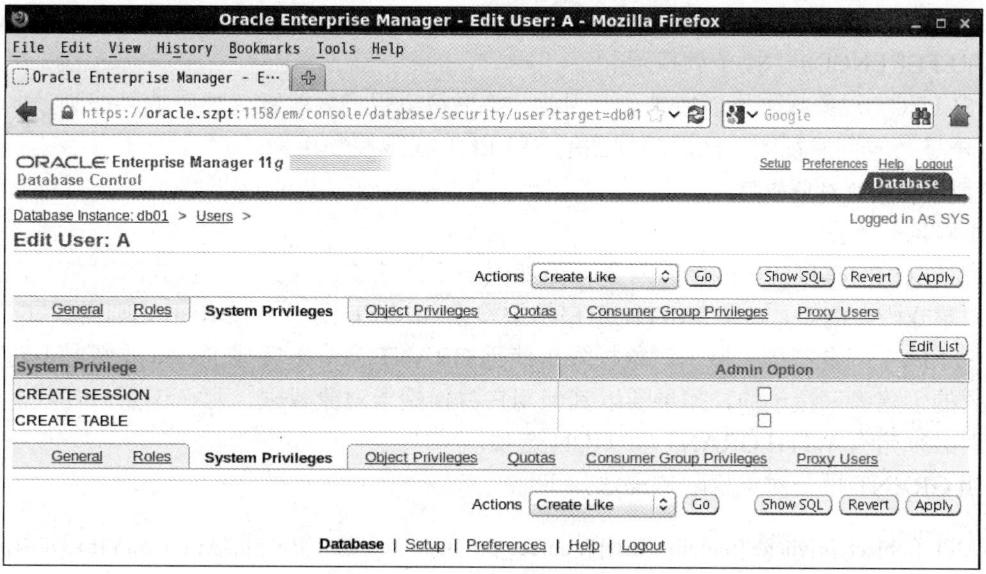

图 10-7　System Privilege 标签页

按钮，在出现的对话框选中要授予或回收的权限用 Move 进行授予或回收权限，设置管理选项，相当于命令方式的 WITH ADMIN OPTION 参数。完成设置后，单击“OK”按钮。

10.2.4 对象权限划分

对象权限是指访问其他模式对象的权利，它用于控制一个用户对另一个用户的访问。模式对象的创建者具有该对象的所有对象权限，并且能够将这些对象权限授予数据库中其他用户。

例如，如果 SMITH 用户希望可以访问 SCOTT 模式的对象 EMP 表，则必须要在 EMP 表上具有相应对象权限。因为 SCOTT 用户是 EMP 的创建者，所以 SCOTT 用户可以将 EMP 表的访问权限授予 SMITH 用户。

在 Oracle 中，一共有 8 种类型的对象权限，表 10-3 列出了 Oracle 所提供的所有对象权限。

表 10-3　所有对象权限

对象权限	表	视　图	序　列	过　程
ALTER	√	√	√	
DELETE	√	√		
EXECUTE				√
INDEX	√	√		
INSERT	√	√		
REFERENCES	√			
SELECT	√	√	√	
UPDATE	√	√		

在使用对象权限时，有如下几点需要注意：

- 对象权限可以授予用户、角色和 PUBLIC 公共用户组。
- 默认情况下，当直接授予对象权限时，会将访问所有列的权限都授予用户。而如果只允许用户访问某些列，则必须要授予列权限。需要注意，只能在 INSERT、UPDATE 和 REFERENCES 上授予列权限。
- SELECT 对象权限不能授予列，因此，如果希望用户只能查询表中的某些列，唯一的方法是为表创建视图，然后将视图的 SELECT 权限授予用户。

1. 授予和回收对象权限

（1）对象权限授予

用户可以访问其模式中的所有对象，但如果一个用户要访问另一个模式的对象时，则必须要具有对象权限。例如，如果 SMITH 用户希望检索 SCOTT 模式的 EMP 表，则需要在 EMP 表上具有 SELECT 对象权限。授予对象权限是使用 GRANT 命令来完成的，一般情况下对象权限是由对象的创建者来授予的，如果要以其他用户身份授予对象权限，那么该用户在获得相应对象权限时必须带有 WITH GRANT OPTION 选项。

使用 GRANT 授予对象权限的语法如下：

```
GRANT { object_privilege [(column_list)] [, object_privilege [(column_list)] ]...|ALL [PRIVILEGES]}
ON   [schema.]object
```

```
TO  {user | role | PUBLIC}[, {user|role | PUBLIC} ]... [WITH GRANT OPTION]
```

object_privilege：表示要授予的对象权限。

column_list：是一个表或视图的列，用于授予列权限。

ALL：将所有对象权限授予用户。

WITH GRANT OPTION：允许得到权限的用户把权限再授给其他用户。

【实例 10-10】SCOTT 用户把 EMP 表的 empno 和 ename 列的插入和查询权限授予 u01 用户。

① 以 SCOTT 用户登录，授予 u01 列权限。

```
SQL> conn scott/tiger;
Connected.
SQL> grant insert(empno,ename),select on emp to u01;
Grant succeeded.
```

② 以 u01 用户登录，插入数据到 SCOTT 的 emp 表，并查询。

```
SQL> conn u01/u1234;
Connected.
SQL> insert into scott.emp(empno,ename) values(7901,'ALEX');
1 row created.
SQL>  select empno,ename from scott.emp where empno=7901;
     EMPNO ENAME
-------------- ---------------
       7901 ALEX
```

> **注意**
> 这里授予的是列权限，这样 u01 用户将只能在 empno 和 ename 两列上执行 INSERT 操作。列权限只能在 INSERT、UPDATE 和 REFERENCES 上授予。

一个用户如果有建表的权限，那么它可以自动在该表上建立索引。但如果一个用户要在另一个用户表上建立索引，则必须要具有 INDEX 对象权限。

一个用户可以在其模式表之间建立主外键关系，如用户 SCOTT 可以在其表 DEPT、EMP 之间指定主外键关系。但如果在不同用户表之间建立主外键关系，则必须要将主表上的 REFERENCES 对象权限授予从表所对应的用户。

【练习 10-5】scott 用户授予用户 u02 具有更新工资列的权限。

（2）对象权限回收

回收对象权限也是使用 REVOKE 命令来完成的。在收回了用户所具有的对象权限之后，用户将不能执行该对象权限所对应的 SQL 命令。回收对象权限一般是由对象创建者（所有者）来完成的，但如果要以其他用户身份收回对象权限，那么要求用户必须具有对象权限及 WITH GRANT OPTION 选项。

【实例 10-11】回收用户 u01 的 EMP 表的插入和查询权限。

① 以 SCOTT 用户登录，回收权限。

```
SQL> conn scott/tiger;
```

```
Connected.
SQL> revoke insert,select on emp from u01;
Revoke succeeded.
```

② 回收权限后，查询出错。

```
SQL> conn u01/u1234;
Connected.
SQL> select empno,ename from scott.emp;
select empno,ename from scott.emp
                                *
ERROR at line 1:
ORA-01031: insufficient privileges
```

当收回 u01 用户的 SELECT 对象权限之后，该用户将不能查询 SCOTT.EMP 表。

【练习 10-6】回收用户 u02 在 SCOTT 用户 EMP 表的更新工资列的权限。

在使用 GRANT 授权时可以带有 WITH GRANT OPTION 参数，表明得到权限的用户可以把该权限再授给其他用户。

【实例 10-12】授予用户 u01 修改 EMP 表要求带 WITH GRANT OPTION 参数，并验证该参数。（事行创建好两个新用户 u01、u02）

① 以 SCOTT 用户登录，并授予 u01 对象权限。

```
SQL> conn scott/tiger;
Connected.
SQL> grant alter on emp to u01 with grant option;
Grant succeeded.
```

② 以 u01 用户登录，授予 u02 对象权限。

```
SQL> conn u01/u1234;
Connected.
SQL> grant alter on scott.emp to u02;
Grant succeeded.
```

因为 u01 在得到权限时带有了 WITH GRANT OPTION 参数，所以它也可以把该权限授予其他用户。

需要注意，在授予对象权限时带的 WITH GRANT OPTION 选项只能被授予用户，而不能被授予角色。

系统权限在回收时不会被级联收回，但对象权限会被级联收回。在前面进行授权时，SCOTT 用户将 EMP 表上的 ALTER 对象权限和 WITH GRANT OPTION 选项授予了用户 u01，用户 u01 又将 SCOTT.EMP 表上的 ALTER 对象权限授予了用户 u02，如图 10-8 所示示意性地给出了前面例子的授权过程。

当用户 SCOTT 回收了 u01 在 SCOTT.EMP 表的 ALTER 对象权限时，同时也会回收用户 u02 在该表上的 ALTER 权限，如图 10-9 所示。

一般情况下，回收对象权限都是由对象所有者来完成的。

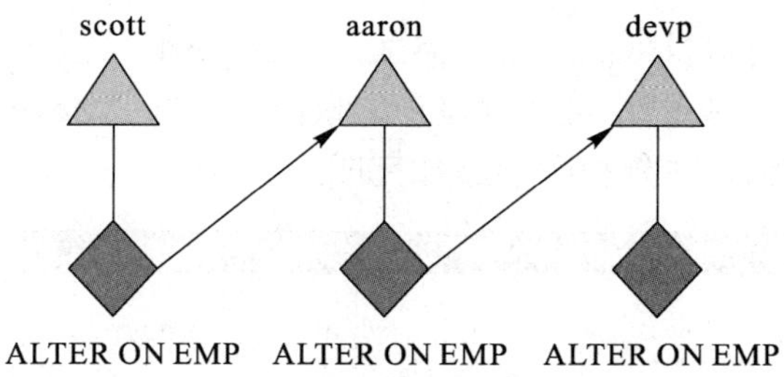

图 10-8　对象权限的级联授予

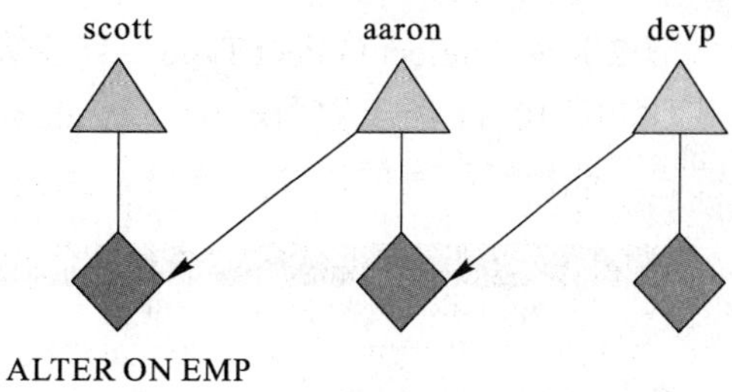

图 10-9　对象权限的级联回收

【实例 10-13】验证对象权限的级联回收。

① 以 SCOTT 用户登录，回收权限。

```
SQL> conn scott/tiger;
Connected.
SQL> revoke alter on emp from u01;
Revoke succeeded.
```

② 回收权限后，修改表出现错误。

```
SQL> conn u02/u1234;
Connected.
SQL> alter table scott.emp add a int;
alter table scott.emp add a int
*
ERROR at line 1:
ORA-00942: table or view does not exist
```

当回收了 u01 用户的 ALTER 对象权限之后，用户 u02 的权限也被回收了。

2. 利用控制台管理对象权限

（1）可以利用控制台对用户的权限进行管理，授予或者回收用户的对象权限。

点击【DB01】→【Server】→【Security】→【Users】节点，如果想要修改用户的信息，选择要修改的用户，点击“Edit”按钮，出现如图 10-10 所示的界面，选择“Object Privileges”标签页，出现如图所示。

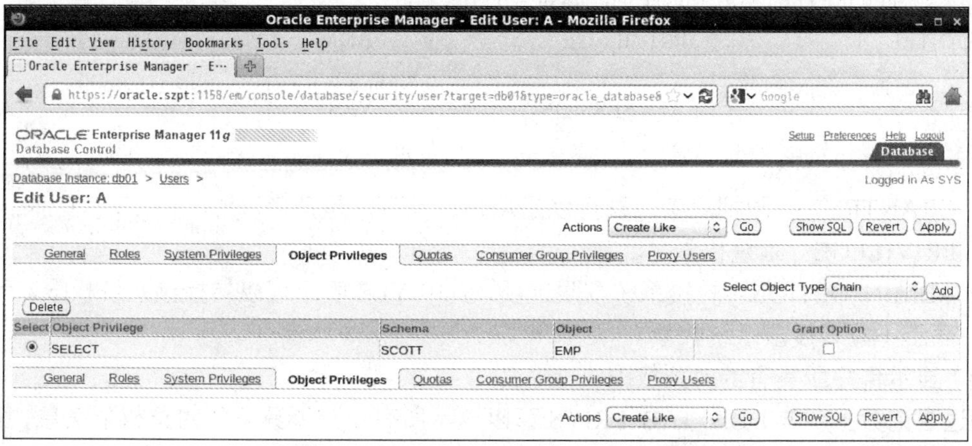

图 10-10　控制台中的用户对象权限信息

（2）在“Select Object Type”列表选择要增加对象权限的对象的类型，点击“Add”按钮。出现如图 10-11 所示界面。在“Available Privilages”列表中选择要授予的权限，点击“Move”按钮，选择好所有的对象权限后，点击“OK”按钮，对象权限的添加完成。

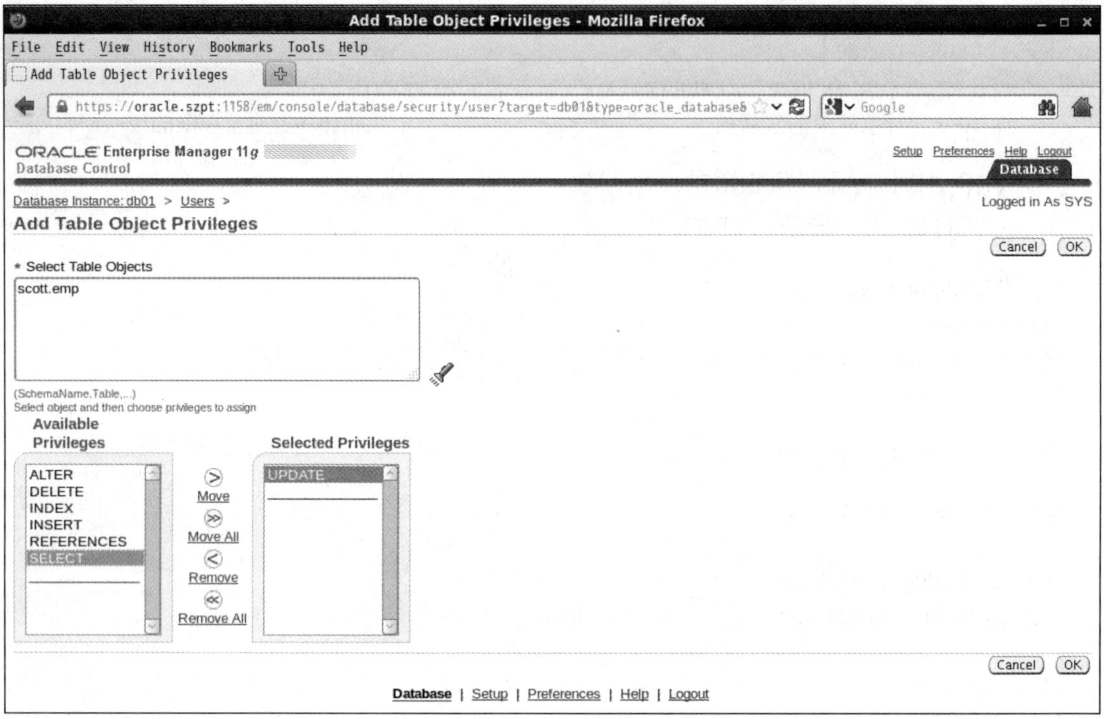

图 10-11 为用户增加对象权限

3. 显示权限信息

可以通过查询一些数据字典来了解用户的系统权限和对象权限。

（1）显示用户所具有的系统权限

数据字典 DBA_SYS_PRIVS 可以显示用户所具有的系统权限以及 WITH ADMIN OPTION 选项。

```
SQL> select * from dba_sys_privs where grantee='U01';
GRANTEE                          PRIVILEGE                              ADM
-------------------------------- -------------------------------------- -------
U01                              CREATE SESSION                         YES
```

其中列的说明如下。

- GRANTEE：权限拥有者，既可以是用户，也可以是角色。
- PRIVILEGE：系统权限名。
- ADMIN_OPTION：转授系统权限选项，其中 YES 表示可以转授该系统权限，而 NO 则表示不能转授该系统权限。

（2）显示用户所具有的对象权限

通过查询数据字典 DBA_TAB_PRIVS 可以显示所有用户所具有的对象权限信息，包括对象所有者、对象名、授权用户和转授对象权限选项等信息。

```
GRANTEE         OWNER       TABLE_NAME       GRANTOR       PRIVILEGE    GRA    HIE
-------------   ----------  ---------------  ------------  -----------  -----  -----
U01             SCOTT       EMP              SCOTT         UPDATE       NO     NO
```

当执行了如上 SELECT 语句之后，会显示用户 U01 所具有的对象权限。

其中列说明如下。

- GRANTEE：被授权用户。
- OWNER：对象权限的所有者。
- TABLE_NAME：对象名。
- GRANTOR：授权用户。
- PRIVILEGE：对象权限。

（3）显示用户所具有的列权限

通过查询数据字典 DBA_COL_PRIVS，可以显示用户所具有的列权限，如下所示。

```
SQL> select * from dba_col_privs where grantee='U01';
GRANTEE OWNER    TABLE_NAME COLUMN_NAM GRANTOR  PRIVILEGE  GRA
---------- ---------- ---------- ---------- ---------- ---------- ---
U01        SCOTT      EMP        SAL        SCOTT      UPDATE     NO
U01        SCOTT      EMP        DEPTNO     SCOTT      UPDATE     NO
```

当执行了如上 SELECT 语句之后，会显示用户 U01 具有的所有列权限。

其中列说明如下：

- GRANTEE：被授权用户。
- OWNER：对象权限的所有者。
- TABLE_NAME：对象名。
- COLUMN_NAM：列名。
- GRANTOR：授权用户。
- PRIVILEGE：对象权限。

当执行了如上 SELECT 语句之后，会显示用户 AARON 具有的所有列权限。

10.3 综合训练项目

【目标】完成用户管理有关操作，写出操作步骤和命令。

【准备】Windows 2000 Server 或 Windows XP 操作系统、Oracle 数据库服务器环境。

【时间】50 分钟

【步骤】

查询可以使用如下数据字典视图。

```
DBA_USERS
DBA_TS_QUOTAS
```

1. 创建用户 Bob，口令是 CRUSADER，该用户在 USERS 和 INDX 表空间上的配额是 1MB，它的默认表空间是 USERS，临时表空间是 TEMP。

2. 授予 Bob 用户 CREATE SESSION 系统权限。
3. 创建用户 Emi，口令是 MARY。
4. 从数据字典视图中显示 Bob 和 Emi 的信息。
5. 在数据字典视图中显示 Bob 的表空间配额。
6. 以用户 Bob 登录，把自己的口令改为 Sam。
7. 以管理员身份登录，把 Bob 的默认表空间的配额改为 0。
8. 删除用户 Emi。
9. 以管理员身份登录，把 Bob 的口令改为 OLINK，并要求其初次登录后强制改变口令。
10. 查询数据字典视图，显示角色 RESOURCE 的系统权限、对象权限。
11. 创建角色 DEV，并授予角色具有创建表和视图的系统权限以及查询 SCOTT.EMP 表的对象权限。
12. 把 RESOURCE 和 DEV 角色分配给 Bob 用户，并且只能使角色 RESOURCE 是默认角色。
13. 查询 Bob 用户拥有的角色。
14. Bob 用户需要查询回滚段信息，分配角色 SELECT_CATALOG_ROLE 给 Bob，然后使之生效，然后请登录该用户进行查询。

10.4 练习

1. 在 create user 命令中，下面（　　）字句用来说明用户在表空间 APP_DATA 上无配额限制。

A. DEFAULT TABLESPACE　　B. QUOTA UNLIMITED ON APP_DATA

C. QUOTA　　D. PROFILE

2. 用户 James 在表空间 USERS 中创建了一个表 JOBS，当执行了命令 ALTER USER James QUOTA 0 ON USERS，在 JOBS 表上将产生（　　）效果。

A. 在 JOBS 表中不能插入新行　　B. 对 JOBS 表不能分配块

C. 对 JOBS 表不能分配新的区　　D. JOBS 表不能被访问

3. 用户 Bruce 要能连接到数据库，必须具有（　　）权限。

A. CREATE USER　　B. CREATE SESSION

C. ALTER USER　　D. DROP USER

4. 从（　　）数据字典中可以查看到用户信息。

A. dba_temp_files　　B. dba_data_files

C. dba_users　　D. dba_ts_quotas

5. 用户 Bill 在表空间 data1 中拥有若干个表，这些表的总大小为 10MB，现在 DBA 执行了如下语句：

```
ALTER USER Bill QUOTA 0 ON data1;
```

那么，将会发生以下（　　）情况。

A. Bill 在表空间 data1 中的表会被全部删除

B. Bill 在表空间 data1 中的表数据会被全部删除，但是保留表的定义

C. Bill 在表空间 data1 中的所有表都不能再被分配任何新的区

D. Bill 在表空间 data1 中可以创建新的对象

6. 以下（　　）角色自动具有 UNLIMITED TABLESPACE 系统权限。

A. CONNECT　　B. RESOURCE

C. DBA

7. 当将权限授予角色时，可以带有（　　）选项。

A. WITH ADMIN OPTION　　B. WITH GRANT OPTION

8. 通过查询数据字典视图 SESSION_ROLES，能够获得下列（　　）信息。

A. 授予当前用户的所有对象权限　　B. 数据库中所有的角色信息

C. 用户的默认角色　　D. 当前会话所生效的角色

9. 在下面列出的系统预定义角色中，（　　）角色拥有所有的系统权限。

A. DBA　　B. CONNECT

C. RESOURCE　　D. DELETE_CATALOG_ROLE

10. 下面（　　）角色不是系统预定义的角色。

A. SYSDBA　　B. CONNECT

C. IMP_FULL_DATABASE　　D. RESOURCE

11. （　　）使一个角色生效。

A. ALTER ROLE　　B. ALTER USER

C. SET ROLE　　D. ALTER SESSION

12. 当执行如下命令后会产生（　　）的效果。

ALTER USER JOHN DEFAULT ROLE ALL

A. 数据库中的所有角色都分配给了 John

B. 以后分配给 John 的角色不会成为默认角色

C. 除了有口令的角色外，John 的所有角色都生效

D. 当 John 连接到数据库后，他的所有角色都生效

13. 下面（　　）命令设置用户的默认角色。

A. ALTER USER　　B. ALTER ROLE

C. SET ROLE　　D. SET PRIVILEGE

14. 以下（　　）权限及选项不能被授予角色。

A. UNLIMITED TABLESPACE　　B. WITH ADMIN OPTION

C. WITH GRANT OPTION　　D. CREATE SESSION

第 11 章

角色管理

【本章内容】

介绍角色的概念和作用，讨论了系统的常用预定义角色，最后是如何创建和使用用户自定义角色。

【本章要点】

- 角色创建和维护。
- 如何使用系统预定义角色。
- 获取角色信息。

【关键术语】

Role 角色	Enabling role 角色生效
Disabling role 角色失效	Predefined roles 预定义角色
Application roles 应用角色	Default roles 默认角色

11.1 角色概述

11.1.1 角色的作用

当建立用户时，用户没有任何权限，不能执行任何操作。为了使得用户可以连接到数据库并执行各种操作，必须为其授予相应的系统权限或对象权限，如图 11-1 所示。假定要使用户 A、B、C 能够连接到数据库，并具有创建表的权限和可以在 SCOTT.EMP 表上执行 INSERT、UPDATE 操作，那么需要进行 12 次授权操作。

如果将来要收回用户 A、B、C 的 INSERT ON SCOTT.EMP 权限，则分别需要从每个用户处收回该权限，共需要 3 次收回权限的操作。

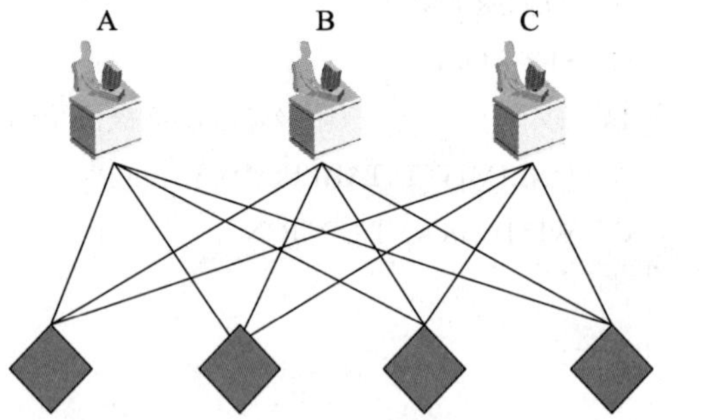

图 11-1 权限授予图表

因为用户 A、B、C 具有相似的权限需求，那么是否可以简化它们的授权和回收权限的操作呢?回答是肯定的，通过角色可以简化授权和收权操作的次数。角色是一组权限的命名。假定使用角色，首先可以将这 4 种权限授予角色 OE，然后将该角色分别授予 A、B、C 用户，只需要进行 7 次授权操作，显然可以降低授权次数，如图 11-2 所示。

如果要回收用户 A、B、C 的 INSERT ON SCOTT.EMP，那么只需要从角色 OE 处收回 INSERT ON SCOTT.EMP 对象权限就可以了。

所以，角色使得权限的授予和回收变得方便和简化了。

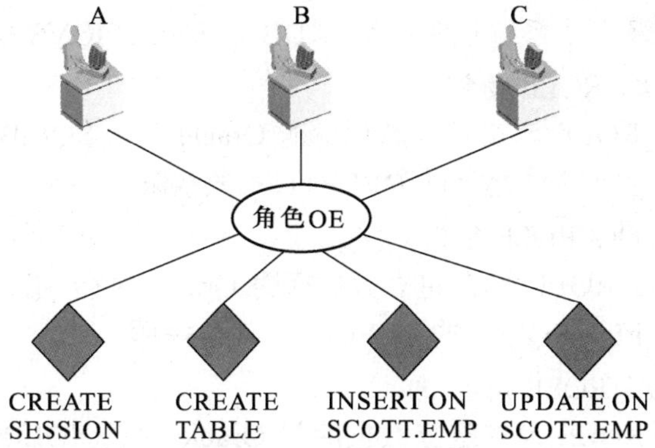

图 11-2　使用角色授予权限

11.1.2　系统预定义角色

角色是一组相关权限的命名集合，使用角色最主要的目的是简化权限管理。当建立数据库、安装了数据字典和 PL/SQL 包之后，Oracle 会自动建立一些预定义角色。以下是一些 Oracle 常用的预定义角色。

1. CONNECT 角色

CONNECT 角色是在建立数据库时 Oracle 执行脚本 SQL.BSQ 自动建立的角色，该角色包含 ALTER SESSION、CREATE CLUSTER、CREATE DATABASE LINK、CREATE SEQUENCE、CREATE SESSION、CREATE SYNONYM、CREATE TABLE、CREATE VIEW 等系统权限。

2. RESOURCE 角色

RESOURCE 角色是在建立数据库时 Oracle 执行脚本 SQL.BSQ 自动建立的角色，该角色包含 CREATE CLUSTER、CREATE INDEXTYPE、CREATE OPERATOR、CREATE PROCEDURE、CREATE SEQUENCE、CREATE TABLE、CREATE TRIGGER、CREATE TYPE 等系统权限。RESOURCE 角色隐含具有 UNLIMITEDTABLESPACE 权限。

3. DBA 角色

DBA 是在建立数据库时 Oracle 执行脚本 SQL.BSQ 自动建立的角色，该角色具有所有系统权限以及 WITH ADMIN OPTION 选项。

要注意的是，CONNECT、RESOURCE、DBA 这 3 种角色是为与先前版本兼容而保留的，在将来版本中可能不会自动建立。

4. EXP_FULL_DATABASE 角色

EXP_FULL_DATABASE 角色是在安装数据字典时执行 CATEXP.SQL 脚本建立的角色，该角色用于执行数据库的完全导出和增量导出操作，且其包含系统权限 SELECT ANY TABLE、BACKUP ANY TABLE、EXECUTE ANY PROCEDURE、EXECUTE ANY TYPE、ADMINISTER RESOURCE MANAGER、在表 SYS.INCVID、SYS.INCFIL 以及 SYS.INCEXP 上的 INSERT、DELETE 和 UPDATE 对象权限以及 EXECUTE_CATALOG_ROLE 和 SELECT_CATALOG_ROLE 角色等权限和角色。

5. IMP_FULL_DATABASE 角色

IMP_FULL_DATABASE 角色也是在安装数据字典时执行 CATEXP. SQL 脚本建立的角色，该角色用于执行完全数据库导入操作，它包含了 EXECUTE CATALOG ROLE 和 SELECT_

CATALOG_ROLE 角色以及大量系统权限（查询 DBA_ SYS_ PRIVS）。

6. DELETE_CATALOG_ROLE 角色

DELETE_CATALOG_ROLE 是在建立数据库时 Oracle 执行 SQL.BSQ 自动建立的角色，该角色提供了在系统审计表 SYS.AUD$上的 DELETE 对象权限。

7. EXECUTE_CATALOG_ROLE 角色

EXECUTE_CATALOG_ROLE 是在建立数据库时 Oracle 执行 SQL.BSQ 自动建立的角色，该角色提供了对所有系统 PL / SQL 包的 EXECUTE 对象权限。

8. SELECT_CATALOG_ROLE 角色

SELECT_CATALOG_ROLE 是在建立数据库时 Oracle 执行 SQLBSQ 自动建立的角色，该角色提供了在所有数据字典上的 SELECT 对象权限。

11.2 创建和使用角色

11.2.1 创建角色

尽管在设计应用时可以直接使用预定义角色，但出于安全考虑，Oracle 建议使用自定义角色。建立角色是使用命令 CREATE ROLE，由 DBA 来完成的，但如果要以其他用户身份建立角色，那么要求该用户必须具有 CREATE ROLE 系统权限。

1. 建立角色：不验证

采用不验证方式建立的角色，只是在数据字典中存放角色名称的信息，并且在使角色生效时不需要进行任何检查。

【**实例 11-1**】创建不需要验证的角色 oe_clerk。

以管理员身份登录，创建角色。

```
SQL> conn sys/oracle as sysdba
Connected.
SQL> create role r_1;
Role created.
```

与用户类似，角色也可以进行验证，以确保角色的安全性。

2. 建立角色：数据库验证

数据库验证是指使用数据库检查角色及其口令的方式。当采用这种方式时，角色名及口令是存放在数据库中的。当使角色生效时，必须提供口令。

【**实例 11-2**】创建数据库验证的角色 hr_clerk。

以管理员身份登录，创建角色。

```
SQL> conn sys/oracle as sysdba
Connected.
SQL> create role r_2 identified by r123;
Role created.
```

11.2.2 给角色授权

【**实例 11-3**】给角色授系统权限。

以管理员身份登录，并将连接数据库和创建表的权限授予给 r_1 角色。

```
SQL> conn sys/oracle as sysdba
Connected.
SQL> grant create session,create table to r_1 with admin option;
Grant succeeded.
```

这样，当用户具有角色 r_1 时，该用户就可以连接到数据库，并能创建表。另外，因为在授予这些系统权限时带有 WITH ADMIN OPTION 选项，所以具有该角色的用户还可以将这些系统权限授予其他用户或角色。

注意

UNLIMITED TABLESPACE 系统权限不能被授予角色；当将对象权限授予角色时，不能带有 WITH GRANT OPTION。

【练习 11-1】 创建一个角色的 r_3，并把 SCOTT.EMP 的访问权限授予该角色。

11.2.3 分配角色

分配角色是指将角色分配给某用户。在建立了角色并为其授予了权限之后，必须将该角色分配给用户，它才能起作用。分配角色与授予系统权限的命令完全相同。当将角色分配给用户时，用户将具有角色的所有系统权限和对象权限。一般情况下，分配角色是由 DBA 来完成的，如果要以其他用户身份分配角色，则要求该用户必须具有 GRANT ANY ROLE 系统权限或角色的 WITH ADMIN OPTION 选项。

【实例 11-4】 把角色 r_1 分配给用户 u02。

① 以管理员身份登录，并将 r_1 角色分配给 u02 用户。

```
SQL> conn sys/oracle as sysdba
Connected.
SQL> grant r_1 to u02;
Grant succeeded.
```

② 把角色分配给 u02 用户后，用户就具有角色的所有权限。

```
SQL> conn u02/u1234;
Connected.
SQL> create table test(a int);
Table created.
```

如果在分配角色时，带有 WITH ADMIN OPTION 选项，例如：

```
SQL> grant r_1 to u02 with admin option;
Grant succeeded.
```

这里，在分配角色时使用了 WITH ADMIN OPTION 选项，这样该用户将具有如下权利。

- 将这个角色再授予其他用户。
- 从任何具有这个角色的用户那里回收该角色。
- 删除和修改这个角色。

因此，在为用户分配角色时应当谨慎使用 WITH ADMIN OPTION 选项，因为该用户将对角色具有完全控制能力。

11.2.4 用控制台创建并分配角色

步骤 1：新建一个角色，选择【DB01】→【Server】→【Security】→【Roles】节点，打开如图 11-3 所示界面，如果想创建新的角色，单击 Create 按钮，打开如图 11-4 所示界面。

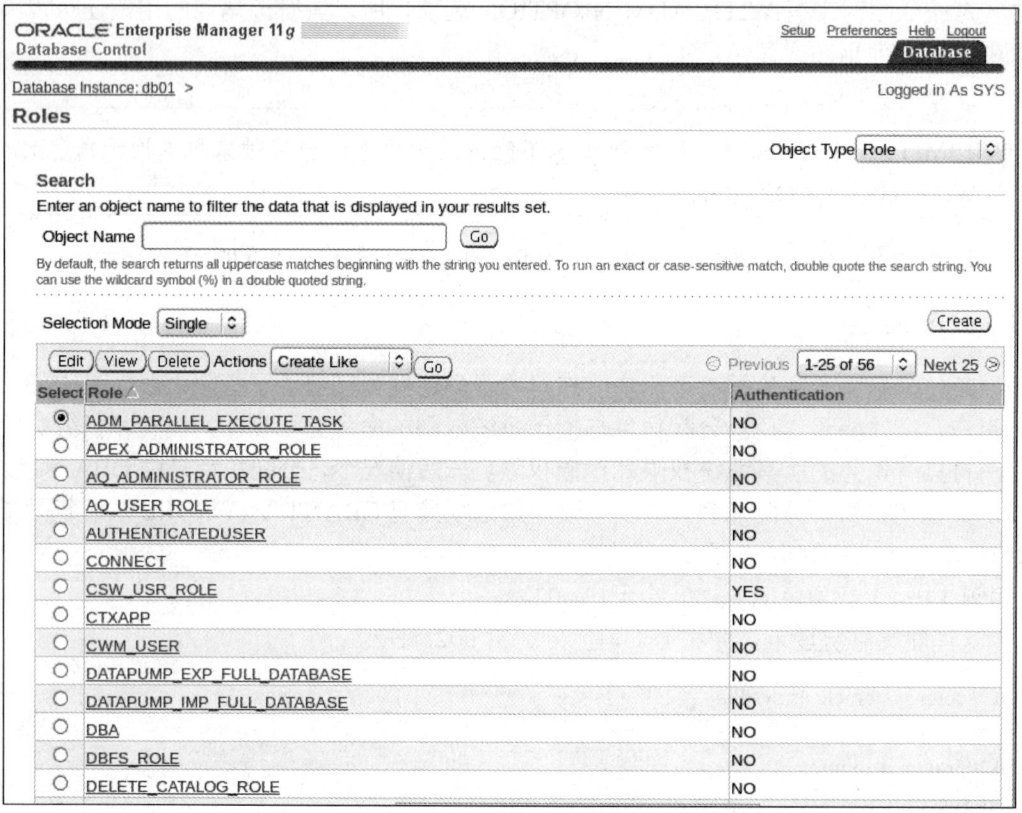

图 11-3　所有角色列表

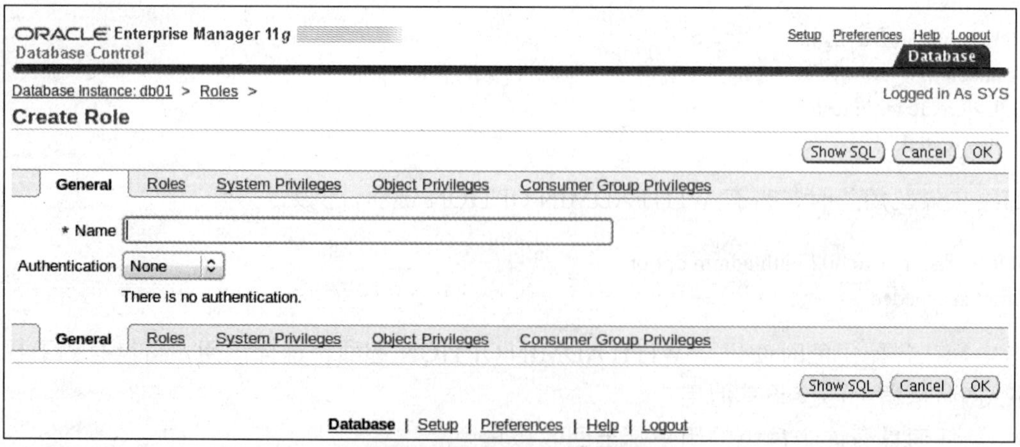

图 11-4　创建新的角色

在 Name 处输入要创建的角色的名称，在此处输入 myrole。选择 System Privileges 标签页，选择要添加到该角色的系统权限，选择 Object Privileges 标签页，选择要添加到该角色的对象权限，当角色的系统权限和对象权限全部授予完成后，单击 OK 按钮，确认角色创建完成。

步骤 2：分配角色给用户，选择【DB01】→【Server】→【Security】→【Users】节点，打开如图 11-5 所示的界面，选择要分配角色的用户名，单击 Edit 按钮，打开用户编辑界面。

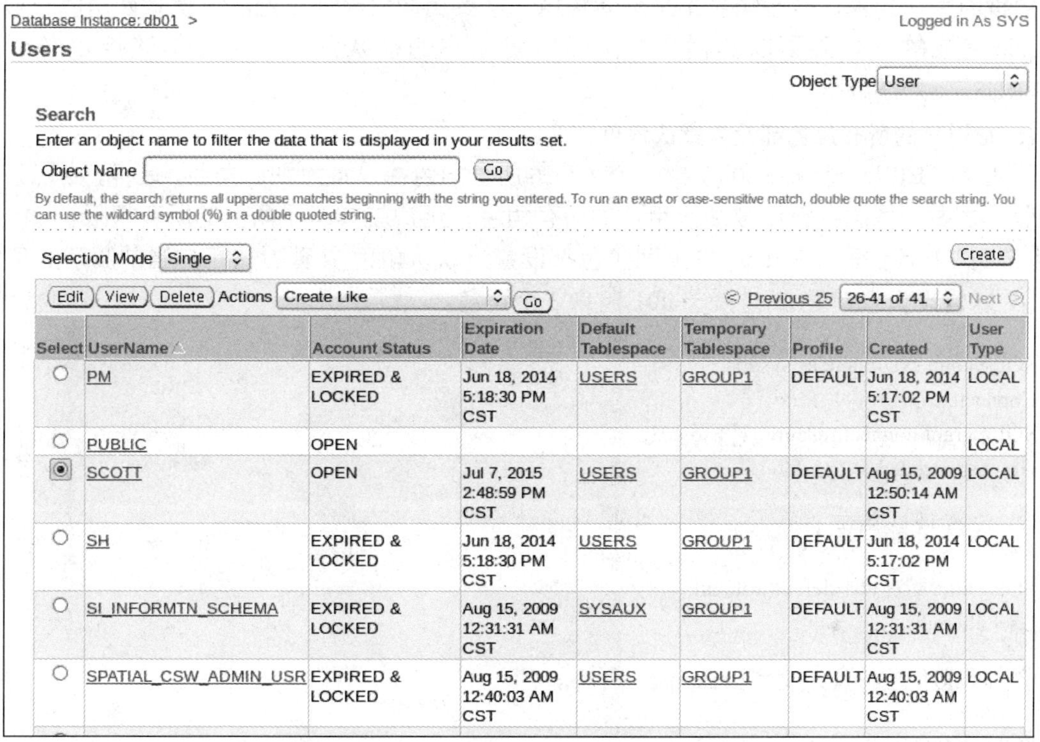

图 11-5 “分配角色”用户界面

选择 Roles 标签页，如图 11-6 所示，单击 Edit List 按钮，选择要添加到用户的角色即可。

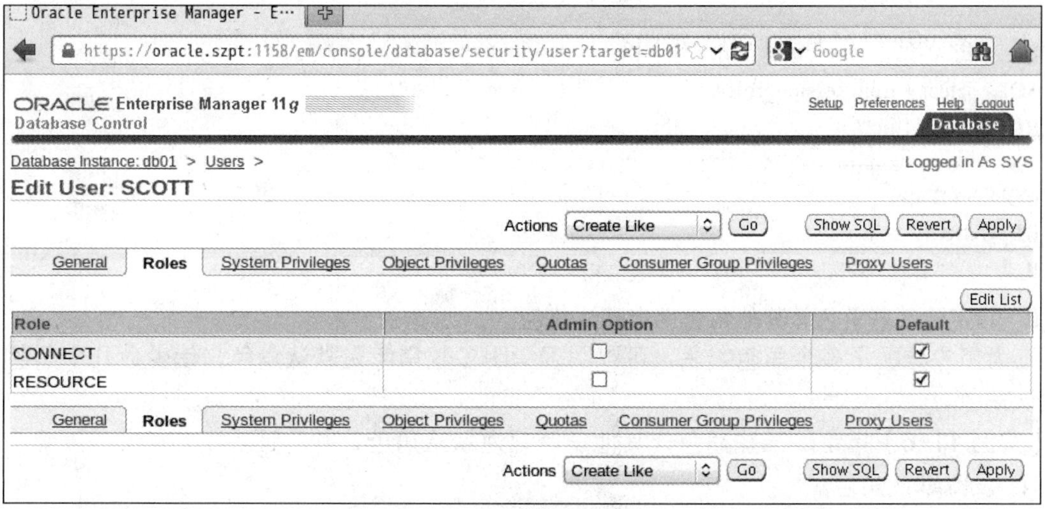

图 11-6 Roles 标签页

11.2.5 默认角色

默认角色是用户所具有的角色的子集，当为用户指定了默认角色后，以该用户身份登录时会自动激活其默认角色，即用户具有了角色的权限。当为用户分配了角色之后，只要没有用 ALTER USER…DEFAULT ROLE 作过修改，那么这些角色都是用户的默认角色。但有时要把某些角色设为默认角色，有些角色不是默认角色，就要用命令显式设定。设置默认角色一般是由 DBA 来完成的，如果要以其他用户身份设置用户的默认角色，则要求该用户必须具有 ALTERUSER 系统权限。

1. 把用户的所有角色都设为默认角色

使用 ALTER USER 命令可以把一个用户的所有角色都设置为默认角色，这样，当以该用户身份登录之后，系统会自动激活该用户的所有角色，用户就具有了角色的所有权限。

【实例 11-5】把用户 devp 的所有角色都设置为默认角色,并查看该用户当前激活的角色。

① 以管理员身份登录,并授予 u01 用户 3 个角色。

```
SQL> conn sys/oracle as sysdba;
Connected.
SQL> grant connect,resource,r_1 to u01;
Grant succeeded.
```

② 设置默认角色。

```
SQL> alter user u01 default role all;
User altered.
```

③ 以 u01 账户登录,验证 resource 角色。

```
SQL> conn u01/u1234;
Connected.
SQL> create table tt(a int);
Table created.
```

④ 查看 u01 用户当前激活的角色。

```
SQL> select * from session_roles;
ROLE
------------------------------
CONNECT
RESOURCE
R_1
```

2. 指定除某些角色外其他角色都为默认角色

在为用户分配了多个角色之后，可以明确指明多数角色为默认角色，使少数几个角色成为非默认角色。

【实例 11-6】指定除某些角色外其他角色都为默认角色，并验证。

① 设置默认角色。

```
SQL> conn sys/oracle as sysdba
```

```
Connected.
SQL> alter user u01 default role all except resource;
User altered.
```

② 验证。

```
SQL> conn u01/u1234;
Connected.
SQL> select * from session_roles;
ROLE
--------------------------------------
CONNECT
R_1
```

3. 指定某些角色为用户的默认角色

在为用户分配了多个角色之后，如果只是要将少数角色设置为默认角色，那么可以使用如下方法。

```
SQL> alter user u01 default role connect;
User altered.
```

因为用户 u01 的默认角色被设置为 connect，所以，以 u01 用户身份登录只会激活角色 connect，并且只能执行该角色所允许的权限操作。

4. 指定无默认角色

在建立了用户之后，可以指定用户无任何默认角色。方法如下：

```
SQL> alter user u01 default role none;
User altered.
```

因为没有给 u01 用户设置默认角色，所以以 u01 用户身份登录不会激活任何角色，从而使得该用户不能执行任何角色所具有的权限操作。

11.3 其他操作

11.3.1 回收角色

角色分配给用户后，用户就拥有了角色的权限，当角色的权限要从用户中收回时，可以回收用户的角色，就如同前面介绍的回收用户权限一样，也是采用 REVOKE 命令。一般情况下回收角色是由 DBA 来完成的，但如果要以其他用户身份回收角色，那么要求该用户必须具有 GRANT ANY ROLE 权限或角色上的 WITH ADMIN OPTION 选项。

【实例 11-7】 从用户 u01 中回收角色 connect 和 r_1。

```
SQL> conn sys/oracle as sysdba
Connected.
SQL> revoke connect,r_1 from u01;
Revoke succeeded.
```

【练习 11-2】 从用户 aaron 中回收角色 hr_clerk。

11.3.2 删除角色

当角色不需要时，可以进行删除。删除角色是由 DBA 使用 DROP ROLE 命令来完成的，如果要以其他用户身份删除角色，则要求该用户必须具有 DROP ANY ROLE 系统权限或者角色上的 WITH ADMIN OPTION。

【实例 11-8】删除角色的 r-1。

```
SQL> conn sys/oracle as sysdba
Connected.
SQL> drop role r_1;
Role dropped.
```

如果角色已经被分配给了用户，那么当删除角色时 Oracle 会自动收回用户所具有的角色。

11.3.3 查询角色信息

Oracle 提供了一些数据字典视图供查询角色的信息，以下是几个常用的数据字典视图，以获得角色的信息。

1. 查询所有的角色

数据字典视图 DBA_ROLES 中包含了数据库中所有的角色，查询它可以了解数据库中到底定义了哪些角色及其采用的验证方式。

【实例 11-9】查询数据库中所有的角色。

① 以管理员身份登录。

```
SQL> conn sys/oracle as sysdba
Connected.
```

② 查询。

```
SQL> select role,password_required from dba_roles;
ROLE                                  PASSWORD
------------------------------------- -----------------
CONNECT                                   NO
RESOURCE                                  NO
DBA                                       NO
SELECT_CATALOG_ROLE                       NO
EXECUTE_CATALOG_ROLE                      NO
…………
```

列说明如下。

ROLE：角色名。

PASSWORD_REQUIRED：角色的验证方式。

2. 显示角色所具有的系统权限

当建立角色时，角色没有任何权限。为了使得角色可以执行特定 SQL 命令，必须为其授予系统权限，并且在为角色授予系统权限时可以带有 WITH ADMIN OPTION 选项。通过查询数据字典视图 ROLE_SYS_PRIVS，可以显示角色所具有的系统权限。

【实例 11-10】查询角色 connect 所具有的系统权限。

① 以管理员身份登录。

```
SQL> conn sys/oracle as sysdba
Connected.
```

② 查询。

```
SQL> select * from role_sys_privs where role='CONNECT';

ROLE                          PRIVILEGE                        ADM
----------------------------- -------------------------------- ---------
CONNECT                       CREATE SESSION                   NO
```

当执行了以上 SELECT 语句之后，会显示角色 connect 所具有的系统权限以及 WITH ADMIN OPTION 选项，列说明如下。

ROLE：角色名。

PRIVILEGE：系统权限。

ADMIN_OPTION：转授系统权限选项。YES 表示可以转授系统权限，而 NO 则表示不能转授系统权限。

由此可以看出，connect 角色只具有一个系统权限，且不能将此权限授予其他用户。

3. 角色所具有的对象权限

当建立角色时，角色没有任何权限。为了使得角色可以访问特定模式对象，必须为其授予对象权限。要注意，在为角色授予对象权限时不能带有 WITH GRANT OPTION 选项。通过查询数据字典 ROLE_TAB_PRIVS，可以显示角色所具有的对象权限。

【实例 11-11】查询角色 r_2 所具有的对象权限。

① 以管理员身份登录。

```
SQL> conn sys/oracle as sysdba
Connected.
```

② 查询。

```
SQL> select owner,table_name,privilege,grantable from role_tab_privs where role='R_2';
OWNER           TABLE_NAME        PRIVILEGE        GRA
--------------- ----------------- ---------------- ------------
SCOTT               EMP               SELECT           NO
```

当执行了以上 SELECT 语句之后，会返回角色 hr_manager 所具有的对象权限，其中列说明如下。

OWNER：对象所有者，即模式名。

TABLE_NAME：对象名。

PRIVILEGE：对象权限。

GRANTABLE：转授对象权限选项。因为在为角色授予对象权限时不能带有 WITH GRANT OPTION 选项，所以该列的值永远为“NO”。

以上结果显示：r_2 角色具有查询 SCOTT 用户的 EMP 表的权限，但是不能将该权限传递出去。

4. 显示用户的默认角色

当以用户身份连接到数据库时，Oracle 会自动激活默认角色。通过查询数据字典 DBA_ROLE_PRIVS，可以显示用户所具有的角色以及默认角色等信息。

【实例 11-12】查询用户 u01 的默认角色。

① 以管理员身份登录。

```
SQL> conn sys/oracle as sysdba
Connected.
```

② 查询。

```
SQL> select granted_role from dba_role_privs where grantee='U01' and default_role='YES';
GRANTED_ROLE
-------------------------------------
RESOURCE
```

当执行了上述查询语句之后，会显示用户 devp 的默认角色。其中列说明如下。

GRANTED_ROLE：被授予的角色。

GRANTEE：角色所有者，即用户。

DEFAULT_ROLE：YES 表示默认角色，NO 表示不是默认角色。

5. 显示当前用户所具有的所有角色

通过查询数据字典视图 USER_ROLE_PRIVS 可以显示当前用户所具有的角色。

【实例 11-13】查询当前用户 u01 所具有的角色。

① 以 devp 用户登录。

```
SQL> conn u01/u1234
Connected.
```

② 查询。

```
SQL> select username,granted_role from user_role_privs;
USERNAME                    GRANTED_ROLE
---------------------------- --------------------------------------
U01                         RESOURCE
```

6. 显示当前会话生效的角色

尽管用户 devp 具有多个角色，但以该用户身份登录之后，只能使用被生效角色所具有的权限，而不能执行未生效角色所具有的权限操作。通过查询数据字典 SESSION_ROLES，可以显示当前会话所生效的角色。

【实例 11-14】查询当前会话所生效的角色。

① 以 devp 用户登录。

```
SQL> conn u01/u1234
Connected.
```

② 查询生效的角色。

```
SQL> select * from session_roles;
ROLE
----------------------------------------
RESOURCE
```

11.4 综合训练项目

1. 查询数据字典视图，显示角色 RESOURCE 的系统权限。

2. 创建角色 DEV，并授予角色具有创建表和视图的系统权限以及查询 SCOTT.EMP 表的对象权限。

3. 把 RESOURCE 和 DEV 角色分配给 Bob 用户，并且只能使角色 RESOURCE 是默认角色。

4. Bob 用户需要查询回滚段信息，登录该用户进行查询。

> **提示**
>
> 分配角色 SELECT_CATALOG_ROLE 给 Bob，然后使之生效。

11.5 练习

1. 以下（　　）种角色自动具有 UNLIMITED TABLESPACE 系统权限。

A. CONNECT　　B. RESOURCE　　C. DBA

2. 当将权限授予角色时，可以带有（　　）选项。

A. WITH ADMIN OPTION　　B. WITH GRANT OPTION

3. 通过查询数据字典视图 SESSION_ROLES，能够获得下列（　　）信息。

A. 授予当前用户的所有对象权限　　B. 数据库中所有的角色信息

C. 用户的默认角色　　D. 当前会话所生效的角色

4. 在下面列出的系统预定义角色中，（　　）角色拥有所有的系统权限。

A. DBA　　B. CONNECT

C. RESOURCE　　D. DELETE_CATALOG_ROLE

5. 下面（　　）角色不是系统预定义的角色。

A. SYSDBA　　B. CONNECT

C. IMP_FULL_DATABASE　　D. RESOURCE

6. 使一个角色生效的命令是（　　）。

A. ALTER ROLE　　B. ALTER USER

C. SET ROLE　　D. ALTER SESSION

7. 当执行如下命令后会产生（　　）样的效果。

```
ALTER USER JOHN DEFAULT ROLE ALL
```

A. 数据库中的所有角色都分配给了 John

B. 以后分配给 John 的角色不会成为默认角色

C. 除了有口令的角色外，John 的所有角色都生效

D. 当 John 连接到数据库后，其所有角色都生效

8. 下面（　　）命令设置用户的默认角色。

A. ALTER USER　　　　B. ALTER ROLE

C. SET ROLE　　　　D. SET PRIVILEGE

9. 以下（　　）权限及选项不能被授予角色。

A. UNLIMITED TABLESPACE　　　　B. WITH ADMIN OPTION

C. WITH GRANT OPTION　　　　D. CREATE SESSION

第 12 章

闪 回 技 术

【本章内容】

通过介绍 4 种不同的闪回技术和闪回技术原理，学习当用户误删除一个表时，应该如何恢复该表的数据，以保证数据库的安全。

【本章要点】

- 从回收站还原已经删除的表。
- 执行闪回查询。
- 执行闪回数据库。
- 执行闪回表操作。
- 配置和监视数据库并执行闪回数据库。

【关键术语】

Flashback 闪回　　Timestamp 时间戳

Oracle 10g 引入了 Flashback Database 的功能，通过倒退（按逆时间顺序）对数据文件做出所有更改，以便数据库回滚到过去的某个点。Oracle 11g 中提供了其他的闪回技术，这些技术不像闪回数据库那样极端，它们不会造成停机或者丢失数据，但是它们仍然是非常强大的技术，能够通过回滚错误的提交数据，把数据库的部分数据恢复到从前的状态。

12.1 各种不同的闪回技术

有 4 种可供使用的不同的闪回技术，每种技术的实现采用不同的底层体系结构，并且能力和限制各异，但是它们之间有重叠的功能，使用任何一种闪回技术的原因通常都是为了纠错，了解哪种闪回技术适用于纠正那些不同类型的错误是非常重要的。

12.1.1 闪回数据库

闪回整个数据库在功能上等价于数据库不完全恢复，打个比方，闪回数据库（Flashback Database）就像按下数据库上的倒带按钮，将当前的数据库视为起始点，然后在时间上回退，逐步改变直到顺序回退完成所有的工作。最终的结果就像是执行了数据库不完全恢复：将会丢失在闪回点之后所有的工作，并且实际上必须使用 RESETLOGS 打开数据库。

闪回数据库是在用户操作错误后替代不完全恢复的一种手段。闪回数据库的体系结构如下：在 SGA 中分配一些内存（这是自动进行的，无法控制缓存区的大小）并且在磁盘上分配一些空间来存储闪回数据，同时启动 RVWR 进程来支持闪回日志记录。当执行闪回时，Oracle 会使用闪回日志将数据库及时回退到期望的时间之前的某个时间点，然后按照不完全恢复中的常规方式应用重做日志，将数据文件前滚到希望的时间，然后打开数据库。

12.1.2 配置闪回模式

使用闪回数据库，必须将数据库配置为闪回模式，数据库只有处在归档模式下才能配置闪回模式。配置闪回模式必须设置闪回恢复区，这是用来存放闪回日志的地方，可以通过两个参数来控制闪回区及其大小，即 db_recovery_file_dest 和 db_recovery_file_dest_size，前者指定闪回区的目的目录，后者限定它占用的最大空间量（单位是 B）。

语法规定如下：

```
flashback [standby] database <database> {to [scn | timestamp] <exp> |to before [scn | timestamp] <exp>}
```

【实例 12-1】配置闪回数据库。

① 使用 SYS 用户登录，确保数据库处于归档模式。

```
SQL> conn sys/oracle as sysdba
Connected.
SQL> archive log list;
Database log mode              Archive Mode
Automatic archival             Enabled
Archive destination            /opt/bak
Oldest online log sequence     43
Next log sequence to archive   45
Current log sequence           45
```

② 创建闪回恢复区并设置恢复区的大小。

```
SQL> alter system set db_recovery_file_dest='/opt/oracle/flash_recovery_area';
System altered.
SQL> alter system set db_recovery_file_dest_size=8G;
System altered.
```

③ 关闭数据库并启动到装载状态。

```
SQL> shutdown immediate;
Database closed.
Database dismounted.
ORACLE instance shut down.
SQL> startup mount;
ORACLE instance started.
Total System Global Area    835104768 bytes
Fixed Size                  2217952 bytes
Variable Size               641730592 bytes
Database Buffers            188743680 bytes
Redo Buffers                2412544 bytes
Database mounted.
```

④ 启用闪回模式。

```
SQL> alter database flashback on;
```

```
Database altered.
```

⑤ 打开数据库。

```
SQL> alter database open;
Database altered.
```

⑥ 验证闪回模式。

```
SQL> select flashback_on from v$database;
FLASHBACK_ON
------------------------
YES
```

配置好闪回模式之后，通过查询语句可以看到数据库的 flashback_on 属性的值已经是 YES，表示数据库闪回模式已打开。

12.1.3 闪回数据库的使用

配置好闪回模式之后，就可以使用闪回数据库了，使用闪回数据库有 SQL*Plus、RMAN 和 Database Control 这 3 种途径。不管选择使用哪种工具，方法都是相同的。

① 关闭数据库并装载数据库。

② 闪回到某个时间点、SCN 或者日志序列号。

③ 使有 RESETLOGS 打开数据库。

在 2013 年 10 月 15 日 10 点左右，一名高级 DBA 在进行开发系统升级时，错误地连接到产品数据库，并且删除了产品数据库上的一个重要模式，在 10 分钟内发现了这一个错误，该数据库是一个繁忙的大型数据库。

【实例 12-2】模拟上述故障，并使用闪回技术解决上述问题。

① 登录 SYS 用户，删除 SCOTT 用户及其数据库对象，模拟删除一个重要模式。

```
SQL> conn sys/oracle as sysdba
Connected.
SQL> drop user scott cascade;
User dropped.
```

② 尝试连接到 SCOTT 用户，失败。

```
SQL> conn scott/tiger;
ERROR:
ORA-01017: invalid username/password; logon denied
Warning: You are no longer connected to ORACLE.
```

③ 解决问题：关闭数据库，并把数据库启动到装载阶段。

```
SQL> conn sys/oracle as sysdba
Connected.
SQL> shutdown abort;
ORACLE instance shut down.
```

```
SQL>startup mount;
ORACLE instance started.
Total System Global Area     835104768 bytes
Fixed Size                   2217952 bytes
Variable Size                641730592 bytes
Database Buffers             188743680 bytes
Redo Buffers                 2412544 bytes
Database mounted.
```

④ 闪回数据库到某个时间点。

```
SQL> flashback database to timestamp to_timestamp('2013-10-15 10:23:00','yyyy-mm-dd hh24:mi:ss');
Flashback complete.
```

⑤ 打开数据库并验证模式对象是否已存在。

```
SQL> alter database open resetlogs;
Database altered.
SQL> select count(*) from scott.emp;
  COUNT(*)
----------------
      15
```

在打开数据库时，可以先使用只读模式打开数据库（alter database open read only），测试运行 SCOTT 用户模式是否存在，如果不存在，那么将时间提前 2 分钟，重新运行闪回命令，再以只读模式打开数据库，重新测试，直到测试成功找到满意的时间点为止。最后执行一次数据库关闭并使用 RESETLOGS 子句打开数据库，然后正常使用数据库。

数据库闪回所需要的时间主要取决于需要撤销的更改的数量，而不完全恢复的时候在很大程度上与数据库的大小成正比，因此，闪回操作应该快很多倍。闪回数据库可以最小化数据损失，并且只花费几分钟的时间，而如果执行数据库的不完全恢复则需要花费数小时，尤其是在这种需要多次尝试才能找到正确时间点的前提下，因此闪回操作相对更容易。

12.1.4 闪回删除

闪回删除（Flashback Drop）允许将之前删除的表（但不是截断的表）恢复到刚好删除它之前的状态，同时还会恢复所有索引以及任何解发器和权限。唯一的主键和非空约束也会被恢复，但是外键约束不会恢复。

从 Oracle 10g 版本开始，DROP TABLE 命令的实现方式与前面的版本有了很大的改变。如果执行 DROP TABLE 命令，在数据库中根本没有删除表，而是重命名它们。这些已经被删除的对象存放在回收站中，通过查看回收站获取它们的新名称。每个用户都有一个回收站，回收站是表示删除的对象使用的存储空间的一个术语。回收站的管理是自动的，可以使用实例参数 recyclebin 使用或者禁用回收站，默认值是 ON，意味着所有的模式都有一个回收站。该参数是动态的，可以为某个会话或者整个系统将其设置为 OFF。

【实例 12-3】使用 SCOTT 用户登录，删除 EMP 表，查看回收站。

① 使用 SCOTT 用户登录，删除 EMP 表。

```
SQL> conn scott/tiger;
Connected.
SQL> drop table emp;
Table dropped.
```

② 显示 SCOTT 用户的回收站。

```
SQL> show recyclebin
ORIGINAL NAME     RECYCLEBIN NAME                              OBJECT TYPE   DROP TIME
---------------- ------------------------------------------ ------------ ------------------
EMP              BIN$CL7+UDf5TL3gUAEKcw4UzA==$0 TABLE         2013-11-26:15:29:52
```

通过查看回收站的信息，可以看出，回收站中有一个删除的表，表在数据库的原名为 EMP，在回收站中的名字为 BIN$CL7+UDf5TL3gUAEKcw4UzA==$0，删除的时间是 2013-11-26:15:29:52。

如果禁用回收站，则使用 alter system set recyclebin='off' scope=spfile;重新启动后，回收站被禁用。

【实例 12-4】通过闪回删除找回刚刚删除的 EMP 表。

使用 SCOTT 用户登录，闪回删除。

```
SQL> conn scott/tiger;
Connected.
SQL> flashback table emp to before drop;
Flashback complete.
```

回收站的空间处于不明确的状态：虽然将它分配给对象，但是 Oracle 可以任意重写它，如果活动对象需要分配更多的空间，那么回收站中的内容会被清除，如果使用 FLASH DROP 将无法恢复删除的对象。

通过闪回删除的表时，如果系统中存在同名的表时，可以通过以下语句解决：

```
SQL> flashback table emp to before drop rename to emp1;
Flashback complete.
```

这样,通过回收站将 EMP 表闪回到数据库中时完成重命名操作,将 EMP 表重命名为 EMP1。

> **注意**
> FLASHBACK DROP 不适用于存储在 SYSTEM 表空间中的所有的表，因为存储于 SYSTEM 表空间中的表在删除时会被直接删除。

如果想永久性删除一个数据库对象，使用如下命令：

```
Drop table emp purge;
```

表示删除 EMP 表并且不将它转移到回收站。

如果想清空回收站，那么使用：

purge user_recyclebin;表示清空当前用户删除的所有数据库对象。

purge dba_recyclebin;表示清除所有删除的对象，但是执行该语句必须具有 DBA 权限。

【实例 12-5】复制 SCOTT 用户的 EMP1 表，并永久性删除 EMP1 表。

① 登录到 SCOTT 用户，通过 EMP1 表创建 EMP 表。

```
SQL> conn scott/tiger;
Connected.
SQL> create table emp as select * from emp1;
Table created.
```

② 删除 EMP1 表。

```
SQL> drop table emp1;
Table dropped.
```

③ 清空回收站。

```
SQL> purge recyclebin;
Recyclebin purged.
```

④ 显示回收站，内容为空。

```
SQL> show recyclebin;
```

解决问题步骤中的②～④也可以用 drop table emp1 purge 替换。

12.1.5 闪回版本查询、事务和表

闪回版本查询、闪回事务和闪回表都是基于撤销段技术，首个闪回功能最初是在 9i 版本的数据库上引入的，在此后的版本中得到增强。闪回查询允许查询过去某个时间的数据库，可以借助一条 SELECT 语句或通过将会话临时退回到过去以使其所有查询都针对先前版本的数据库。此功能可以用来查看在提交一组事务之前的数据状态。半小时之前的表的状态是什么样的呢？它对于找出业务数据错误的原因很有帮助并且还可以用于纠正一些错误：通过比较一个表的当前版本和以前的版本，可以识别错误的操作。

在执行任何闪回查询、闪回事务和闪回表操作期间，数据库保持打开状态并且所有数据库对象都可以使用。在执行操作的过程中，始终强制要求事务完整性和约束，所以闪回操作可能失败。

闪回版本查询提供了一个审计行改变的查询功能,它能找到所有提交的行记录,借助此功能,可以看到何时执行了何操作。

语法如下：

```
select <column1>,... from <table>
...
version between [scn | timestamp]
[<expr> | maxvalue] and <expr> | minvalue]
| as of [scn | timestamp] <expr>
```

as of：表示恢复单个版本。

scn：系统更改号。

timestamp：时间。

【实例 12-6】某用户误删除了数据并且已经提交，要求帮助用户找出删除的数据。

① 登录到 SCOTT 用户，删除 10 部门的所有数据，并提交。模拟上述问题。

```
SQL> conn scott/tiger;
Connected.
SQL> delete emp where deptno=10;
3 rows deleted.
SQL> commit;
Commit complete.
```

② 查询当前表中有多少行。

```
SQL> select ename,deptno from emp;
ENAME          DEPTNO
-------------- ---------------
ALEX
SMITH          20
ALLEN          30
WARD           30
JONES          20
MARTIN         30
BLAKE          30
SCOTT          20
TURNER         30
ADAMS          20
JAMES          30
FORD           20
12 rows selected.
```

③ 查询删除之前的时间点的数据。

```
SQL> select ename,deptno  from emp as of timestamp to_date('2014-12-08 15:00:00','yyyy-mm-dd hh24:mi:ss');
ENAME          DEPTNO
-------------- -------------
ALEX
SMITH          20
ALLEN          30
WARD           30
JONES          20
MARTIN         30
BLAKE          30
CLARK          10
SCOTT          20
KING           10
TURNER         30
ADAMS          20
JAMES          30
```

```
FORD        20
MILLER      10
15 rows selected.
```

④ 利用集合运算符查询删除的行。

```
SQL> select ename,deptno  from emp as of timestamp to_date('2014-12-08 15:00:00','yyyy-mm-dd hh24:mi:ss')
minus select ename,deptno from emp;
ENAME          DEPTNO
------------   ----------------
CLARK          10
KING           10
MILLER         10
```

在上述问题中，首先，从表中删除一些行，并提交更改；然后查询确认表中的数据已被删除。下一个查询针对以前某个时间的表：可以看出，该表中的数据有 15 行，包含已删除的 3 行数据，因为此删除无法回滚，现在看到的删除行是通过 UNDO 数据构造的。最后一个查询组合是实数据和历史数据，以了解删除了的那些行。

闪回表的语法：

```
flashback table [schema.]<table_name>
to
{
[before drop [rename to table] |
[scn | timestamp] expr [enable |disable] triggers
}
```

其中：

schema：模式名,一般为用户名。

to timestamp：系统邮戳，包含年月日时分秒。

to scn：系统更改号，可从 FLASHBACK_TRANSACTION_QUERY 数据字典中查到，如 flashback table employe to scn 3698893;

enable triggers：表示触发器恢复后为 ENABLE 状态，而默认为 DISABLE 状态.

to before drop：表示恢复到删除之前。

rename to table：表示更换表名。

要闪回表必须满足以下几个条件：

- 具备 FLASHBACK ANY TABLE 的系统权限或是该表的 FLASHBACK 对象权限。
- 有该表的 SELECT、INSERT、DELETE、ALTER 权限。
- 必须保证该表 ROW MOVEMENT。

从概念上讲，表闪回很简单，Oracle 会查询 UNDO 段并提取已更改的所有行，然后构造取消更改的数据并执行。

启用表闪回的第一步是在表上支持行移动，这在数据字典上设置标志来通知 Oracle 可能改变了行 ID。

【实例 12-7】某用户误删除了数据并且已经提交，要求帮助用户找回数据。

① 以 SCOTT 用户登录，并误删除 20 部门所有雇员。

```
SQL> conn scott/tiger;
Connected.
SQL> delete emp where deptno=20;
5 rows deleted.
SQL> commit;
Commit complete.
```

② 开启行移动功能。

```
SQL> alter table emp enable row movement;
Table altered.
```

③ 闪回表。

```
SQL> flashback table emp to timestamp to_date('2013-12-08 16:15:00','yyyy-mm-dd hh24:mi:ss');
Flashback complete.
```

④ 验证数据已恢复。

```
SQL> select ename,sal from emp where deptno=20;
ENAME           SAL
-------------   --------------
SMITH            800
JONES           2975
SCOTT           3000
ADAMS           1100
FORD            3000
```

闪回操作可能因以下几种原因发生失败。

- 如果在删除操作和闪回操作之间重用了主键值，那么闪回操作时会引发主键约束错误，导致闪回失败。
- 如果闪回的时间过久，没有足够多的 UNDO 数据，会引发一个错误 ORA-08180："No snapshot found based on specified time"。
- 闪回不适用于 SYS 模式下的表。

如果闪回由于任何原因而失败，就会取消闪回操作：回滚成功执行的操作，并且将表回退到闪回命令发出前的状态。

12.2 综合训练项目

【目标】在教师指导下完成网络服务名和监听器配置。

【准备】确保数据库处于打开状态，事先关闭教师机和学生机的防火墙。

【时间】30 分钟

【步骤】

1. 查询数据库的闪回模式是否打开？如果没有打开，请打开闪回模式。
2. 使用 SCOTT 用户连接到数据库服务器，查看 EMP 表中 7902 号雇员的工资。删除 EMP

表，模拟用户误删除数据。

3. 再次查看 EMP 表中 7902 号雇员的工资，出现错误提示。请说明其原因。

4. 使用闪回删除，恢复 EMP 表的数据。

12.3 练习

1. 以下可能使用闪回数据库的情境是（　　）。（选择最佳答案）

A. 恢复删除的表　　B. 恢复删除的模式

C. 恢复损坏的数据文件　　D. 恢复删除的数据行

2. 下面有关闪回数据库的说法错误的是（　　）。

A. 必须发出命令 alter database flashback on　　B. 必须设置参数 db_recovery_file_dest

C. 必须设置参数 db_recovery_file_dest_size　　D. 必须手工创建闪回日志

3. 启用闪回数据库功能，数据库必须处于（　　）状态。

A. 关闭　　B. 非装载　　C. 装载　　D. 打开

参考文献

[1] 孙风栋．Oracle 11g 数据库基础教程[M]．北京：电子工业出版社，2014．

[2] 唐远新．Oracle 数据库实用教程[M]．北京：水利水电出版社，2009．

[3] Abramson I，Abbey M，Corey M J．Oracle Database 11g 初学者指南[M]．窦朝晖，译．北京：清华大学出版社，2010．

[4] http://www.oracle.com．